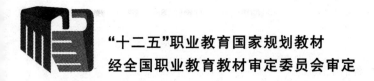

"十二五"职业教育国家规划教材

经全国职业教育教材审定委员会审定

纺织机械基础概论

（第3版）

周其甦　梁海峰　主　编

保　慧　副主编

U0241386

中国纺织出版社

内 容 提 要

　　本书为纺织机械基础教材,主要介绍机构的工作原理、通用零件结构知识、机械图的识别、力学的基本理论。内容包括:平面机构的结构分析、机械识图基础、力学基础知识、平面连杆机构、凸轮机构、其他常用机构、带传动和链传动、齿轮传动、机械变速传动、轮系、联接、轴及轴承、联轴器和离合器、弹簧等。

　　本书可供现代纺织、染整、针织、近机械类、非机械类专业师生使用。

图书在版编目(CIP)数据

　　纺织机械基础概论/周其甦,梁海峰主编. —3 版. —北京:中国纺织出版社,2014.8

　　"十二五"职业教育国家规划教材　经全国职业教育教材审定委员会审定

　　ISBN 978 - 7 - 5180 - 0862 - 9

　　Ⅰ.①纺…　Ⅱ.周…②梁…　Ⅲ.①纺织机械—高等职业教育—教材　Ⅳ.TS103

　　中国版本图书馆 CIP 数据核字(2014)第 181083 号

责任编辑:孔会云　　责任校对:余静雯
责任设计:李　然　　责任印制:何　建

中国纺织出版社出版发行
地址:北京市朝阳区百子湾东里 A407 号楼　邮政编码:100124
销售电话:010—67004422　传真:010—87155801
http://www.c-textilep.com
E-mail:faxing @ c-textilep.com
官方微博 http://weibo.com/2119887771
中国纺织出版社天猫旗舰店
三河市宏盛印务有限公司印刷　各地新华书店经销
2005 年 5 月第 1 版　2008 年 1 月第 2 版
2014 年 8 月第 3 版第 6 次印刷
开本:787×1092　1/16　印张:17.5
字数:304 千字　定价:48.00 元(附光盘 1 张)

　　全面推进素质教育,着力培养基础扎实、知识面宽、能力强、素质高的人才,已成为当今职业教育的主题。教材建设作为教学的重要组成部分,如何适应新形势下我国教学改革要求,与时俱进,编写出高质量的教材,在人才培养中发挥作用,成为院校和出版人共同努力的目标。2012 年 11 月,教育部颁发了教高[2012]21 号文件《教育部关于印发第一批"十二五"普通高等教育本科国家级规划教材书目的通知》(以下简称《通知》),明确指出我国本科教学工作要坚持育人为本,充分发挥教材在提高人才培养质量中的基础性作用。《通知》提出要以国家、省(区、市)、高等学校三级教材建设为基础,全面推进,提升教材整体质量,同时重点建设主干基础课程教材、专业核心课程教材,加强实验实践类教材建设,推进数字化教材建设。要实行教材编写主编负责制,出版发行单位出版社负责制,主编和其他编者所在单位及出版社上级主管部门承担监督检查责任,确保教材质量。要鼓励编写及时反映人才培养模式和教学改革最新趋势的教材,注重教材内容在传授知识的同时,传授获取知识和创造知识的方法。要根据各类普通高等学校需要,注重满足多样化人才培养需求,教材特色鲜明、品种丰富。避免相同品种且特色不突出的教材重复建设。

　　随着《通知》出台,教育部组织制订了"十二五"职业教育教材建设的若干意见,并于 2012 年 12 月 21 日正式下发了教材规划,确定了 1102 种"十二五"国家级教材规划选题。我社共有 47 种教材被纳入国家级教材规划,其中本科教材 16种、职业教育 47 种。16 种本科教材包括了纺织工程教材 7 种、轻化工程教材 2种、服装设计与工程教材 7 种。为在"十二五"期间切实做好教材出版工作,我社主动进行了教材创新型模式的深入策划,力求使教材出版与教学改革和课程建设发展相适应,充分体现教材的适用性、科学性、系统性和新颖性,使教材内容具有以下几个特点:

　　(1)坚持一个目标——服务人才培养。"十二五"职业教育教材建设,要坚持育人为本,充分发挥教材在提高人才培养质量中的基础性作用,充分体现我国改革开放 30 多年来经济、政治、文化、社会、科技等方面取得的成就,适应不同类型高等学校需要和不同教学对象需要,编写推介一大批符合教育规律和人才成长规律的具有科学性、先进性、适用性的优秀教材,进一步完善具有中国特色的普通高等教育本科教材体系。

　　(2)围绕一个核心——提高教材质量。根据教育规律和课程设置特点,从提高学生分析问题、解决问题的能力入手,教材附有课程设置指导,并于章首介绍本章知识点、重点、难点及专业技能,增加相关学科的最新研究理论、研究热点或历史背景,章后附形式多样的习题等,提高教材的可读性,增加学生学习兴趣和自学能力,提升学生科技素养和人文素养。

(3)突出一个环节——内容实践坏节。教材出版突出应用性学科的特点,注重理论与生产实践的结合,有针对性地设置教材内容,增加实践、实验内容。

(4)实现一个立体——多元化教材建设。鼓励编写、出版适应不同类型高等学校教学需要的不同风格和特色教材;积极推进高等学校与行业合作编写实践教材;鼓励编写、出版不同载体和不同形式的教材,包括纸质教材和数字化教材,授课型教材和辅助型教材;鼓励开发中外文双语教材、汉语与少数民族语言双语教材;探索与国外或境外合作编写或改编优秀教材。

教材出版是教育发展中的重要组成部分,为出版高质量的教材,出版社严格甄选作者,组织专家评审,并对出版全过程进行过程跟踪,及时了解教材编写进度、编写质量,力求做到作者权威,编辑专业,审读严格,精品出版。我们愿与院校一起,共同探讨、完善教材出版,不断推出精品教材,以适应我国高等教育的发展要求。

中国纺织出版社
教材出版中心

　　《纺织机械基础概论》自 2005 年 5 月出版以来,得到广大读者的好评,在此深表谢意!

　　《纺织机械基础概论(第 2 版)》2006 年被评选为普通高等教育"十一五"国家级规划教材(高职高专)。

　　《纺织机械基础概论》2007 年被评为江苏省教育厅精品教材。

　　《纺织机械基础概论(第 3 版)》2013 年入选为"十二五"职业教育国家规划教材,根据国家规划教材的编写要求,对本教材进行了修订。

　　参加本次修订的有:周其甦、梁海峰、保慧。

　　本书在修订过程中得到了江苏大生集团的支持,在此表示衷心的感谢。

编　者

2014 年 1 月

　　本书是根据教育部制定的"高职高专教育机械设计基础课程教学基本要求"、教育部"现代纺织"精品专业建设要求,结合编者多年从事机械设计基础教学经验编写而成,可供现代纺织、染整、针织、近机械类、非机械类专业师生使用,参考学时数为 90~100 学时。本书的特点如下:

　　1. 将工程制图、工程力学、机械原理、机械零件的内容按教学规律结合在一起。

　　2. 以培养工程技术应用型人才为目标,贯彻基本理论"必需、够用"的原则,删减了理论性较强的内容,突出了实用性强的教学内容。

　　3. 适当地结合现代纺织机械设备,教学内容注重常用机构的工作原理和通用零件的结构。

　　4. 采用国际单位制和最新国家标准。

　　参加本书编写的有:南通纺织职业技术学院的袁丽萍(第二章,第四章的第九节、第十节)、周海波(第三章,第四章的第一~第四节,第八章的第八节)、周其甦(绪论,第一章,第四章的第五~第八节、第十二节、第十三节,第五章,第六章,第十章)、鲍燕伟(第七章,第九章,第十三章,第十四章)、吴晓慧(第四章的第十一节)、保慧(第八章的第一~第七节,第十一章,第十二章),全书由周其甦主编,负责全书的统稿。

　　在本书编写过程中,南通纺织职业技术学院徐晓红、吴美玲、沈志平、顾跃东、薛秋虹、蔡永东、仲岑然提出了宝贵的意见,在此表示衷心的感谢。

　　由于编者水平有限,缺点和错误在所难免,恳请读者批评指出。

编　者
2005 年 1 月

《纺织机械基础概论》自 2005 年 5 月出版以来,得到广大读者的好评,在此深表谢意!

《纺织机械基础概论(第 2 版)》2006 年被评选为普通高等教育"十一五"国家级规划教材,根据国家级规划教材的编写要求,对本教材进行了修订。

《纺织机械基础概论(第 2 版)》2007 年被评为江苏省教育厅精品教材。

参加本次修订的有:袁丽萍(第二章,第四章第九节、第十节)、周海波(第三章,第四章第一~第四节、第八章第八节)、周其甦(绪论,第一章,第四章第五~第八节、第十二节、第十三节,第五章,第六章,第十章)、鲍燕伟(第七章,第九章,第十三章,第十四章)、吴晓慧(第四章第十一节)、保慧(第八章第一~第七节,第十一章,第十二章),全书由周其甦提出修订意见并负责统稿,提出多媒体课件要求。多媒体课件由梁海峰完成。

本书在修订中得到孙凤鸣、薛秋虹、江苏大生集团、常熟棉纺织公司的支持,在此表示衷心的感谢。

编　者
2007 年 9 月

绪　论

机械是机器和机构的总称,本课程主要研究机器和机构的一般原理、组成机器的零件、机械的基础理论和基本知识。

1. 机器

在日常的生活和生产中,我们会接触到多种机器,如汽车、纺纱机、织机、洗衣机等,从这些机器中可抽象出一般概念,即机器的特征:

(1)机器是人为实物的组合,而不是自然之物。

(2)机器中的各部分作确定的相对运动,这种相对运动可以是机器相对其他参照物的相对运动,如汽车相对地面运动,也可以是机器内各部分之间的相对运动,如织机的筘座相对于墙板摆动。

(3)机器可以实现机械能的变换和传递。

机器有简单的,如洗衣机,也有十分复杂的,如飞机、织机。机器由以下四部分组成:

(1)原动部分:原动部分是机器动力的来源,常用的原动机有电动机、液压机。

(2)执行部分:如织机的打纬机构将纬纱推向织口。

(3)传动部分:如织机通过带传动将电动机的转动传给织机的主轴。

(4)控制和操纵部分:机器通过各种控制系统,使原动部分、执行部分、传动部分协调工作。操纵部分如机器的按钮。

2. 机构

大多数机器都有传动部分。如自行车和摩托车,通过链传动传递中心轴与后轮轴之间的运动和动力;家用缝纫机通过传动部分将踏板的摆动转换成大带轮的转动;织机通过带传动将电动机的转动传递给织机的主轴,打纬机构将织机主轴的转动转换成筘座的摆动,筘将纬纱推向织口。驱动运动是通过一系列组合的构件传递到执行件上去的,不考虑这些构件的具体用途,便可以发现它们所共有的运动和动力特征以及相应的设计方法。所以机构可以定义为:

(1)机构是人为构件的组合体,且构件数为3件以上。

(2)组成机构的各构件之间具有确定的相对运动。

3. 本课程研究的内容

(1)机构的工作原理、基本理论。

(2)通用零件的结构、基本知识。

(3)机械图的基本知识。

(4)力学的基本理论。

4. 本课程的地位

本课程属技术基础课程,比数学、物理更接近于工程。另外,它不同于机械设备、纺织设备,它研究的是机械的共性问题。本课程在教学中处于承上启下的地位,是纺织类专业的主干技术基础课。

5. 学习方法

由于纺织机械基础概论是一门承上启下的课程,故其学习方法与基础课的学习方法不同,要注意理论联系实际,多观察、比较各种机器的共同点,如梳棉机的轧刀机构和织机的打纬机构都是四连杆机构,同时要注意多做练习。

第一章 平面机构的结构分析

第一节 机构的组成

一、运动副

机构中,各个构件之间必须有确定的相对运动,因此,构件的联接既要使两个构件直接接触,又要能产生一定的相对运动,这种两构件间直接接触的活动联接称为运动副。图 1 – 1(a) 和图 1 – 1(b)分别为平面机构中常用的转动副(或称回转副、铰链)和移动副。两构件上直接参与接触而构成运动副的点、线、面称为运动副元素。

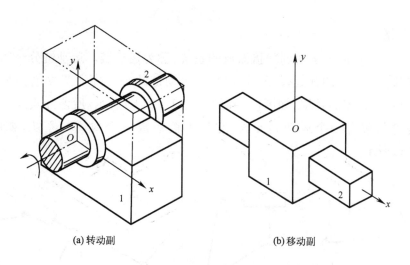

(a) 转动副　　　　　　　　　　　　(b) 移动副

图 1 – 1　转动副和移动副

二、构件和零件

机构由具有确定相对运动的运动单元——构件组成,根据构件含有运动副元素的数量,构件可分为:二副元素构件,即含两个运动副元素,如图 1-2(a)所示;三副元素构件,即含三个运动副元素,如图 1-2(b)所示;依次类推。实际机构中常用的为二副构件和三副构件。

零件是机器中的制造单元,构件可以是一个零件,也可以由若干个零件组成。图 1-3 所示为连杆机构中的一个构件——连杆。

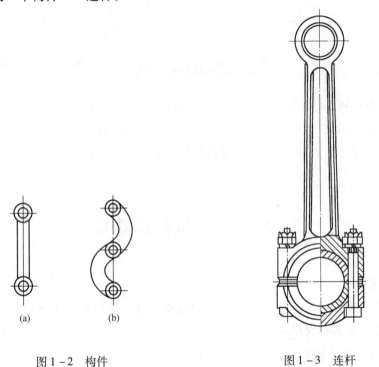

图 1-2 构件   图 1-3 连杆

三、运动链

两个以上的构件通过运动副联接而成的系统,称为运动链。运动链分为闭式运动链和开式运动链两种。所谓闭式运动链,是指组成运动链的每个构件至少包含两个运动副元素,组成一个首末封闭的系统,如图 1-4(a)和图 1-4(b)所示。所谓开式运动链是指运动链中有的构件只包含一个运动副元素,它们不能组成一个封闭的系统,如图 1-4(c)和图 1-4(d)所示。

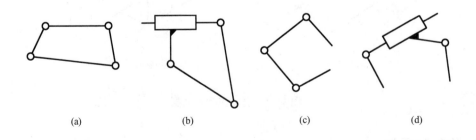

(a)   (b)   (c)   (d)

图 1-4 运动链

四、机构

如果将运动链中的一个构件固定,作为参考系,另一个或几个构件按给定的运动规律相对于固定构件运动,且其余构件都具有确定运动时,运动链则成了机构。图1-5所示为平面铰链四杆机构。

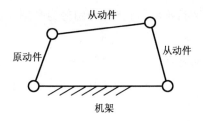

图1-5 平面铰链四杆机构

机构中固定不动的构件称为机架,机架相对地面可以是固定的,也可以是运动的(如在汽车、飞机等中的机构)。机构中按给定运动规律运动的构件称为原动件(或主动件),其余随原动件运动的构件称为从动件。

组成机构的各构件在相互平行的平面内运动的机构,称为平面机构,否则称为空间机构。由于常用的机构大多为平面机构,所以本章仅讨论平面机构的结构分析。

五、运动副的分类

1. 根据运动副引入的约束数分类

如图1-6所示,在空间有两个构件1和2,构件2固定于坐标系$Oxyz$上,当构件1未与构件2组成运动副之前,构件1相对于构件2可以沿x轴、y轴、z轴移动和绕x轴、y轴、z轴转动。构件的这种独立运动数目称为自由度。由此可见,作空间自由运动的构件具有六个自由度。

如图1-7所示,在平面坐标系中有两个构件1和2,构件2固定于坐标系Oxy上,当构件1未与构件2组成运动副之前,构件1相对于构件2可以沿x轴、y轴移动和绕垂直于xOy平面的轴转动。由此可见,作平面自由运动的构件具有三个自由度。本章只讨论构件作平面运动时的

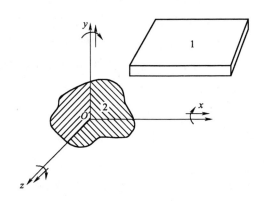

图1-6 构件作空间运动时的自由度

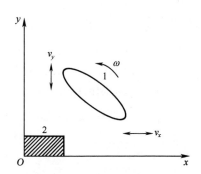

图1-7 构件作平面运动时的自由度

问题。

当构件 1 与构件 2 组成运动副后,由于运动副元素的接触,使某些原有的、独立的相对运动受到限制,这种对构件独立运动的限制称为约束。构件受到约束后自由度减少,每加上一个约束,便失去一个自由度,对于平面运动构件,其自由度与约束数之和等于3。

根据运动副提供的约束数目不同,可将运动副分为高副和低副。约束数等于2的平面运动副为低副,约束数等于1的平面运动副为高副。

2. 根据构成运动副的两构件间的接触情况分类

以面接触的运动副称为低副,如图 1 - 1 所示。以点或线接触的运动副称为高副,如图1 - 8 所示。

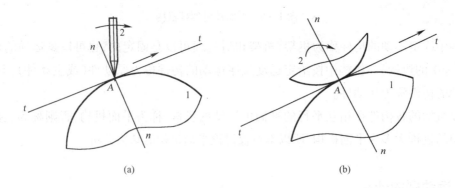

(a)   (b)

图 1 - 8　平面高副

第二节　平面机构的运动简图

一、平面机构的运动简图

无论是对现有的机构进行分析,还是构思新机械的运动方案以及对组成机械的各机构作进一步的运动和动力设计与分析,都需要一种表示机构的简明图形。由于从原理和方案设计的角度看,机构能否实现预定的运动和功能,是由原动件的运动规律、联接各构件的运动副类型和机构的运动尺寸(各运动副之间的相对位置尺寸)来决定的,而与构件及运动副的具体结构、外形(高副机构的轮廓形状除外)、端面尺寸、组成构件的零件数目和固联方式等无关,因此,可用国家标准规定的简单符号和线条来代表运动副和构件,并按一定的比例尺表示机构的运动尺寸,绘制出表示机构的简明图形。这种图形称为机构运动简图,它完全能够表达原机械具有的运动特性。

若只是为了表明机械的组成状况和结构特征,也可以不严格按比例来绘制简图,这样的简图通常称为机构示意图。

二、机构运动简图的符号

机构运动简图中构件及其以运动副相联接的表达方法见下表。

构件及其以运动副相联接的表达方法

名　　称	表示内容	常　用　符　号	备　　注
机　架		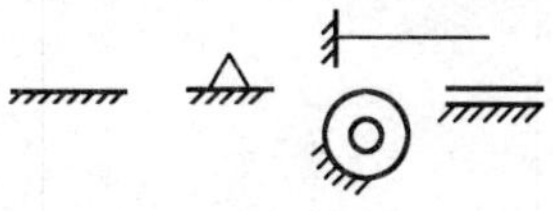	
固定联接	构件的永久联接	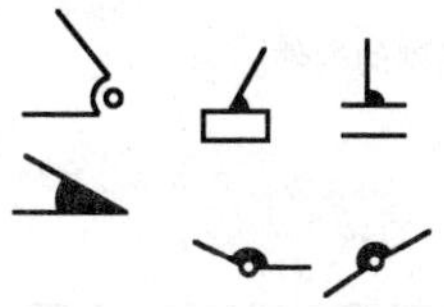	
	构件与轴的固定联接		
可调联接			
两构件以运动副相联接 （两构件与一内副）①	两活动构件以转动副联接	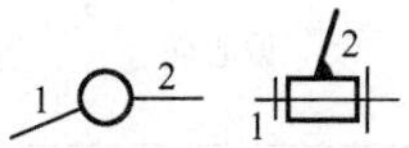	
	活动构件与机架以转动副相联接	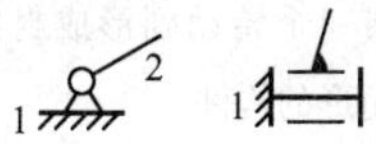	
	两活动构件以移动副相联接	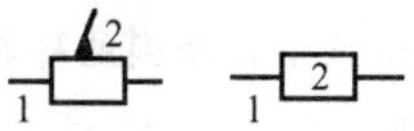	
	活动构件与机架以移动副相联接	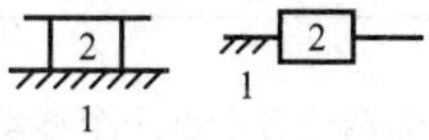	
	两活动构件以平面高副相联接		
	活动构件与机架以平面高副相联接		
双副构件（一构件与两外副）②	带两个转动副的构件	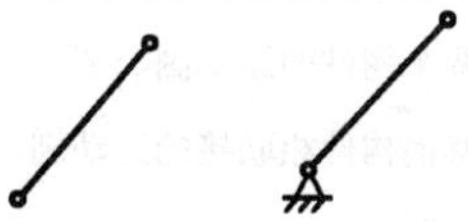	
	带一个转动副一个移动副的构件	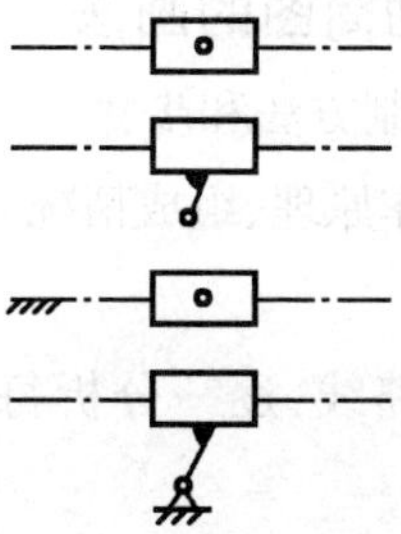	点画线代表以移动副与其相联接的其他构件

续表

名　称	表示内容	常 用 符 号	备　注
双副构件(一构件与两外副)②	带一个转动副一个平面高副的构件	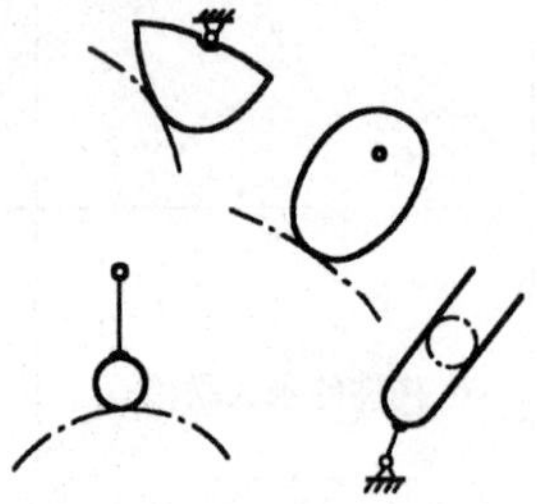	点画线代表以平面高副与其相联接的其他构件
	带两个移动副的构件	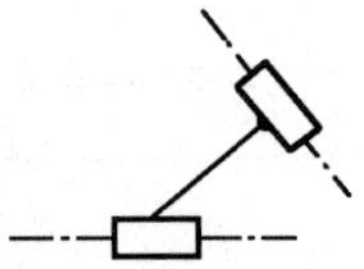	
	偏心轮		可用曲柄代替
三副构件(一构件与三外副)	带三个转动副形成封闭三角形的构件		
	带三个转动副的杆状构件	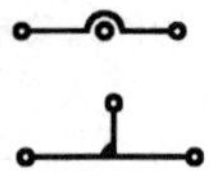	
	带两个转动副一个移动副的构件	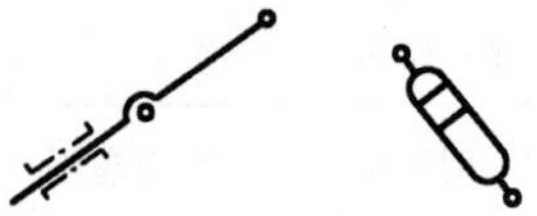	点画线代表的意义同前①②
	带一个转动副两个移动副的构件	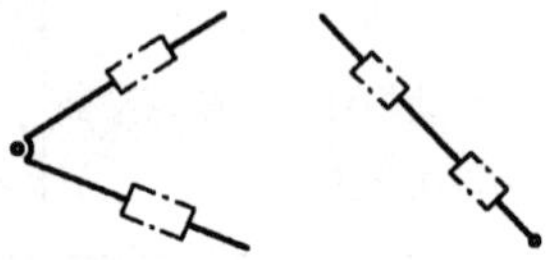	

① 内副为联接所讨论的两个构件的运动副。

② 外副是指该构件可与其他构件相联接的运动副。

三、平面机构运动简图的画法

机构运动简图的绘制方法和步骤如下:

(1)分析机械的动作原理、组成情况和运动情况,确定其组成的各构件,何为原动件、机架、执行部分和传动部分。

(2)沿着运动传递路线,逐一分析每两个构件间相对运动的性质,以确定运动副的类型和数目。

(3)恰当地选择运动简图的视图平面。通常可选择机械中多数构件的运动平面为视图平面,必要时也可选择两个或两个以上的平面,然后将其展开到同一视图上。

(4)选择适当的比例尺 μ[μ =实际尺寸(mm)/图示长度(mm)],定出各运动副的相对位置,并用各运动副的代表符号、常用机构的运动简图符号和简单线条,绘制机构运动简图。从原动件开始,按传动顺序标出各构件的编号和运动副的代号。在原动件上标出箭头以表示其运动方向。

例1 图1-9所示为喷水织机中 zero-max 送经机构中的连杆机构,图1-9(a)为结构示意图,图1-9(b)为机构运动简图。

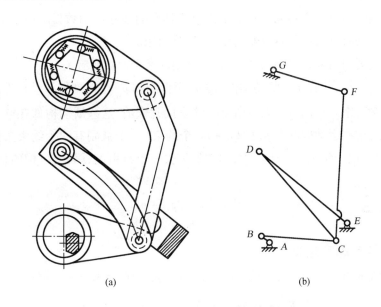

(a)   (b)

图1-9 zero-max 送经机构中的连杆机构

例2 图1-10所示为 P7100 型片梭织机扭力杆摆动后梁送经机构,图1-10(a)为结构示

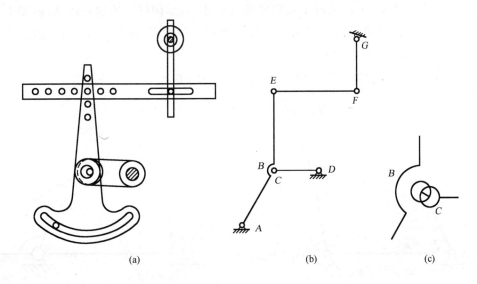

(a)   (b)   (c)

图1-10 P7100 型片梭织机扭力杆摆动后梁送经机构

意图,图1-10(b)为机构运动简图,图1-10(c)为局部放大图。

第三节　平面机构的自由度

一、平面机构自由度的计算

机构自由度是指机构中各构件相对于机架所具有的独立运动数目。由于平面机构的应用特别广泛,所以下面仅讨论平面机构的自由度计算问题。

机构的自由度与组成机构的构件数目、运动副的类型及数目有关。

设某一平面机构,共有 n 个活动构件,用 p_L 个低副和 p_H 个高副把活动构件之间、活动构件与机架之间联接起来。在用运动副将所有构件联接起来前,这些活动构件在空间共具有 $3n$ 个自由度;联接后,这些运动副共引入了 $2p_L + p_H$ 个约束(一个低副有两个约束条件,一个高副有一个约束条件)。由于每引入一个约束,构件就失去一个自由度,因此,机构的自由度可按下式计算:

$$F = 3n - 2p_L - p_H \qquad (1-1)$$

二、机构具有确定运动的条件

图1-11所示为一铰链四杆机构。$n=3$,$p_L=4$,$p_H=0$,由式(1-1)得:

$$F = 3n - 2p_L - p_H = 3 \times 3 - 2 \times 4 - 0 = 1$$

此机构的自由度为1,即机构中各构件相对于机架所具有的独立运动数目为1。

通常机构的原动件都是用转动副和移动副与机架相联,因此每一个原动件只能输入一个独立运动。设构件1为原动件,构件1的转角参变量 ϕ_1 表示构件1的独立运动,由图1-11可见,每给定一个 ϕ_1 的数值,从动件2和从动件3便有一个确定的相应位置。由此可见,自由度等于1的机构在具有一个原动件时运动是确定的。

图1-12所示为一铰链五杆机构。$n=4$,$p_L=5$,$p_H=0$,由式(1-1)得:

$$F = 3n - 2p_L - p_H = 3 \times 4 - 2 \times 5 - 0 = 2$$

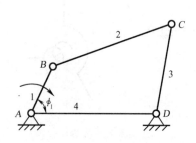

图1-11　铰链四杆机构

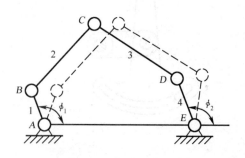

图1-12　铰链五杆机构

如果只有构件 1 为原动件,则当构件 1 处于 ϕ_1 位置时,由于构件 4 的位置不确定,所以构件 2 和构件 3 可以处在图 1 - 12 所示的实线位置或虚线位置,也可处在其他位置,即从动件的运动是不确定的。

若取构件 1 和构件 4 为原动件,ϕ_1 和 ϕ_2 分别表示构件 1 和构件 4 的独立运动。如图 1 - 12 所示,每当给定一组 ϕ_1 和 ϕ_2 的数值,从动件 2 和从动件 3 便有一个确定的相应位置。由此可见,自由度等于 2 的机构在具有两个原动件时才有确定的相对运动。

如图 1 - 13 所示,构件组合中,$n = 4$,$p_{\rm L} = 6$,$p_{\rm H} = 0$,由式(1 - 1)得:
$$F = 3n - 2p_{\rm L} - p_{\rm H} = 3 \times 4 - 2 \times 6 = 0$$
该构件组合的自由度为零,所以是一个刚性桁架。

又如图 1 - 14 所示,构件组合中,$n = 3$,$p_{\rm L} = 5$,$p_{\rm H} = 0$,由式(1 - 1)得:
$$F = 3n - 2p_{\rm L} - p_{\rm H} = 3 \times 3 - 2 \times 5 - 0 = -1$$

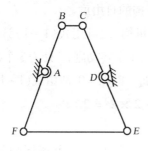

图 1 - 13 刚性桁架

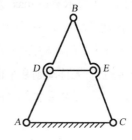

图 1 - 14 超静定桁架

该构件组合的自由度小于零,说明它所受的约束过多,已成为超静定桁架。

若在图 1 - 11 所示 $F = 1$ 的机构中,把构件 1 和构件 3 都作为原动件,这时受力较小的原动件变为从动件,机构按受力较大的原动件的运动规律运动,如果构件或运动副的强度不足,则在不足处遭到破坏。

综上所述,可得出:

(1) $F \leqslant 0$ 时:机构蜕变为刚性桁架,构件之间没有相对运动。

(2) $F > 0$ 时:原动件数小于机构的自由度,各构件没有确定的相对运动;原动件数大于机构的自由度,则在机构的薄弱处遭到破坏。

机构具有确定运动的条件是:机构的原动件数目应等于机构的自由度数目。

例 1 计算图 1 - 15 所示的瑞士必佳诺喷气织机六连杆打纬机构的自由度。

解:由图不难看出,此机构共有 5 个活动构件,7 个低副(即转动副 A、B、C、D、E、F、G),没有高副,

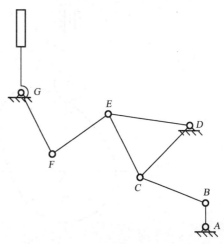

图 1 - 15 瑞士必佳诺喷气织机六连杆打纬机构

故根据式(1-1)可求得其自由度为：

$$F = 3n - 2p_L - p_H = 3 \times 5 - 2 \times 7 - 0 = 1$$

该机构要有一个主动件，其运动才确定。

三、计算机构自由度时应注意的问题

在利用上述公式计算机构的自由度时，还需要注意以下三方面的问题。

1. 复合铰链

两个以上构件在同一处以转动副相联接，所构成的运动副称为复合铰链。在图1-9所示喷水织机的zero-max送经机构中，构件BC、CD、CF同在C处组成转动副。3个构件在C处组成了C_1、C_2两个转动副。同理，若有k个构件在同一处组成复合铰链，则其构成的转动副数目应为$(k-1)$个。在计算机构的自由度时，应注意是否存在复合铰链，以免把运动副的数目搞错。

例2 计算图1-9所示zero-max送经机构中连杆机构的自由度。

解：该机构中各构件均在同一平面中运动，属于平面机构，故可用式(1-1)计算其自由度。由图可知，机构中共有6个活动构件，A、B、D、E、F、G处各有1个转动副，C处为3个构件组成的复合铰链，包含2个转动副，无移动副和平面高副。即$n=6$，$p_L=8$，$p_H=0$，故由式(1-1)可得：

$$F = 3n - 2p_L - p_H = 3 \times 6 - 2 \times 8 = 2$$

2. 局部自由度

若机构中某些构件所具有的自由度仅与其自身的局部运动有关，并不影响整个机构的运动，则称这种自由度为局部自由度。例如，在图1-16(a)所示的平面凸轮机构中，为了减少高副元素的磨损，在凸轮1和从动件2之间安装了一个滚子3。由图可以看出，当原动件凸轮1逆时针转动时，即可通过滚子3带动从动件2作上、下往复的确定运动，故该机构是一个单自由度的平面高副机构。但用式(1-1)计算其自由度时：

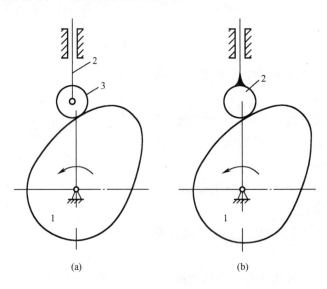

(a)   (b)

图1-16 平面凸轮机构

$$F = 3n - 2p_L - p_H = 3 \times 3 - 2 \times 3 - 1 = 2$$

却得出了与事实不符的结论。这是因为,安装了滚子 3 和其几何中心的转动副后,引入了一个自由度($F = 3 \times 1 - 2 \times 1 = 1$),这个自由度是滚子 3 绕其自身轴线转动的局部自由度,它并不影响从动件 2 的运动规律,故在计算机构的自由度时,应将该局部自由度除去不计。如设机构的局部自由度数目为 F',则该机构的实际自由度数为:

$$F = 3n - 2p_L - p_H - F' = 3 \times 3 - 2 \times 3 - 1 - 1 = 1$$

得出与事实相符的结果。

既然滚子 3 绕其自身轴线的转动并不影响从动件 2 的运动,因此,在计算机构的自由度时,为了防止出现差错,也可设想将滚子 3 与安装滚子的构件 2 固结成一体,视为一个构件,如图 1 – 16(b)所示,预先排除局部自由度,然后按自由度计算公式计算。即:

$$F = 3n - 2p_L - p_H = 3 \times 2 - 2 \times 2 - 1 = 1$$

局部自由度常见于变滑动摩擦为滚动摩擦时添加的滚子、轴承中的滚珠等场合。

3. 虚约束

机构的运动不仅与构件数、运动副类型和数目有关,而且与转动副间的距离、移动副的导路方向、高副元素的曲率中心等几何条件有关。在一些特定的几何条件或结构条件下,某些运动副所引入的约束可能与其他运动副所起的限制作用是一致的。这种不起独立限制作用的重复约束称为虚约束。在计算机构的自由度时,应将虚约束除去不计。

虚约束常发生在以下场合:

(1)两构件间构成多个运动副:两构件组成若干个转动副,但其轴线互相重合[如图 1 – 17(a)中 A, A' 所示];两构件组成若干个移动副,但其导路互相平行或重合[如图 1 – 17(b)中 B、B' 所示];两构件组成若干个平面高副,但各接触点之间的距离为常数[如图 1 – 17(c)、图 1 – 17(d)中的 C、C' 和 D、D' 所示]。在这些情况下,各只有一个运动副起约束作用,其余运动副所提供的约束均为虚约束。

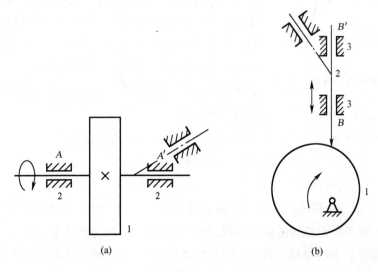

(a)   (b)

图 1 – 17

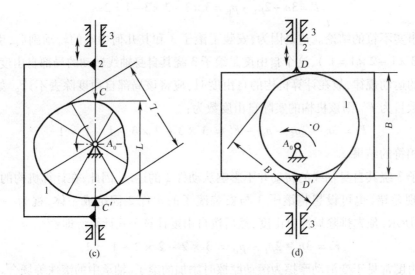

图 1-17 两构件间构成多个运动副

(2)两构件上某两点间的距离在运动过程中始终保持不变。在图 1-18 所示的平面连杆机构中,由于 A_0A ∥ B_0B,且 $A_0A = B_0B$, A_0A' ∥ B_0B',且 $A_0A' = B_0B'$,故在机构的运动过程中,构件 1 上的 A' 点与构件 3 上的 B' 点之间的距离将始终保持不变。此时,若将 A'、B' 两点以构件 5 联接起来,则附加的构件 5 和其两端的转动副 A'、B' 将提供 $F = 3 \times 1 - 2 \times 2 = -1$ 的自由度,即引入了一个约束,而此约束对机构的运动并不起实际的约束作用,故为虚约束。

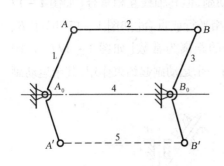

图 1-18 平面连杆机构

(3)联接构件与被联接构件上联接点的轨迹重合:在图 1-19 所示的椭圆仪机构中,由于 $BD = BC = AB$,$\angle DAC = 90°$,故可以证明其连杆 2 上除 B、C、D 三点外,其余各点在机构运动过程中均描绘出椭圆轨迹,而 D 点的运动轨迹是沿 y 轴的直线。此时,若在 D 点处安装一个导路与 y 轴重合的滑块 4,使其与连杆 2 组成转动副,与机架 5 组成移动副,则将提供 $F = 3 \times 1 - 2 \times 2 = -1$ 的自由度,即引入了一个约束。由于滑块 4 上的 D 点与加装滑块前连杆 2 上 D 点的轨迹重合,故引入的这一约束对机构的运动并不起实际的约束作用,故为虚约束。

(4)机构中对运动不起作用的对称部分:在图 1-20 所示的行星轮系中,若仅从运动传递的角度看,只需要一个行星轮 2 就足够了。这时 $n = 3$,$p_L = 3$,$p_H = 2$,机构的自由度 $F = 3 \times 3 - 2 \times 3 - 1 \times 2 = 1$。但为了使机构受力均衡和传递较大功率,增加了与行星轮 2 对称布置的行星轮 2′。增加的行星轮 2′ 和一个转动副及两个平面高副,引入了一个约束。由于添加的行星轮 2′ 和行星轮 2 完全相同,并不影响机构的运动情况,故引入的这个约束为虚约束。

综上所述,机构中的虚约束都是在一定的几何条件下出现的,如果这些几何条件不满足,则虚约束将变成有效约束,而使机构不能运动。

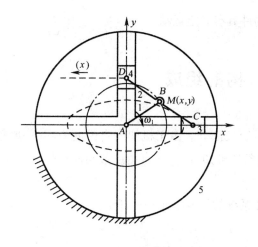

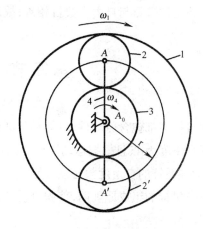

图 1 – 19 椭圆仪机构　　　　　　　　图 1 – 20 行星轮系

需要特别指出的是,人们在设计机械时采用虚约束,都是有目的的。有的是为了改善构件的受力情况,如图1 – 17(a)、图1 – 17(b)所示;有的是为了传递较大功率,如图1 – 20所示;有的是为了某种特殊需要,如图1 – 17(c)、图1 – 17(d)、图1 – 18和图1 – 19所示。在设计机械时,若由于某种需要而必须使用虚约束时,则必须严格保证设计、加工、装配的精度,以满足虚约束所需的特定几何条件。

例3 计算图1 – 21(a)所示的大筛机构的自由度。

解:构件2、构件3、构件5在B处组成复合铰链;滚子9绕自身轴线的转动为局部自由度,可将其与活塞4视为一体;活塞4与缸体8(机架)在E、E′两处形成导路平行的移动副,将E′处的移动副作为虚约束除去不计;弹簧10对运动不起限制作用,可略去。经以上处理后,得出机构的运动简图,如图1 – 21(b)所示,其中 $N = 7$,$p_L = 9$,$p_H = 1$,因是平面机构,故可由式(1 – 1)得:

$$F = 3n - 2p_L - p_H = 3 \times 7 - 2 \times 9 - 1 = 2$$

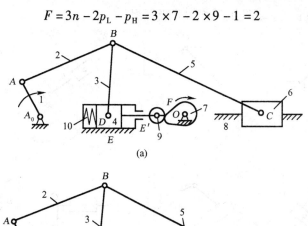

(a)

(b)

图 1 – 21 大筛机构

由于原动件数目与自由度数目相等,故从动件具有确定运动。

第四节　机构的组成

任何机构中都包含原动件、机架和从动件系统三部分。由于机架的自由度为零,一般每个原动件的自由度为1,且根据运动链成为机构的条件可知,机构的自由度数与原动件数应相等,所以,从动件系统的自由度数必然为零。

在研究机构的组成原理前,首先分析从动件系统的组成单元——杆组。

一、杆组

机构的从动件系统一般还可以进一步分解成若干个不可再分的自由度为零的构件组合,这种组合称为基本杆组,简称杆组。

对于只含低副的平面机构,若杆组中有 n 个活动构件、p_L 个低副,因杆组自由度为零,故有

$$3n - 2p_L = 0$$

或

$$p_L = \frac{3}{2}n \tag{1-2}$$

为保证 n 和 p_L 均为整数,n 只能取 $2,4,6,\cdots$ 等偶数。根据 n 的取值不同,杆组可分为以下几种情况。

1. $n = 2, p_L = 3$ 的双杆组

双杆组为最简单,也是应用最多的基本杆组。根据其3个运动副的不同情况,常见的有如图 1-22 所示的9种形式。双杆组又称为Ⅱ级杆组。

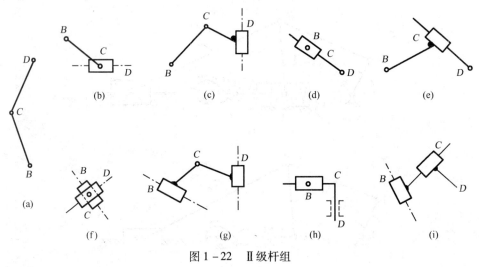

图 1-22　Ⅱ级杆组

2. $n=4, p_L=6$ 的多杆组

多杆组中最常见的是如图 1-23 所示的Ⅲ级杆组,其特征是具有一个三副构件,而每个运动副所联接的分支构件是双副构件。

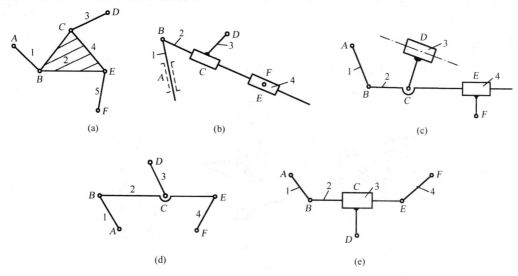

图 1-23 Ⅲ级杆组

因较 Ⅲ 级杆组级别更高的基本杆组在实际机构中很少遇到,故此处不作介绍。

二、机构的组成原理

把若干个自由度为零的基本杆组依次联接到原动件和机架上,就可以组成一个新的机构,其自由度数与原动件数目相等。这就是机构的组成原理。

图 1-24 表示了根据机构组成原理组成机构的过程。首先把图 1-24(b)所示的Ⅱ级杆组 ABB_0 通过其运动副 A、B_0 联接到图 1-24(a)所示的原动件 1 和机架上形成四杆机构 A_0ABB_0。再把图 1-24(c)所示的Ⅲ级杆组通过运动副 C、E_0、F_0 依次与Ⅱ级杆组及机架联接,组成图 1-24(d)所示的八杆机构。

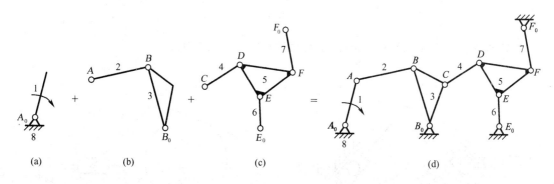

图 1-24 机构组成原理示意图

　　根据机构的组成原理,在进行新机械方案设计时,就可以按设计要求由杆组组成机构,进行创新设计。但设计中必须遵循一个原则,即在满足相同工作要求的前提下,机构的结构越简单、杆组的级别越低、构件数和运动副的数目越少越好。

☞ 习题

1.试指出图 1 中直接接触的构件间所构成的运动副名称。

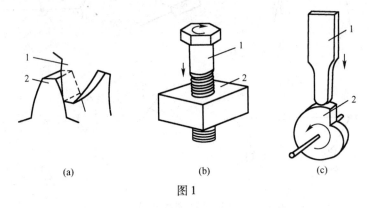

(a)　　　　　　　　(b)　　　　　　　　(c)

图 1

2.将图 2 所示机构的结构图画成机构运动简图,标出原动件和机架,并计算其自由度。

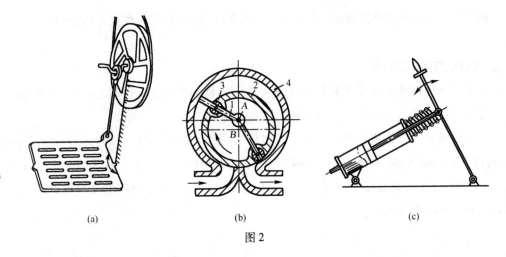

(a)　　　　　　　　(b)　　　　　　　　(c)

图 2

3.计算图 3 所示各机构的自由度,说明机构应有几个主动件。

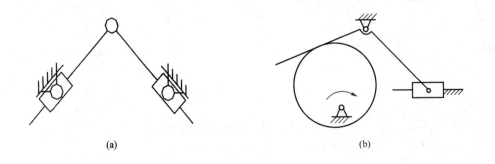

(a)　　　　　　　　　　　　　　(b)

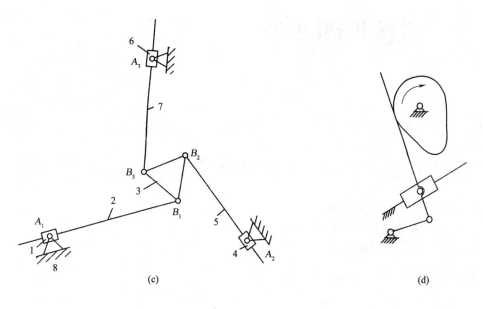

(c)　　　　　　　　　　　(d)

图 3

拓展任务

如图4所示家用缝纫机的机头部分主要由引线(刺布)、挑线、钩线、送布四大机构组成。请查阅资料分析这四大机构结构组成及工作原理;分别绘制出每个机构的运动简图,并计算其自由度。

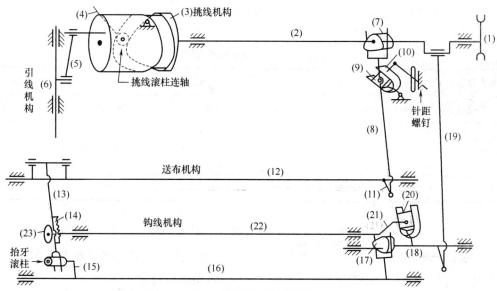

图 4　缝纫机机头示意图

(1)上轮　(2)上轴　(3)挑线凸轮　(4)挑线杆　(5)小连杆　(6)针杆　(7)送布凸轮

(8)牙叉　(9)牙叉滑块　(10)针距座　(11)送布曲柄　(12)送布轴　(13)牙架　(14)送布牙

(15)抬牙曲柄　(16)抬牙轴　(17)摆轴偏心凸轮　(18)摆轴　(19)大连杆　(20)摆轴滑块

(21)下轴曲柄　(22)下轴　(23)摆梭托,摆梭

第二章　机械识图基础

本章知识点

1. 掌握机械制图国家标准。
2. 掌握投影原理和正投影的特征。
3. 掌握三视图的投影规律。
4. 会画基本体和组合体的三视图。

第一节　制图的基本知识

一、图纸幅面和图框格式(GB/T 14689—1993)❶

为了便于图纸管理、交流和装订,绘制图样时,图纸幅面尺寸应优先采用表 2 - 1 中规定的基本幅面。必要时允许选用由基本幅面的短边乘整数倍加长幅面。

表 2 - 1　基本幅面及图框尺寸　　　　　　　　　　　　　　　　　单位:mm

幅面代号	A0	A1	A2	A3	A4
$B \times L$	841×1189	594×841	420×594	297×420	210×297
a	25				
c	10			5	
e	20			10	

绘制图样时,每张图纸必须用粗实线绘制出图框。图纸的装订形式一般采用 A4 幅面竖装或按 A3 幅面横装,如图 2 - 1 所示。图纸也可不留装订边,但同一产品的图样只能采用一种格式。图边尺寸见表 2 - 1,装订边为 a,非装订边为 c,不留装订边为 e。

每张图纸必须画出标题栏,其外框用粗实线绘制,内部用细实线分格,底边和右侧与图框线重合,标题栏的格式及尺寸应按 GB 10609.1 的规定绘制,如图 2 - 2 所示。

---

❶　GB/T 14689—1993 是图纸幅面和格式的标准,其中"GB"是国家标准的代号,"T"为推荐的代号,"14689"是该标准的编号,"1993"是该项标准颁布实施的年份(1993 年)。

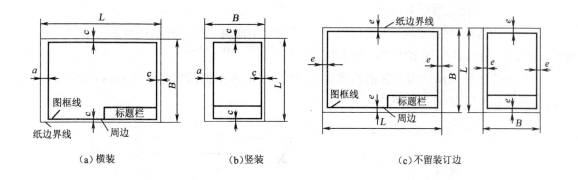

图 2-1　图框格式

图 2-2　制图作业标题栏

二、比例（GB/T 14690—1993）

比例是指图样中图形与实物相应要素的线性尺寸之比，即图距比实距。

绘制图样时，一般应按比例绘制图样，从表 2-2 规定的系列中优先选取不带括号的适当比例，必要时也允许选取表 2-2 中带括号的比例。

表 2-2　规定的比例

种　　类	比　　　　　例
原值比例	1:1
缩小比例	$(1:1.5)$，$1:2$，$(1:2.5)$，$(1:3)$，$(1:4)$，$1:5$，$(1:6)$，$1:1\times10^n$，$(1:1.5\times10^n)$，$1:2\times10^n$，$(1:2.5\times10^n)$，$(1:3\times10^n)$，$(1:4\times10^n)$，$1:5\times10^n$，$(1:6\times10^n)$
放大比例	$2:1$，$(2.5:1)$，$(4:1)$，$5:1$，$1\times10^n:1$，$2\times10^n:1$，$(2.5\times10^n:1)$，$(4\times10^n:1)$，$5\times10^n:1$

注　n 为正整数。

使用比例时应注意以下事项：

(1)比例选择：尽量选用1:1的比例，便于看图，小而复杂的零件选用放大的比例，如2:1；大而简单的零件选用缩小的比例，如1:2。

(2)图样上所注尺寸为零件的真实大小，所以用不同比例画出的图样所标注的尺寸应相同，如图2-3所示。

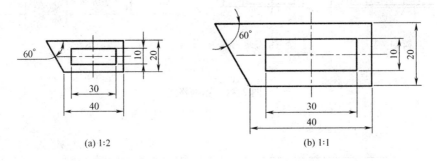

(a) 1:2　　　　　　　　　(b) 1:1

图2-3　用不同比例画出的机件

(3)角度按原角度画出。

(4)比例填写在标题栏上，但如个别图比例不同应另行标注，如局部放大图。

三、字体(GB/T 14691—1993)

在图样中书写汉字、数字、字母时，要按国家标准要求书写。做到字体工整、笔画清楚、间隔均匀、排列整齐。

1.汉字

汉字应写成长仿宋体，并采用国家正式公布推行的简化汉字。

字体的高度代表字体的号数，如10号字即字的高度为10 mm，公称尺寸系列有20，14，10，7，5，3.5，2.5，1.8。汉字的高度应不小于3.5 mm。

2.数字和字母

数字和字母可写成斜体和直体。书写斜体时，字头应向右倾斜，与水平基准线成75°角。

四、图线及其画法(GB/T 17450—1998)

1.图线形式及其应用

各种图线的名称、形式、宽度及应用说明如表2-3所示。图线分为粗线和细线两种。粗线的宽度d通常取0.7~1 mm，细线的宽度为$d/2$。

表2-3　图线

图线名称	图线形式	代　号	图线宽度	图线常用应用举例
粗实线	d	A	$d=0.5~2$ mm	可见轮廓线

续表

图线名称	图线形式	代　号	图线宽度	图线常用应用举例
细实线	——————	B	约 $d/2$	尺寸线和尺寸界线、剖面线、重合剖面的轮廓线、过渡线等
波浪线	～～～	C	约 $d/2$	断裂处的边界线、视图与剖视的分界线
双折线	⌐√⌐	D	约 $d/2$	断裂处的边界线
虚　线	2~6 ⊢⊣ 1 ⊢⊣	F	约 $d/2$	不可见轮廓线
细点画线	15~20 ⊢⊣ ≈3	G	约 $d/2$	轴线、对称中心线、轨迹线、节圆及节线
粗点画线	—— · ——	J	d	有特殊要求的线或表面的表示线
双点画线	15~20 ⊢⊣ ≈5	K	约 $d/2$	相邻辅助零件的轮廓线、极限位置的轮廓线

2. 图线的画法

（1）同一图样中,同类图线的宽度应基本一致。虚线、点画线、双点画线中的短画或长画以及间隔应各自大致相等。

（2）中心线的画法:圆心应为线段的交点,点画线的首末两端应是线段而不是点,应超出圆外 2~5 mm。在较小的图形上绘制点画线有困难时,可用细实线代替,如图 2-4 所示。

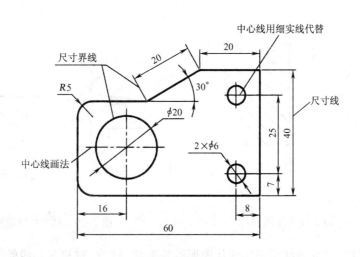

图 2-4　图线的画法与尺寸标注

（3）虚线与各种图线相交时,应以线段相交;虚线作为粗实线的延长线时,虚线从间隔开始。

五、尺寸注法（GB/T 16675.2—1996）

1. 基本规则

（1）物体的真实大小应以图样上所注的尺寸数值为依据,与图形的大小及绘图的准确度无关。

（2）图样中的尺寸以毫米（mm）为单位时,不需标注计量单位的代号和名称,如采用其他单位,则必须注明相应计量单位的代号和名称,如 60°（度）、50 cm（厘米）等。

（3）图样中所标注的尺寸,为该图样所示物体的最后完工尺寸,否则,应另加说明。

（4）物体的每一尺寸,一般只标注一次,并应标注在反映该结构最清晰的图形上。

2. 尺寸的组成

完整的尺寸应由尺寸数字（包括必要的字母和图形、符号）、尺寸线和尺寸界线组成。

（1）尺寸数字:线性尺寸的尺寸数字应注写在尺寸线的上方,也允许注写在尺寸线的中断处。但在同一张图样中应一致。尺寸数字不允许被任何图线通过。

数字的书写方向如图 2-4 所示:水平尺寸数字头朝上,写在尺寸线的上方,竖直尺寸数字头朝左,写在尺寸线的左边;倾斜尺寸数字头偏上;角度尺寸数字水平,大于半圆标注直径,尺寸数字前加 ϕ,可注个数,如 $2\times\phi6$,小于、等于半圆标注半径,尺寸数字前加 R,但不注个数。标注球直径或半径时,尺寸数字前加 $S\phi$ 或 SR,标注如图 2-5 所示。

（2）尺寸线:尺寸线表示尺寸的方向,尺寸线用细实线绘制,不得用其他图线代替或画成其他图线的延长线。其终端应画成箭头或斜线,如图 2-6 所示,但同一图样只采用一种尺寸线终端形式。注意尺寸线不交叉,小尺寸在内,大尺寸在外,如图 2-4 所示。

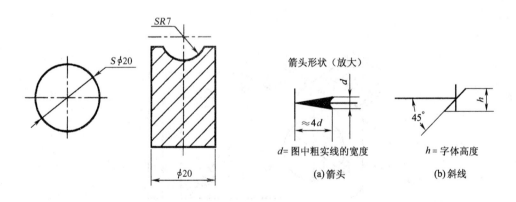

图 2-5　球面尺寸标注　　　　　　　　图 2-6　尺寸线终端形式

（3）尺寸界线:尺寸界线用细实线从图形的轮廓线、轴线、对称中心线处引出,也可由轮廓线、轴线、对称中心线代替。

第二节 投影法的基本知识

一、投影法的概念

日常生活中,物体在光线的照射下,会在地上或墙上产生影子。人们根据这种自然现象加以科学总结,提出了投影的方法。如图 2 – 7 所示,一束光线从 S 点出发,通过物体△ABC,在平面 H 上得到物体的影子△abc。这样便把光源 S 点称为投射中心,光线称为投射线,平面 H 称为投影面,△abc 称为投影。这种用投射线通过物体向选定的投影面进行投射而得到图形的方法,称为投影法。

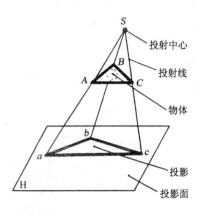

图 2 – 7 中心投影法

二、投影法的种类

投影法可分为中心投影法和平行投影法两大类。

1. 中心投影法

如图 2 – 7 所示,投射线汇交于一点的投影方法称为中心投影法,所得到的投影称为中心投影。中心投影法,其投影大小与物体和投影面之间的距离有关,因此,中心投影法得到的投影不能反映该物体的真实大小。工程上常用中心投影法画建筑透视图。

2. 平行投影法

若将投影中心移至无穷远处,则所有的投射线可视为互相平行,把投射线互相平行的投影方法称为平行投影法,如图 2 – 8 所示。根据投射线是否垂直于投影面,平行投影法又可分为正投影法和斜投影法。

(1) 正投影法:投射线垂直于投影面的投影方法称为正投影法,所得投影称为正投影,如图 2 – 8(a)所示。

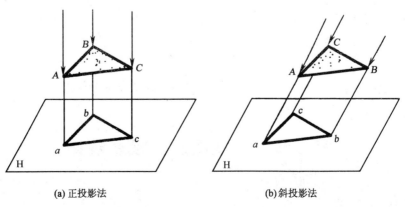

(a) 正投影法　　　　　　　　　　(b) 斜投影法

图 2 – 8 平行投影法

（2）斜投影法:投射线倾斜于投影面的投影方法称为斜投影法,所得投影称为斜投影,如图 2 - 8(b) 所示。

平行投影法,其投影大小与物体和投影面之间的距离无关。由于正投影法能准确地表达物体的形状和大小,而且度量性好,因此在工程制图中被广泛应用。为叙述简便,将正投影简称为"投影"。用正投影法所绘制出的物体的图形称为"视图"。

画视图时,可见轮廓线用粗实线表示,不可见轮廓线用虚线表示,而不是画影子,如图 2 - 9 所示,因此要注意区别。

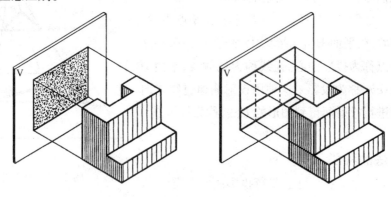

图 2 - 9　物体的影子与投影

三、正投影的特性

作物体的正投影,实际上只要作出该物体所有轮廓线的正投影,或作出该物体各表面的正投影。因此,掌握直线和平面的正投影特性,对于绘制和识读物体的正投影是很重要的。

1. 显实性

当直线或平面平行于投影面时,该直线的投影反映实长、平面的投影反映实形。

2. 积聚性

当直线或平面垂直于投影面时,该直线的投影积聚为一点、平面的投影积聚为直线。

3. 类似性

当直线或平面倾斜于投影面时,该直线的投影为缩短的直线、平面的投影为缩小的类似形。

4. 从属性

当某点在直线或平面上时,该点的投影一定在该直线或平面的投影上。

第三节　三视图及其投影规律

一、三视图的形成

图 2 - 10 所示为两个形状不同的物体,但它们在同一个投影面上的投影却是相同的。因

此,一般来说,一个视图不能完整地确定物体的空间形状,通常将物体放在三投影面体系中,作出物体的三面投影,以表达物体的形状。

1. 三投影面体系的建立

三投影面体系是由三个互相垂直的投影面构成,如图 2－11 所示。其中,一个处于正立位置的投影面称为正投影面,简称 V 面;一个处于水平位置的投影面称为水平投影面,简称 H 面;一个处于侧立位置的投影面称为侧投影面,简称 W 面。投影面之间的交线称为投影轴,分别为 X 轴、Y 轴、Z 轴。三投影轴的交点称为原点,用 O 表示。

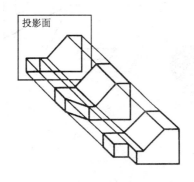

图 2－10　物体的单面投影

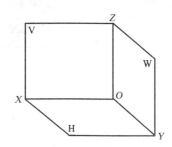

图 2－11　三投影面体系

2. 三视图的形成

(1)物体向三投影面投影:将物体置于三投影面体系中,分别用正投影法向三个投影面投影,所得的图形称为三面视图或三视图。由图 2－12(a) 可知:从前向后投射,在 V 面上得到的图形称为主视图(正面投影);从上向下投射,在 H 面上得到的图形称为俯视图（水平投影）;从左向右投射,在 W 面上得到的图形称为左视图（侧面投影）。

(2)展开三面投影:为了将三个视图能画在一张图纸上,国家标准规定,V 面保持不动,将 H 面绕 X 轴向下旋转 90°,将 W 面绕 Z 轴向右旋转 90°,使之与 V 面处于同一平面内,如图 2－12(b)、图 2－12(c) 所示。

(3)去掉投影面的边框和投影轴,即形成了物体的三视图,如图 2－12(d) 所示。

三视图的相对位置关系是:以主视图为准,俯视图在主视图的正下方,左视图在主视图的正右方。画物体的三视图时,必须按此规定来排列三个视图的位置,称作“按投影关系配置视图”。

二、三视图的投影规律

由图 2－12(d) 所示的三视图可以看出:物体的左右为长度,上下为高度,前后为宽度。主视图和俯视图都反映了物体的长度,主视图和左视图都反映了物体的高度,俯视图和左视图都反映了物体的宽度,因而三个视图之间存在“三等”关系:主视图和俯视图长对正;主视图和左视图高平齐;俯视图和左视图宽相等。

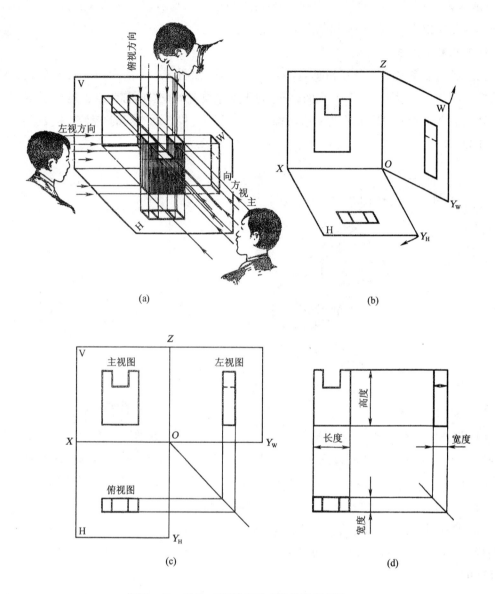

图 2 - 12　物体三视图的形成及其投影规律

"长对正、高平齐、宽相等"是三视图的投影特性，它不仅适用于整个物体的投影，也适用于物体上每个局部，乃至点、线、面的投影。

三、三视图与物体方位之间的关系

在图 2 - 12(d) 中还标明了物体上、下、左、右、前、后六个方位及它们在三视图中的对应关系。物体左右主、俯现，上下可从主、左见，俯视、左视显前后，远离主视是前面。

在画图和看图时，特别要注意物体的前、后部位在视图中的反映，即远离主视图的一边为物体的前面。

第四节　基本体的三视图

常见的基本体有棱柱、棱锥、圆柱、圆锥、圆球。立体分为平面立体和曲面立体。表面均为平面的立体称为平面立体,如棱柱、棱锥;表面为曲面或平面与曲面的立体称为曲面立体,如圆柱、圆锥和球。

一、平面立体的三视图

平面立体上相邻表面的交线称为棱线。因此,绘制平面立体的三视图,实质是画出组成平面立体各表面的平面及棱线的投影。根据三视图的投影规律,就可画出平面立体的三视图。画图时,可见的棱线画粗实线,不可见的棱线画虚线。

1. 棱柱的三视图

以正六棱柱的三视图为例。

(1) 投影分析:正六棱柱放置于图 2 – 13(a) 所示的位置,顶面和底面均处于水平位置,其水平投影反映实形为正六边形,它们的正面和侧面投影积聚为直线。前后两个侧面平行于正面,其正面投影重合且反映实形;水平投影和侧面投影都积聚成平行于相应投影轴的直线。其余四个侧面垂直于水平面,其水平投影分别积聚为倾斜直线,正面投影和侧面投影均为类似形(矩形),且两侧棱面投影对应重合。

(2) 作图步骤:先画出对称中心线,再画反映顶面和底面实形的水平投影,然后根据投影关系画出其他两面投影,如图 2 – 13(b) 所示。

(3) 棱柱三视图的特征:由于棱柱各侧棱互相平行,所以棱柱三视图的特征是:一个视图是多边形,另两个视图是由数个相邻接的矩形所构成。

2. 棱锥的三视图

棱锥的底面为多边形,各侧面均为过锥顶的三角形。

以正三棱锥的三视图为例。如图 2 – 14(a)所示,正三棱锥的底面为正三角形,三个侧面

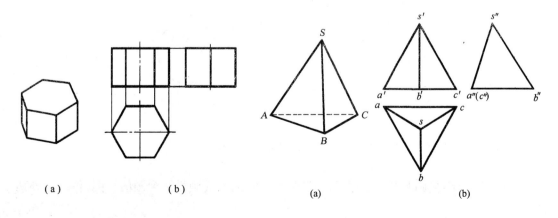

（a）	（b）	（a）	（b）

图 2 – 13　正六棱柱的投影　　　　　　　图 2 – 14　正三棱锥的投影

均为过锥顶的等腰三角形。

（1）投影分析：正三棱锥的底面 △ABC 为水平面，其水平投影 △abc 反映实形，正面和侧面投影积聚为平行于相应投影轴的直线。后棱面 △SAC 垂直于侧面，其侧面投影积聚为斜直线，正面和侧面投影均为三角形的类似形。左右两个侧棱面 △SAB 和 △SBC 与三个投影面均为倾斜关系，其三面投影均为类似形。

（2）作图步骤：一般先画棱锥顶点 S 及底面 △ABC 的三面投影，然后将锥顶和底面三个顶点的同面投影连接起来，即得正三棱锥的三面投影，作图步骤如图 2-14（b）所示。

（3）棱锥三视图的特征：一个视图外形是多边形，内部是数个相邻接的三角形，另两个视图也是数个相邻接的三角形所组成，各三角形具有共同的顶点，即棱锥的锥点。

二、回转体的三视图

由一母线（直线或曲线）绕一轴线旋转而成的曲面，称为回转面。回转面上任意位置的母线称为素线。母线上任意一点的旋转轨迹都是圆，该圆称为纬圆。由回转面或回转面与平面所围成的立体称为回转体。

1. 圆柱体的三视图

（1）投影分析：圆柱体是由圆柱面（以直线为母线，绕与它平行的轴回转一周所形成的面为圆柱面）和垂直于它的上、下圆形底面围成的。图 2-15 中，圆柱的上、下底面为水平面，其水平投影反映实形，正面与侧面投影积聚为一条直线。由于圆柱轴线垂直于水平面，圆柱面的每一条素线均为铅垂线，圆柱面的水平投影积聚为一个圆，其正面和侧面投影为形状大小相同的矩形。

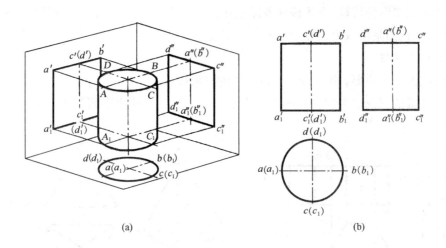

(a)   (b)

图 2-15　圆柱的三视图

（2）作图步骤：先画圆的中心线和回转轴线的投影，然后画投影为圆的视图，再画另外两个矩形。

（3）圆柱体的三视图特征：一个视图是圆（注意画中心线），另两个视图是全等的矩形（注意画轴线)。

2.圆锥体的三视图

(1)投影分析:圆锥体是由圆锥面与圆形底面围成的。以直线为母线,绕与它相交的轴回转一周所形成的面为圆锥面,如图2-16(a)所示。

圆锥的轴线垂直于水平面,底面位于水平位置,其水平投影反映实形,正面和侧面投影积聚为一直线。圆锥面在三面投影中都没有积聚性,水平投影与底面圆的水平投影重合,正面和侧面投影为形状大小相同的等腰三角形。

(2)作图步骤:先画圆的中心线和回转轴线的投影,然后画底面圆的投影,再根据投影关系画出另两个投影,如图2-16(b)所示。

(3)圆锥的三视图特征:一个视图为圆(注意画中心线),另两个视图为全等的三角形(注意画轴线)。

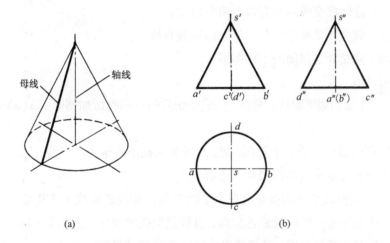

(a)   (b)

图2-16 圆锥的形成及三视图

3.球体的三视图

(1)投影分析:球体的三面投影均为等直径的圆,它的直径为球的直径,如图2-17所示。正面投影的圆是圆球正视转向轮廓线(平行于正面的外形轮廓线,是前、后半球面的可见与不可见的分界线)的投影;其水平投影和侧面投影不再处于投影的轮廓线位置,而在相应的对称中心线上,都省略不画。水平投影和侧面投影的圆,请读者自行分析。

(2)作图步骤:先画三个视图中圆的中心线,再画三个与球等直径的圆。

(3)圆球的三视图特征:三个全等的圆(注意画中心线)。

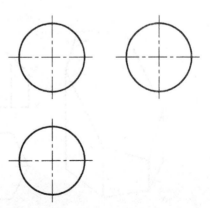

图2-17 圆球的三视图

第五节　组合体的三视图

从形体构成的角度来看,任何物体都可以看成是基本体堆叠或挖切而成,在机械制图中,通常把由基本体组合而成的物体称为组合体。

一、平面切割立体

当平面切割立体时,平面与立体表面所形成的交线称为截交线,切割立体的平面称为截平面。

1. 截交线的性质

立体被平面截切时, 立体表面形状的不同和截平面相对于立体的位置不同, 所形成截交线的形状也不同, 但任何截交线均具有以下两个性质:

（1）共有性：截交线是截平面与立体表面的共有线。

（2）封闭性：截交线是封闭的平面图形。

2. 平面切割棱柱

例1　垂直于正面的截平面切六棱柱,完成截切后的三面投影如图2-18(a)、图2-18(b)所示。

分析:由图可知,截平面垂直于正面,截交线的正面投影积聚为一直线。水平投影除顶面上的截交线外, 其余各段截交线都积聚在六边形上。

作图步骤 : 由截交线的正面投影可在水平面和侧面相应的棱线上求得截平面与棱线的交点, 依水平投影的顺序连接侧面投影各交点,可得截交线的投影,如图2-18(c)所示。画左视图时,既要画出截交线的投影,又要画出六棱柱轮廓线的投影。

判别可见性:俯视图、左视图上截交线的投影均为可见,在左视图中后棱线的投影不可见,应画成虚线。

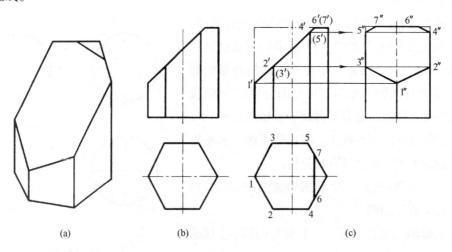

图2-18　截切六棱柱的三视图

3. 平面切割棱锥

例2 如图2-19(a)、图2-19(b)所示,求作四棱锥被截切后的水平投影和侧面投影。

分析:截平面为正垂面,截交线的正面投影积聚为直线。截平面与四条棱线相交,从正面可直接找出交点,其余投影必在各棱线的同面投影上。

作图步骤:根据点的投影规律,在相应的棱线上求出截平面与棱线的交点,判断可见性后依次连接各点的同面投影,即得截交线,如图2-19(c)所示。

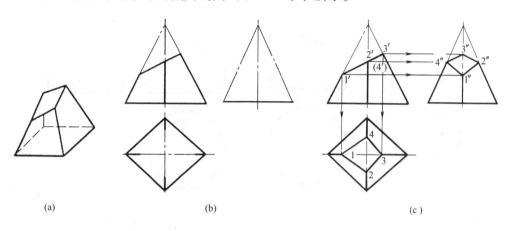

(a)　　　　　　　　　(b)　　　　　　　　　(c)

图2-19 截切棱锥体的三视图

4. 平面切割圆柱

平面与圆柱体相交,截交线的形状取决于截平面与圆柱轴线的相对位置。平面截切圆柱体截交线的形式有三种,如表2-4所示。

表2-4 平面截切圆柱体的截交线

截平面与圆柱轴线平行	截平面与圆柱轴线垂直	截平面与圆柱轴线倾斜
截交线为矩形	截交线为圆	截交线为椭圆

例3 已知斜切圆柱体的主视图和俯视图,求左视图。如图2-20(a)、图2-20(b)所示。

分析:截平面垂直于正面且与圆柱轴线倾斜,斜切圆柱体的截交线为椭圆。截交线的正面投影积聚为直线,水平投影积聚在圆周上,侧面投影为椭圆。

作图步骤:

(1)求特殊点:截交线最左素线上的点Ⅰ和最右素线上的点Ⅱ分别是截交线的最低点和最高点。截交线最前点Ⅲ和最后点Ⅳ分别是最前素线和最后素线与截平面的交点。作出点Ⅰ、Ⅱ、Ⅲ、Ⅳ的正面投影1′、2′、3′、4′和水平投影1、2、3、4,根据从属关系求出1″、2″、3″、4″。如图3-20(c)所示。

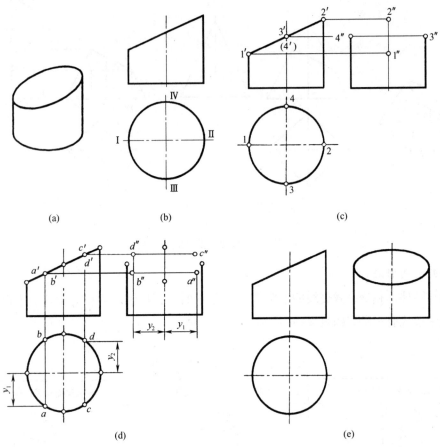

图2-20 斜切圆柱体的截交线

(2)求一般点:从正面投影上选取$a′$、$b′$、$c′$、$d′$四点,然后作OX轴的垂线求得a、b、c、d,根据点的投影规律求出侧面投影$a″$、$b″$、$c″$、$d″$,如图3-20(d)所示。

(3)按截交线的顺序,光滑地连接各点的侧面投影。侧面投影的轮廓线画到3″、4″为止,并与椭圆相切。如图2-20(e)所示。

例4 如图2-21(a)所示,画出开槽圆柱的三视图。

分析:圆柱体上部的槽是由三个截平面形成的,左右对称的两个截平面平行于圆柱轴线且平行于侧面,一个截平面垂直于圆柱轴线,圆柱面上的截交线(AB、CD、圆弧BF、圆弧DF……)都分别位于被切出的各个平面上。由于这些面均平行于投影面,其投影具有积聚性或显实性,

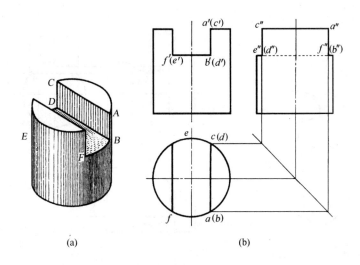

图2-21 开槽圆柱体的三视图

因此截交线的投影应依附于这些面的投影,不需另行求出。

作图步骤:先画出完整圆柱的三视图,按槽宽、槽深尺寸依次画出正面和水平面投影,再依据点、直线、平面的投影规律求出侧面投影。如图2-21(b)所示。

判别可见性:截平面交线的侧面投影为不可见,应画成虚线。

二、两回转体表面相交

相交的两立体称为相贯体,相交两立体的表面交线称为相贯线,如图2-22(a)所示。两回转体的相贯线一般为空间曲线,特殊情况下为平面曲线或直线。

1. 相贯线的基本性质

(1)共有性:相贯线是两立体表面的共有线,也是两立体表面的分界线。相贯线上的点是两立体表面的共有点。

(2)封闭性:由于立体表面是封闭的,因此相交两立体的相贯线一般为封闭的。

2. 相贯线的画法

因相贯线是相交两立体的共有线,所以求相贯线实质上就是求两立体表面上的一系列共有点。

例5 求两正交圆柱的相贯线,如图2-22(a)所示。

分析:两圆柱的轴线垂直相交,称为正交。这是一个直立圆柱和水平圆柱正交,其相贯线的水平投影和侧面投影分别积聚在它们具有积聚性的圆上,已知相贯线的两面投影,可求出其正面投影。由于相贯线前后、左右对称,所以在正面投影中,相贯线可见的前半部分和不可见的后半部分重合,且左右对称。

作图:如图2-22(b)所示。

(1)求特殊点:点Ⅰ、Ⅱ是相贯线上的最高点,也是相贯线上的最左和最右点,它们的正面

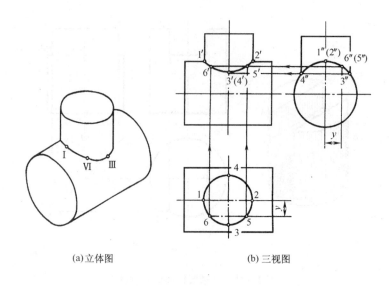

(a)立体图   (b)三视图

图 2-22 两正交圆柱的相贯线(一)

投影在两圆柱正面投影的转向轮廓线的交点上,可直接求得 1′、2′、1 、2 和 1″、2″。直立圆柱侧面投影的转向轮廓线与水平圆柱侧面投影圆的交点 Ⅲ 和交点Ⅳ分别是相贯线上的最前点和最后点,其 3 、4 和 3″、4″可直接求出,再由 3、4 和 3″、4″求得 3′、4′。

(2)求一般点:相贯线上的一般点可利用积聚性和投影关系求解,在水平投影和侧面投影中取 5 、6 和 5″、6″,然后就可求出 5′、6′。用相同的方法求出若干一般点。

(3)依次连接各点,即得相贯线的正面投影。

两圆柱正交是机械零件中常见的,除了上述两实心圆柱相交外,还有圆柱穿孔、两圆柱孔相交、两圆筒相交(图 2-23)等。

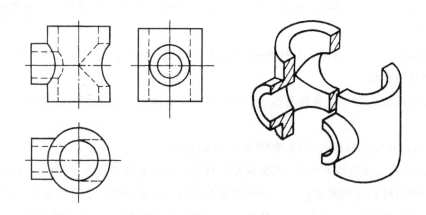

图 2-23 两正交圆柱的相贯线(二)

3. 相贯线的近似画法

当不等径的两圆柱相交时,其相贯线的投影可用圆弧代替,即用大圆柱的半径作圆弧代替,并向大圆柱轴线方向弯曲,如图 2-24 所示。

4. 相贯线的特殊情况

两回转体相交的相贯线一般为空间曲线。但在特殊情况下,也可能是平面曲线(圆或椭圆)或直线。

当两回转体具有公共轴线时,相贯线为垂直于轴线的圆,该圆在与轴线平行的投影面上的投影为直线,在与轴线垂直的投影面上的投影为圆的实形,如图 2-25 所示。

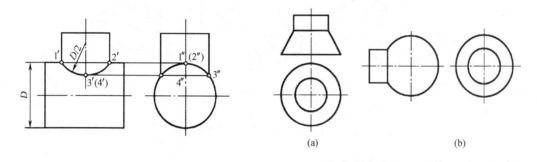

图 2-24 相贯线的近似画法   图 2-25 回转体同轴线相贯

当两圆柱直径相等时,相贯线的正面投影由曲线变成直线,如图 2-26 所示。

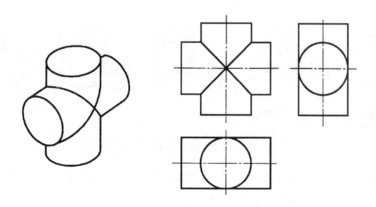

图 2-26 等径圆柱相交

三、看组合体的视图

看图是根据给定的视图想象出组合体的空间形状。在看图的过程中,除了不断实践,多看、多想外,还必须将三视图的投影规律很好地运用到看图中去。形体分析法是看图的基本方法。

1. 形体分析法

所谓形体分析法,就是"化整为零",假想把组合体分解成若干个简单形体,并弄清每一形体的形状,弄清各形体之间的相对位置、组合形式及相邻两表面间的连接关系,从而理解整体形状,即"先分后组合"。

2. 组合体的组合形式

组合体的组合形式有叠加、挖切和综合三种。叠加式组合体可看成是由若干个基本形体堆垒而成的,如图 2－27(a) 所示;挖切式组合体是将一个完整的基本立体用平面或曲面切去或挖去某些部分而形成的,如图 2－27(b) 所示;综合式组合体是指既有叠加又有挖切的组合体,如图 2－27(c) 所示。

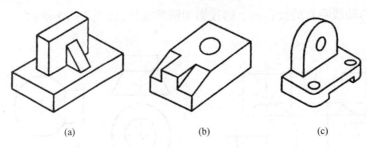

(a)　　　　　　　(b)　　　　　　　(c)

图 2－27　组合体的组合形式

3. 组合体相邻两表面的连接关系

组合体中相邻简单形体表面之间的连接关系可分为平齐、不平齐、相切、相交四种,如图 2－28 所示。

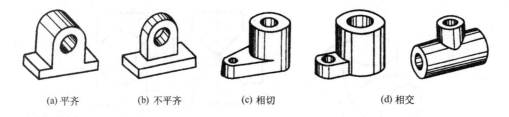

(a) 平齐　　　　(b) 不平齐　　　　(c) 相切　　　　(d) 相交

图 2－28　组合体相邻两表面的连接关系

(1)两表面平齐或不平齐:当形体以平面接触时,如两表面平齐,则在衔接处无分界线,如两表面不平齐,则在衔接处有分界线,如图 2－29 所示。

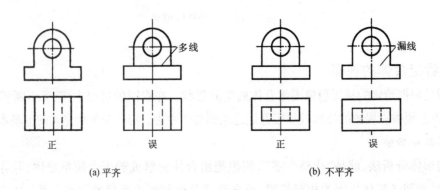

正　　　　　　误　　　　　　　　正　　　　　　误

(a) 平齐　　　　　　　　　　　　(b) 不平齐

图 2－29　两表面平齐或不平齐的画法

（2）两表面相切：当平面与曲面或两曲面相切时，由于它们的连接处为光滑过渡，不存在明显的轮廓线，所以在相切处不应画出分界线。图2－30所示为平面与曲面相切时的画法。

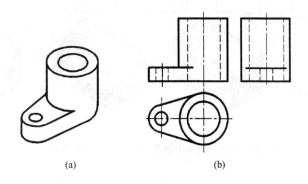

(a)　　　　　　　　　　　(b)

图2－30　两表面相切时的画法

（3）两表面相交：当两表面相交时，在相交处必须画出它们的交线（截交线或相贯线）。图2－31为两表面相交的画法。

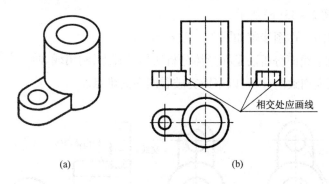

相交处应画线

(a)　　　　　　　　　　　(b)

图2－31　两表面相交的画法

4.看组合体视图的方法

（1）看图时应注意的几个问题：一个视图一般不能确定组合体的形状，一定要同时联系其他的视图，才能想象出组合体的形状。

图2－32所示的三种物体，其主、俯视图均相同，如果与左视图联系起来看，其实它们的形状是各不相同的。由此可见，看图时必须将所给出的全部视图同时联系起来分析，才能正确地想象出物体的形状。

（2）看图的基本方法：

①形体分析法：在主视图上按线框（每一个线框表示物体上一个面的投影）将组合体划分为几个部分；然后利用投影关系，找到各线框在其他视图中的投影，从而分析出各部分的形状以及它们之间的相对位置；最后再综合起来想象组合体的整体形状，这种方法就是前面已介绍过的形体分析法，即"先分后组合"。

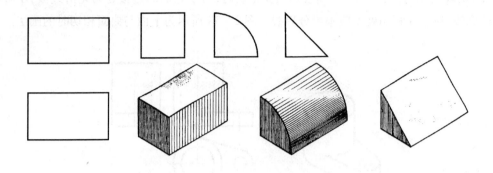

图 2 – 32　由两个视图可构思出不同的物体

例 6　如图 2 – 33(a) 所示,由组合体的主、俯视图想象出整体形状,并补画左视图。

解:

a.对线框,分部分:从主视图入手,将该组合体按线框分成两部分,如图 2 –33(a)所示。

b.对投影,想形体:根据每一部分的视图,先看主体,后看细节,逐个想象出简单体的形状。

c.合起来,想整体:确定了各个形体的形状后,确定它们之间的相互位置,综合想象出整个组合体的形状,如图 2 –33(c)所示。

d.绘制出左视图。作图步骤如图 2 –33(b)所示。

② 线面分析法:线面分析法是在形体分析法的基础上,利用线、面投影特性,对物体上的某些倾斜面作更为深入细致的分析,以帮助突破看图中的难点。

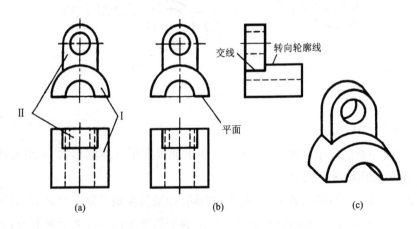

图 2 –33　形体分析法读组合体三视图

四、看组合体的尺寸

视图仅能表示组合体的形状,而组合体各组成部分的大小及相对位置还需由尺寸来确定。

看组合体尺寸的方法采用形体分析法,仍是"先分后组合"。分,即看组合体各组成部分的定形尺寸和定位尺寸;组合,即看确定各组成部分之间相对位置的定位尺寸以及必要的总体尺寸。

1.用形体分析法看各简单形体的定形尺寸和定位尺寸

运用形体分析法标注组合体尺寸时,必须掌握基本形体的尺寸标注形式。表2-5列举了几种常见基本形体的尺寸标注方法。表2-6列举了截切基本体及相贯体的尺寸标注方法。表2-7列举了常见结构要素的尺寸标注方法。

表2-5　常见基本形体的尺寸标注方法

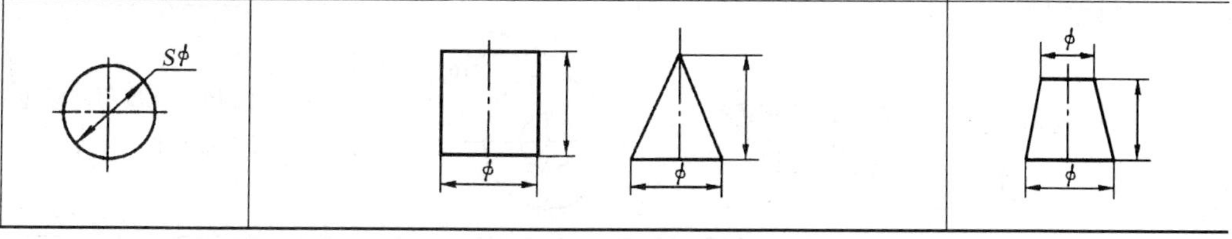

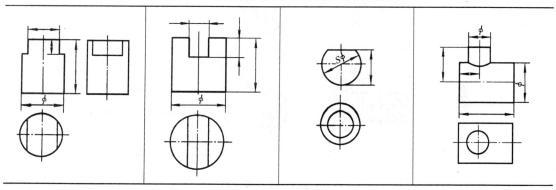

表2-6　截切基本体及相贯体的尺寸标注方法

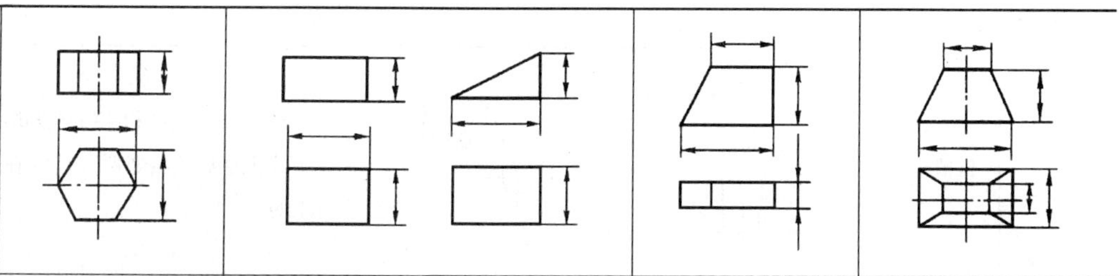

表2-7　常见结构要素的尺寸标注方法

零件结构类型		标 注 方 法	说 明
螺孔	通孔	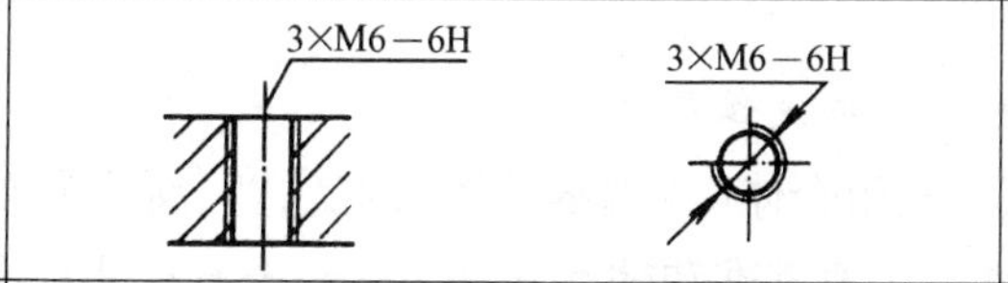 3×M6-6H　　3×M6-6H	3×M6表示直径为6,均匀分布的3个螺孔
	不通孔	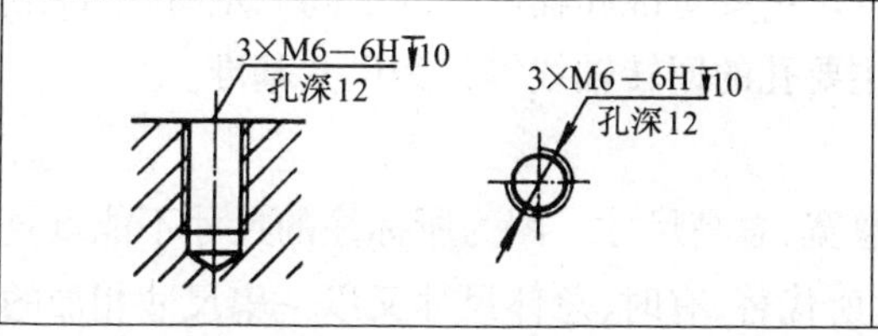 3×M6-6H▽10 孔深12　　3×M6-6H▽10 孔深12	螺孔深度可与螺孔直径连注; 需要注出孔深时,应明确标注孔深尺寸

零件结构类型		标 注 方 法	说 明
光孔	一般孔	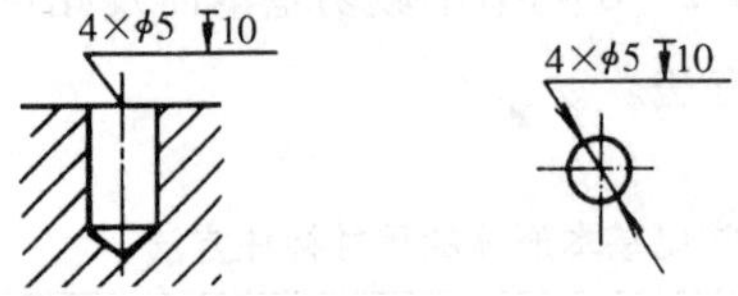 4×φ5 ↓10　　4×φ5 ↓10	4×φ5 表示直径为 5,均匀分布的 4 个光孔 孔深可与孔径连注
	锥销孔	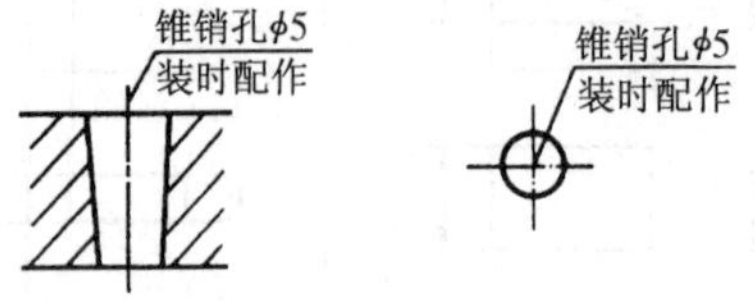 锥销孔φ5 装时配作　　锥销孔φ5 装时配作	φ5 为与锥销孔相配的圆锥销小头直径。锥销孔通常是相邻两零件装在一起时加工的
沉孔	锪平面	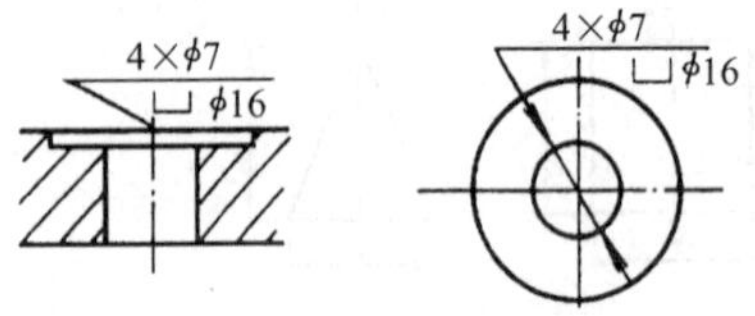 4×φ7 ⊔φ16　　4×φ7 ⊔φ16	锪平面 φ16 的深度不需标注,一般锪平到不出现毛面为止
	锥形沉孔	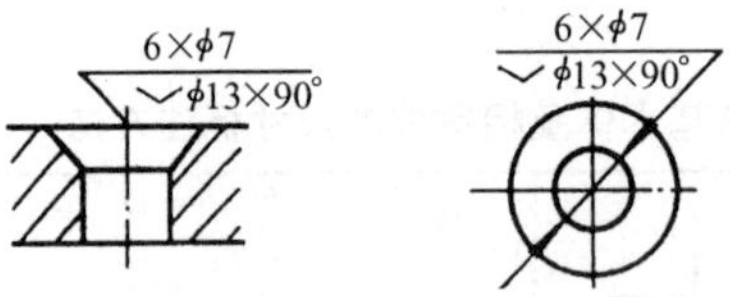 6×φ7 ⌵φ13×90°　　6×φ7 ⌵φ13×90°	6×φ7 表示直径为 7,均匀分布的 6 个孔
	柱形沉孔	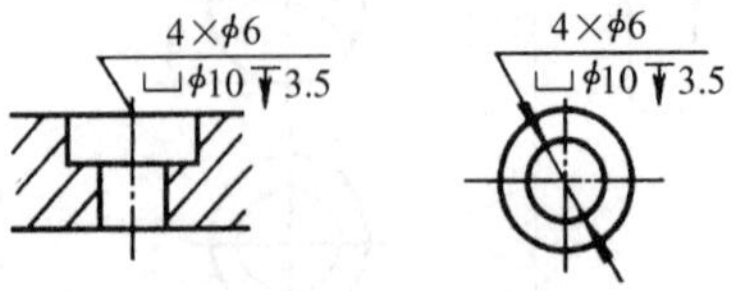 4×φ6 ⊔φ10 ↓3.5　　4×φ6 ⊔φ10 ↓3.5	柱形沉孔的小直径为 φ6,大直径为 φ10,深度为 3.5,均需标注
倒角		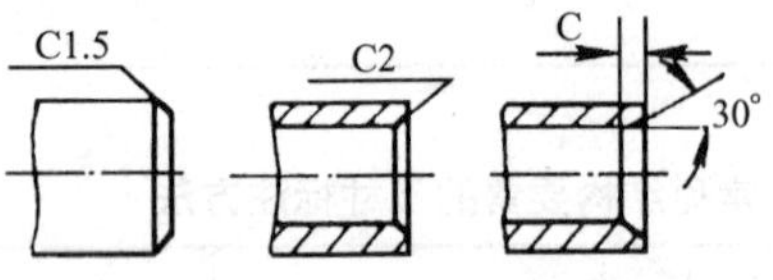 C1.5　　C2　　C　30°	倒角 1.5×45°,可注成 C1.5;倒角不是 45°时,要分开标注

2. 分析尺寸基准,读各基本形体间的定位尺寸

尺寸基准即标注尺寸的起点。在组合体(或基本形体)的长、宽、高三个方向上应有一个主要尺寸基准,可以有几个辅助基准。主要基准和辅助基准之间一定有尺寸相连。一般采用组合体的对称平面、底面、重要端面、主要孔的回转轴线等作为尺寸基准。

3. 读总体尺寸

总体尺寸即组合体的总长、总宽、总高尺寸。因为所标注的尺寸不能重复,所以有时总体尺寸会被某个基本形体的定形尺寸所代替,有时,总体尺寸又以一串尺寸相加的形式出现。

4. 读组合体尺寸举例

如图 2 – 34 所示。该组合体由底板和半圆头壁板所组成。底板的定形尺寸为长 48,宽 32,高 10;底板上两小孔的定形尺寸是 ϕ12,高与底板相同;两孔的定位尺寸,长度方向以左右对称平面为基准,定位尺寸是 26,宽度方向以后面为基准,定位尺寸是 24;半圆头壁板 R16, ϕ18,(30 – 10) 和厚度 10 是定形尺寸,以底板的底面为高度基准,30 是底板与壁板的定位尺寸,同时也是高度方向的总高尺寸。底板的 48 和 32 也是总长和总宽尺寸。

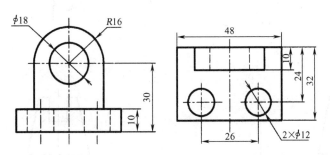

图 2 – 34　读组合体尺寸

☞ 习题

已知形体的两个视图,补画第三视图。

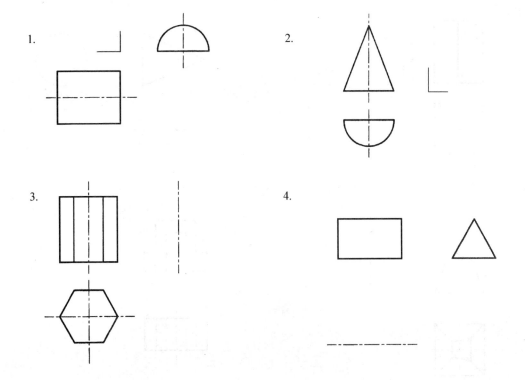

5.

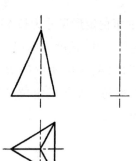

6.

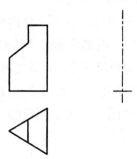

7.

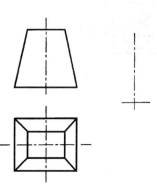

8.

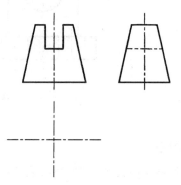

9.

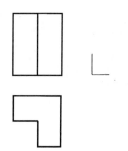

10.

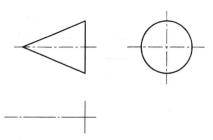

11.

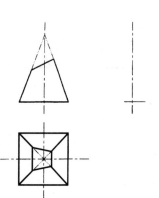

12.

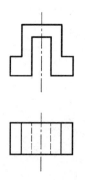

☞ **拓展任务**

根据下面组合体的轴测图,用 A4 幅面图纸选用合适的比例画出三视图,并标注尺寸。

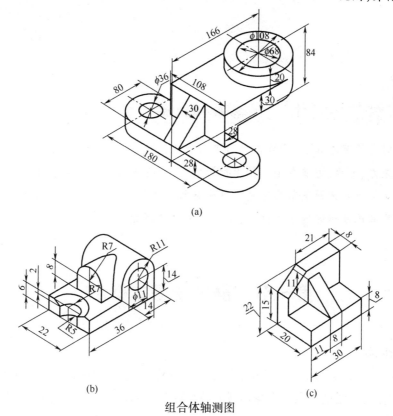

组合体轴测图

要求:完整表达组合体的结构形状。标注尺寸要完整、清晰,符合国标。

注意事项:

(1)A4 图纸横放,选用适合的比例绘图。

(2)画图前应分析组合体由哪些基本形体组成及各形体之间相互位置和组合关系。

(3)选择最能反映组合体形状特征的方向为主视图的投射方向。

(4)布图时,三视图之间要留有足够的标注尺寸的位置;先作出各视图的基准线。

(5)标注尺寸时不要照搬轴测图上的尺寸注法,应重新考虑视图尺寸的配置,以尺寸完整、清晰、注法正确为原则。

(6)正确使用绘图工具,底稿完成后仔细校核再加深图样。

第三章　力学基础知识

第一节　静力学基本概念

一、力的概念

力的概念产生于人类从事劳动之中,当人们用手握、拉、推、举物体时,由于肌肉紧张而受到力的作用,这种作用广泛地存在于人与物、物与物之间,人们把这种物体之间的相互机械作用称之为力。

力对物体作用将产生两种效果。一种是使物体的运动状态发生改变,称为力对物体作用的外效应;另一种是使物体产生变形,称为力对物体作用的内效应。

实践证明,力对物体的作用效应,取决于力的大小、方向和作用点的位置,这三个因素称为力的三要素。

力的单位采用国际单位制,力的单位用牛顿(N)或千牛(kN)。

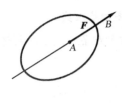

图 3 - 1

力是一个具有大小和方向的量,和其他矢量一样,可以用一个带箭头的有向线段表示,如图 3 - 1 所示。线段的长度按一定比例代表力的大小,线段的方位和箭头表示力的方向,线段的起点或终点表示力的作用点。文字符号用黑体字母表示矢量,以普通字母表示这个矢量的大小。

二、力系、等效和平衡的概念

作用于物体上的一组力称为力系。若两个力系分别作用于同一个物体上,所产生的外效应相同,则此二力系称为等效力系。如果一个力和一个力系等效,则该力称为力系的合力,力系中各力称为该力的分力。

在工程中,把相对于地面静止或做匀速直线运动的物体认为是处于平衡状态,例如桥梁、机床的床身、高速公路上匀速直线行驶的汽车等,都处于平衡状态。

物体处于平衡状态时,作用于物体上的力系为平衡力系,平衡力系中各力对物体作用的外效应互相抵消。

第二节 静力学公理

静力学公理是人类从长期的实践和经验中总结出来的一些基本力学规律,并通过实践验证不需证明而被人们所公认,故称公理,其中基本公理有以下四条:

公理一 力的平行四边形法则

作用于物体上同一点的两个力可以合成为一个合力,合力也作用于该点,其大小和方向由两个分力为邻边所构成的平行四边形的对角线表示,如图 3 - 2 所示,R 表示合力,F_1、F_2 表示分力。这种求合力的方法称为矢量加法,用公式表示为:

$$R = F_1 + F_2$$

反之,一个力也可以分解为两个分力,分解也可按力的平行四边形法则进行。显然,以已知力为对角线可作无穷多个平行四边形,因此,力的分解是不定的,必须附加条件,才能得到确定的结果。附加条件可能为:

(1)规定两个分力的方向;

(2)规定其中一个分力的大小和方向;

(3)规定其中一个分力的方向和另一个分力大小;

(4)规定两个分力的大小。

在实际应用中,通常是将力沿两个互相垂直的方向分解,如图 3 - 3 所示。例如在讨论直齿圆柱齿轮的受力分析时,常将沿齿面法向的正压力(啮合力)分解为沿齿轮分度圆圆周切线方向的分力(圆周力)与指向轴心的分力(径向力)。

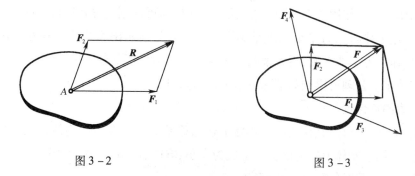

图 3 - 2   图 3 - 3

公理二 二力平衡原理

物体受二力作用,处于平衡状态的充分必要条件是:这两个力大小相等,方向相反,并且作用在同一直线上,如图3-4所示。

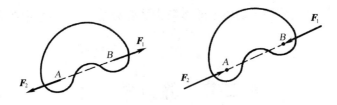

图3-4

在机械或结构中,凡只受二力作用而处于平衡状态的构件,因其所受的二力必在两个力的作用点的连线上,故称为二力构件,如图3-5(a)和图3-5(b)所示。

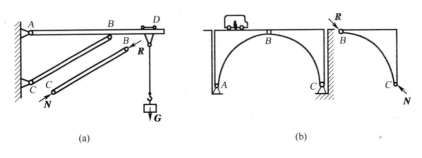

(a)   (b)

图3-5

公理三　加减平衡力系公理

在一个已知力系上,增加或者减去一个平衡力系,不改变原力系对物体作用的外效应。

本公理为力系简化的基本方法之一。

公理四　作用和反作用定律

两个物体间相互作用的一对力,总是同时存在并且大小相等,方向相反,沿同一直线分别作用在这两个物体上。

力总是以作用与反作用的形式而存在,而且以作用与反作用的方式进行传递。应该注意的是,作用和反作用定律与二力平衡原理是不同的。前者是表示两个物体间相互作用的力学性质,作用力和反作用力不能平衡,后者说明一个刚体在两力作用下处于平衡状态应满足的条件。

由以上四条基本公理可得到如下两点推论(不作证明)。

推论一　力的可传性

作用于刚体上的力可沿其作用线在刚体上任意移动而不改变力对物体作用的外效应。根据力的可传性,作用于刚体上的力的三要素成为大小、方向、作用线的位置。

应当注意,力的可传性不适用于变形体。

推论二　三力平衡原理

物体在三力作用下处于平衡时,此三力必在同一平面内,若其中二力相交,则三力必汇交于一点;若其中二力平行,则三力必互相平行。

第三节　约束和约束的反力

在各类工程问题中,构件总是以一定的形式与周围其他构件相互联接的。如房梁受立柱的限制,使它在空间得到稳定的平衡;转轴受到轴承的限制,使它只能产生绕轴心的转动;小车受地面的限制,使它只能沿路面运动等。

一物体受到周围物体的限制时,这种限制就称为约束,约束限制了物体本来可能产生的某种运动,从而实际上改变了物体原来可能的运动,约束有力作用于物体,这种力称为约束力。

于是,就可以将物体所受的力分为两类:一类是使物体产生可能运动的力,称为主动力;另一类则是约束限制某种可能运动的力,称为约束力,又因它是由主动力引起的反作用力,故全称应是约束反作用力,简称约束反力。

约束反力总是作用在被约束物体与约束物体的接触处,其方向也总是与该约束所限制的运动趋势方向相反。据此,即可确定约束反力的位置及方向。

一、柔性约束

柔性约束是由柔绳、胶带、链条等所形成的约束。这类约束只能限制物体沿绳索伸长方向的运动,因此它对物体只有沿绳索方向的拉力,如图 3-6 所示,常用代号为 T。

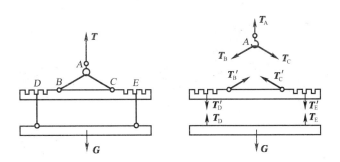

图 3-6

二、光滑接触面约束

当物体与物体间接触处的摩擦力很小,与其他作用力相比,可忽略不计时,这样的接触面可以认为是理想光滑的。光滑接触面约束,不管接触面是平面还是曲面,它只能限制物体沿接触面公法线方向而朝向支承面的运动,因此,光滑接触面约束对物体作用的约束反力的方位必沿公法线,并指向物体,如图 3-7(b)所示。光滑接触面约束对物体作用的约束反力一般以符号 N 表示。

图 3 - 8(a)表示机床的台面由床身的平导轨和三角导轨支承。导轨充分润滑,支承面可认为是光滑的。图 3 - 8(b)中分别画出了台面和导轨间的反作用力。因为摩擦力可以忽略不计,所以各力方位均沿接触面公法线,并分别指向台面和床身导轨。图 3 - 8(b)中 N_1 与 N_1',N_2 与 N_2'、N_3 与 N_3' 均为作用力与反作用力的关系。

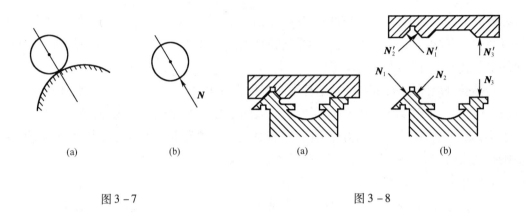

图 3 - 7　　　　　　　　　　　　图 3 - 8

三、铰链联接

两构件采用圆柱销所形成的联接称为铰链联接,其结构为圆柱销与一构件固联,插入另一构件的孔内,如图 3 - 9 所示。若相联的两构件有一个固定,称为固定铰链;若均无固定,则称为中间铰链。

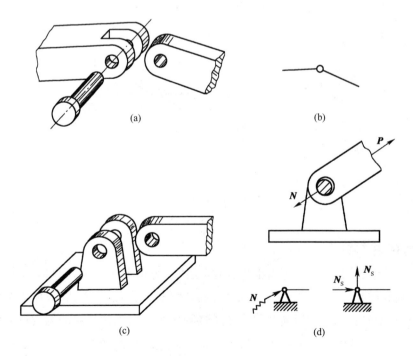

图 3 - 9

这类约束的本质即为光滑约束。故其约束反力必沿圆柱面接触点的公法线方向通过圆销中心。在外力未定,接触点不能确定时,只能确定反力通过圆销中心,大小和方向均无法确定,通常用两个大小未知的正交分力来表示,如图 3-9(d)所示。

固定铰链(或中间铰链)的约束反力方向,属下列情况时,约束反力方向可以确定。

(1)铰链所联接的构件为二力物体。

(2)铰链所联接的构件,其他两力方向可确定时,由三力汇交或三力平衡可确定固定铰链约束反力的方向。

铰链支座常用于桥架、屋架结构中,支座在滚子上任意左右移动,称为活动铰链支座,如图 3-10 所示。支座只能限制构件沿支承面垂直方向的运动,故活动铰链支座的约束反力必定通过铰链中心,并垂直于支承面。

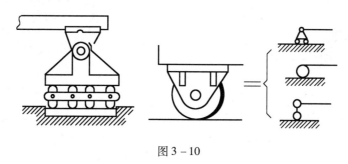

图 3-10

第四节 物体的受力分析和受力图

在工程实际中,为了求出未知的约束反力,需要根据已知力,应用平衡条件求解。为此,先要确定物体受了几个力,各个力的作用点和力的作用方向,这个分析过程称为物体的受力分析。

作用于物体上的力的种类很多,在力学中,常把约束反力以外的力统称为主动力,故作用于物体上的力分为主动力和约束反力两大类。

对物体进行受力分析时,常将对物体的约束全部解除,将全部主动力和约束反力画在其上,称为受力图。

画受力图的步骤一般为:

(1)画出研究对象的分离体;

(2)标上已知的主动力;

(3)在解除约束处,根据约束性质画上约束反力。

同时必须注意的是:

(1)二力构件,一般情况下必须判定,才能求解;

(2)作用与反作用的分析,在求解物系平衡时十分重要;

(3)受力图上只画研究对象以外的物体对研究对象的作用力(外力),而不画研究对象内各构件之间的相互作用力(内力)。

例 画出图 3 – 11(a)、图 3 – 11(d)两图中滑块及从动杆的受力图,并进行比较。图 3 – 11 (a)是曲柄滑块机构,图 3 – 11(d)是凸轮机构。

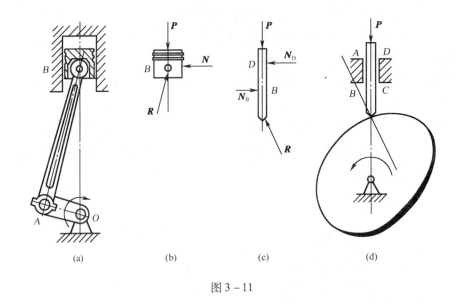

(a)   (b)   (c)   (d)

图 3 – 11

解:分别取滑块、从动杆为分离体,画出它们的主动力和约束反力,其受力如图 3 – 11 (b)、图 3 – 11(c)所示。

滑块上作用的主动力 **P**、**R** 的交点在滑块与滑道接触长度范围以内,其合力使滑块单面靠紧滑道,故产生一个与约束面相垂直的反力 **N**,**P**、**R**、**N** 三力汇交。而从动杆的主动力 **P**、**R** 的交点在滑道之外,其合力使推杆倾斜而导致 B、D 两点接触,故有约束反力 N_B、N_D。

第五节　力在直角坐标轴上的投影

一、力在平面直角坐标轴上的投影

力 **F** 在坐标轴上的投影定义为:过 **F** 的两端向坐标轴引垂线得垂足 a_1、b_1 和 a_2、b_2,如 图 3 – 12 所示,a_1b_1 和 a_2b_2 分别为 **F** 在 x 轴、y 轴上的投影的大小。投影的正负规定为:从 a 到 b 的指向与坐标轴正向相同时为正,反之为负。

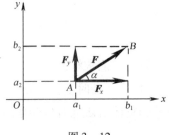

图 3 – 12

力 F 在 x 轴、y 轴上的投影分别记作 F_x 与 F_y。

若已知 F 的大小及其与 x 轴正向之夹角 α,则有

$$\begin{cases} F_x = F\cos\alpha \\ F_y = F\sin\alpha \end{cases} \qquad (3-1)$$

若已知 F_x、F_y,则 F 的大小和方向为:

$$F = \sqrt{F_x^2 + F_y^2}$$

$$\tan\alpha = \left| F_y / F_x \right|$$

α 为 F 和 x 轴所夹之锐角,F 的指向由 F_x、F_y 的正负确定。

二、力在空间直角坐标轴上的投影

如图 3-13 所示,若已知 F 和 x 轴、y 轴、z 轴之夹角分别为 α、β、γ,则 F 在 x 轴、y 轴、z 轴上投影为:

$$\begin{cases} F_x = F\cos\alpha \\ F_y = F\cos\beta \\ F_z = F\cos\gamma \end{cases} \qquad (3-2)$$

在工程实际中,还有一种情况,即已知 F 与某轴(z)的夹角(γ)以及 F 在 xy 面内的投影 F_{xy} 与另一轴夹角 φ,如图 3-14 所示。则:

$$\begin{cases} F_x = F\sin\gamma\cos\varphi \\ F_y = F\sin\gamma\sin\varphi \\ F_z = F\cos\gamma \end{cases} \qquad (3-3)$$

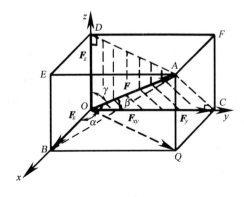

图 3-13

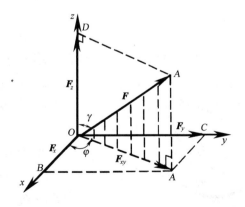

图 3-14

反之,若已知 F_x、F_y、F_z,则 F 的大小和方向为:

$$F = \sqrt{F_x^2 + F_y^2 + F_z^2}$$

$$\cos\alpha = F_x/F$$

$$\cos\beta = F_y/F$$

$$\cos\gamma = F_z/F$$

合力投影定理

合力在某一坐标轴上的投影等于各个分力在同一轴上投影的代数和。

合力投影定理对平面和空间坐标轴上的投影均适用,这里不作证明。

第六节　力　矩

一、平面上的力对点之矩

当用扳手拧紧螺母时,如图 3-15 所示,若作用力为 F,转动轴心 O 到力作用线的垂直距离为 d,称为力臂。由经验知,扳紧螺母的转动效应不仅与力 F 的大小有关,且与力臂的长度有关,故力 F 对物体的转动效应的大小可用两者的乘积 $F \cdot d$ 来度量。当然,若力 F 对物体的转动方向不同,其效果也不相同。表示力对物体绕某点转动的作用的量,称为力对点之矩。据大量实例,可归纳出力对点之矩的定义为:

$$m_0(F) = \pm F \cdot d \tag{3-4}$$

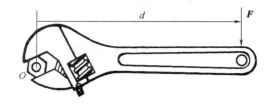

图 3-15

力对点之矩为一代数量,它的大小为力 F 的大小与力臂 d 的乘积,它的正负号表示力矩在平面上的转向。一般规定,力使物体绕矩心逆时针方向旋转者为正,顺时针方向旋转者为负,如

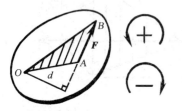

图 3-16

图 3-16 所示。F 力对点 O 的力矩值,也可用 $\triangle OAB$ 面积的 2 倍表示,如图 3-16 所示,即 $m_0(F) = \pm 2\triangle OAB$。

由力矩的定义和式(3-1)还可知:

(1)当力的作用线通过矩心时,此时力臂值为零,力矩值为零;

(2)力沿其作用线滑移时,不会改变力矩的值,因为此时并未改变力、力臂的大小及力矩的转向。

按法定计量单位,力矩的单位为牛·米(N·m)。

合力矩定理

合力对某一点的矩等于各个分力对同一点的力矩的代数和。

上述定理在此不作证明。在实际应用中，用此定理比按定义求力矩简便得多。

例1　如图 3-17(a)所示，圆柱直齿轮的齿面受一压力角 $\alpha = 20°$ 的法向压力 $P_n = 1$ kN 的作用，齿轮分度圆的直径 $d = 60$ mm。试计算力对轴心 O 的力矩。

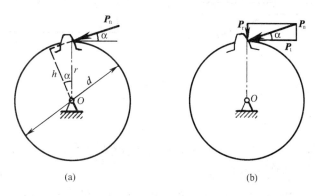

(a)　　　　　　　　　　　　　(b)

图 3-17

解一：按力对点之矩的定义，有：

$$m_O(\boldsymbol{P}_n) = P_n \cdot h = P_n \cdot \frac{d}{2}\cos\alpha = 1000 \times 0.03\cos20° = 28.2 \text{ N} \cdot \text{m}$$

解二：将 P_n 分解成一组正交的圆周力 $P_t = P_n\cos\alpha$ 与径向力 $P_r = P_n\sin\alpha$。

按合力矩定理，有：

$$m_O(\boldsymbol{P}_n) = m_O(\boldsymbol{P}_t) + m_O(\boldsymbol{P}_r) = P_t \cdot r + 0 = P_n\cos\alpha \cdot r = 28.2 \text{ N} \cdot \text{m}$$

二、空间问题中的力对轴之矩

在工程实际中，存在着大量绕固定轴转动的构件，如电动机转子、齿轮、飞轮、机床主轴等。力对轴的矩是度量作用力对绕轴转动物体作用效果的物理量。

力对轴不产生转动效应，即力对轴无矩，有以下两种情况：

(1)力与转轴相交：不论正交、斜交或连合，力作用的物体都不会绕轴转动。

(2)力与转轴平行：此时力作用的物体也不会绕轴转动。

上述两种情况可合并为一种，即力的作用线和轴共面时，力对轴之矩为零。当力 $\boldsymbol{F}$ 与轴 z 异面时，可将 $\boldsymbol{F}$ 分解为两个分力，一个为平行 z 轴的 $\boldsymbol{F}_z$，另一个是在垂直于 z 轴的平面上的 $\boldsymbol{F}_{xy}$，这样处理，便将力 $\boldsymbol{F}$ 中对轴无矩的成分与有矩的成分分离开来。故有：

$$m_z(\boldsymbol{F}) = m_z(\boldsymbol{F}_{xy}) = m_O(\boldsymbol{F}_{xy})$$

上式表明：空间力对轴之矩等于此力在垂直于该轴平面上的投影对该轴与此平面的交点之矩，如图 3-18 所示。

正负规定：从轴的正向看去，力使物体绕轴做逆时针转动时的力矩为正，反之为负。

合力矩定理

设有一个空间力系 $\boldsymbol{F}_1, \boldsymbol{F}_2, \cdots, \boldsymbol{F}_n$，其合力为 $\boldsymbol{R}$，则合力对某轴之矩等于各个分力对同一轴之

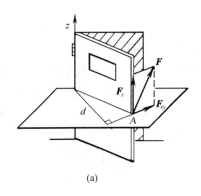

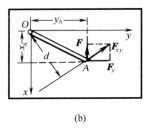

（a）　　　　　　　　　　　　　　　（b）

图 3 – 18

矩的代数和。记作：

$$m_z(\boldsymbol{R}) = \sum m_z(\boldsymbol{F})$$

此定理可做出相应证明，本书从略。

例2　试计算图 3 – 19（a）所示手柄上的力 $\boldsymbol{P}$ 对 x 轴、y 轴、z 轴之矩。已知：$P = 100$ N，$AB = 20$ cm，$BC = 40$ cm，$CD = 15$ cm，A、B、C、D 处于同一水平面上。

解：按力对轴之矩的概念，应从 yz 平面去观察 $m_x(\boldsymbol{P})$，从 xz 平面观察 $m_x(\boldsymbol{P})$，从 xy 平面观察 $m_z(\boldsymbol{P})$，做出图 3 – 19（b）所示的三个投影图。

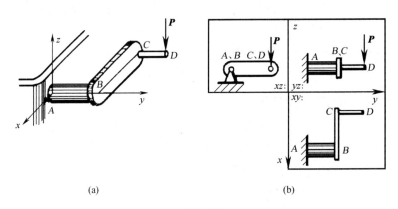

（a）　　　　　　　　　　　　　　　（b）

图 3 – 19

在 yz 面：$m_x(\boldsymbol{P}) = m_A(\boldsymbol{P}) = -P(AB + CD) = -3500$ N · cm

在 xz 面：$m_y(\boldsymbol{P}) = m_A(\boldsymbol{P}) = -P \cdot BC = -4000$ N · cm

在 xy 面：$m_z(\boldsymbol{P}) = m_A(\boldsymbol{P}) = 0$

第七节　力偶和平面力偶系

一、力偶的定义

在日常生活和生产实践中，常见到物体受一对大小相等、方向相反，但不沿同一作用线的平行力作用,如司机转动方向盘。一对等值、反向、不共线的平行力组成的力系,称为力偶。此二力作用线之间的距离,称为力偶臂。力偶对物体的作用效应是使物体的转动产生变化。

二、力偶的三要素

由实践知,在力偶的作用面内,力偶对物体的转动效应,取决于组成力偶的二平行力的大小、力偶臂的长短及力偶的转向。力学上以力 F 和力偶臂 d 的乘积及其正负号,作为度量力偶的转动效应的物理量,称为力偶矩,记作 $m(F, F')$,即:

$$m(F, F') = m = \pm Fd \qquad (3-5)$$

正负规定:使物体做逆时针转动时,力偶矩为正,反之为负。力偶矩的单位为 N·m。力偶的三要素为:力偶矩的大小,力偶的方向和力偶作用面的方位。

三、力偶的等效和力偶的性质

凡三要素相同的力偶,彼此等效,即可以互相置换,这一点不仅从力偶的概念可以说明,还可以通过力偶的性质作进一步的证明。

力偶的性质主要有以下几点:

(1)组成力偶的两个力在任意坐标轴上投影的代数和恒等于零,由于组成力偶的两个力等值、反向,所以这个结论是显而易见的,故力偶不能与一个力等效,也不能与一个力平衡。

(2)组成力偶的两个力对其作用面内任一点力矩的代数和恒等于力偶矩。

以上性质在后面列平衡方程时将被应用。

由以上性质,可对力偶作如下处理:

(1)力偶可以在其作用面内任意移动,不改变力偶的作用效应。

(2)在不改变力偶矩的大小和转向的条件下,可同时改变力的大小和力偶臂的长短,力偶的作用面应保持不变。

由以上可知,只要力偶的作用面不变,力偶矩不变,力偶臂、力的大小和方向均可改变。所以,没有必要表明力的具体位置和力的大小、方向、力偶臂的值,有时就简明地以一个弧线来表示力偶矩,如图 3-20 所示。

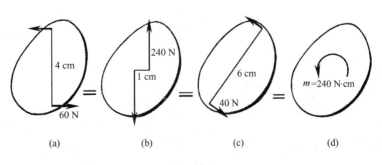

图 3-20

四、平面力偶系的合成与平衡

1. 平面力偶系的合成

设在刚体某平面上有力偶 m_1、m_2 作用,如图 3 – 21(a) 所示,现求其合成的结果。

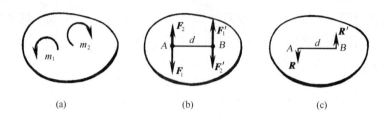

图 3 – 21

在平面上任取线段 $AB = d$,当作公共力臂,并把每一个力偶代为一组作用在 A、B 两点的反向平行力。如图 3 – 21(b)所示,F_1、F_2 的大小分别为:

$$F_1 = m_1/d \quad F_2 = -m_2/d \quad (m_2 \text{ 为负值})$$

于是在 A、B 两点各得一组共线力系,其合力为 R 和 R',其大小为:

$$R = R' = F_1 - F_2$$

R 与 R' 等值、反向、不共线,组成力偶,所以:

$$M = Rd = (F_1 - F_2)d = m_1 + m_2$$

上述合成可推广到若干个力偶共同作用,于是有如下结论:

平面力偶系合成的结果为合力偶,合力偶矩等于各分力偶矩的代数和。

2. 平面力偶系的平衡

平面力偶系的平衡条件为:

$$\sum m = 0 \tag{3 – 6}$$

平面力偶系平衡的必要与充分条件是:此力偶系中各力偶矩的代数和为零。

例 力偶 m_1 作用在四杆机构的曲柄 OA 上,m_2 作用在摇杆 BC 上,如图 3 – 22 所示,已知 $m_1 = 2\ \text{N} \cdot \text{m}$,$OA = 10\ \text{cm}$,并处于铅垂位置,$BC = 10\sqrt{3}\ \text{cm}$,$\angle ABC = 90°$,$\angle OCB = 60°$,$\angle OAB = 120°$,求平衡时 m_2 的值。

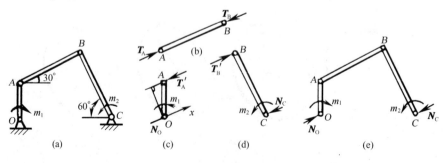

图 3 – 22

解：

（1）分别画出 OA、BC 及整体的受力图。

（2）连杆 AB 为二力构件，两端受力 T_A、T_B，$T_A = T_B$，其反作用力 T'_A、T'_B 分别作用在 OA 和 BC 上，曲柄 OA 受力 m_1、T'_A，铰支 O 的反力 N_O。由力偶只能和力偶平衡可知，N_O 和 T'_A 等值，反向组成一力偶。同理，C 处约束反力 N_C 必和 T'_B 等值、反向。

（3）由平衡条件 $\sum m = 0$

对 OA：$T'_A \cdot OA \cdot \cos 30° - m_1 = 0$

对 BC，$m_2 - T'_B \cdot BC = 0$

而 $T'_B = T_B = T_A = T'_A$

故将数值代入，解得：

$$m_2 = 4 \text{ N} \cdot \text{m}$$

五、力的平移定理

前面已介绍过力的可传性，即力可在刚体上沿其作用线移动。学了力偶以后，可以将力平移到作用线以外的任何位置上去。但平移的同时必须附加条件，才能保证力的作用效应不变。

图 3 – 23 描述了力向作用线外一点的平移过程。欲得作用于 A 点的力 F 平移到平面上任一点 O，可在 O 点加一对与 F 等值的力 F'、F''，则 F 与 F'' 组成一力偶。其力偶矩等于原力 F 对 O 点的力矩。

$$m = m_O(F) = \pm Fd$$

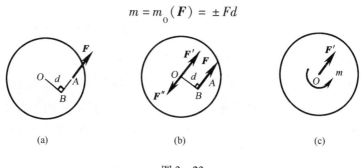

(a)　　　　　　　　　　(b)　　　　　　　　　　(c)

图 3 – 23

于是原来作用在 A 点的力 F 就与作用在 O 点的力 F' 和附加力偶 m 等效，由此可知：作用在刚体上的力，可平移到刚体内任一点，但必须同时增加一个附加力偶。附加力偶的力偶矩等于原力对新的作用点之矩。此为力的平移定理。

力的平移定理说明，在一般情况下力对物体有两种作用，一是使物体产生移动，二是使物体产生转动。

第八节　平面任意力系

力系中各力的作用线在同一平面内，称为平面力系。若各力作用线汇交于一点，称为平面汇交力系;若各力作用线互相平行,称为平面平行力系;作用线既不汇交于一点,也不互相平行,称为平面任意力系。

一、平面任意力系的简化

设在物体上作用一平面任意力系 $F_1, F_2, \cdots, F_n$,如图 3-24 所示,在平面内任取一点 O,称为简化中心。根据力的平移定理,将力系中各力向 O 点平移,得到一作用于 O 点的汇交力系 $F_1', F_2', \cdots, F_n'$ 以及一附加力偶系 $m_1, m_2, \cdots, m_n$。

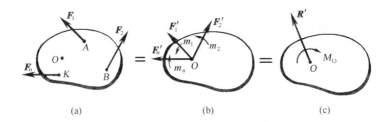

图 3-24

$$F_1' = F_1, F_2' = F_2, \cdots, F_n' = F_n$$
$$m_1 = m_0(F_1), m_2 = m_0(F_2), \cdots, m_n = m_0(F_n)$$

汇交力系可合成为一个作用于 O 点的合力

$$R' = F_1 + F_2 + \cdots + F_n = \sum F$$

附加力偶系可合成为一个力偶,力偶矩 M_0 为各力偶矩的代数和,即:

$$M_0 = m_1 + m_2 + \cdots + m_n = \sum m_0(F) \tag{3-7}$$

原力系与 R' 和 M_0 的联合作用等效。R' 称为主矢,与简化中心的位置无关;M_0 称为主矩,与简化中心的位置有关。所以,平面任意力系向一点简化,其结果一般情况为一主矢和主矩。主矢 R' 等于力系中各力的矢量和,主矩 M 等于各力对简化中心的力矩的代数和。

简化结果讨论:

(1)$R' \neq 0, M_0 \neq 0$:可进一步取一个简化中心简化,使附加力偶和 M 等值,转向相反,最终简化为一个合力。

(2)$R' \neq 0, M_0 = 0$:此时主矢 R' 就是力系的合力。

(3)$R' = 0, M_0 \neq 0$:此时力系简化为一个合力偶,此合力偶与简化中心无关。

(4)$R' = 0, M_0 = 0$:此时平面任意力系平衡,物体在此力系作用下处于平衡状态。

二、固定端的约束反力

工程中还有一种常见的基本约束类型,如建筑物上的阳台、打入墙中的钉子等,这类约束称为固定端约束。

若主动力作用在一个平面内,则固定端约束反力也和力作用在同一平面内,为一平面任意力系,如图 3 - 25 所示。

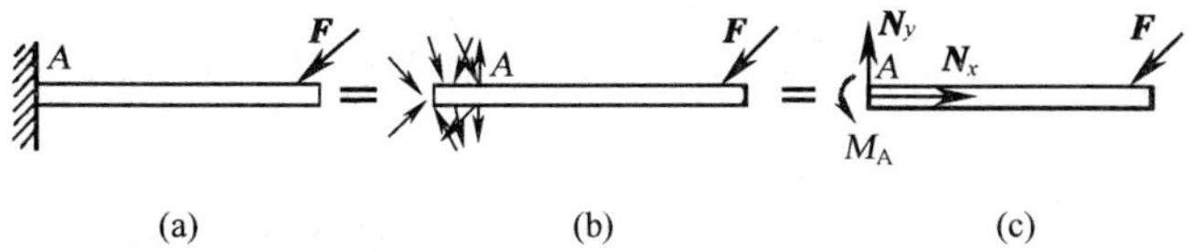

图 3 - 25

可将这个约束反力系向插入点 A 简化,得到一个力(主矢)与一个力偶(主矩)。

因此,固定端约束力为一个约束反力 N 和一个力偶,一般情况下 N 用一对正交分力 N_x、N_y 来表示。N_x、N_y 代表约束对杆件左右、上下的移动限制作用,M_A 表示约束对杆件转动的限制作用。

三、平面任意力系的平衡方程

由上知,平面任意力系的平衡条件为:

$$R' = \sqrt{\left(\sum F_x\right)^2 + \left(\sum F_y\right)^2} = 0$$
$$M_0 = \sum m_0(\boldsymbol{F}) = 0$$

所以,平面任意力系的平衡方程为:

$$\left.\begin{array}{l} \sum F_x = 0 \\ \sum F_y = 0 \\ \sum m_0(\boldsymbol{F}) = 0 \end{array}\right\} \tag{3-8}$$

上式表明,平面力系平衡时,力系中各力在任一坐标轴上投影的代数和为零,各力对作用面内任一点力矩的代数和为零,式(3-7)是平面力系平衡的充分和必要条件,利用这组方程可以且只可以求解三个未知量。

特殊情况,对平面汇交力系,以力系的汇交点为简化中心,则主矩为零自然满足,故平衡方程只有两个,即:

$$\left.\begin{array}{l} \sum F_x = 0 \\ \sum F_y = 0 \end{array}\right\} \tag{3-9}$$

对平面平行力系,以力的作用线为一坐标轴(如 y 轴),与之垂直的方向为另一坐标轴(x 轴),则在 x 轴上投影的代数和为零自然满足,所以平衡方程只有两个,即:

$$\left.\begin{array}{l} \sum F_y = 0 \\ \sum m_0(\boldsymbol{F}) = 0 \end{array}\right\} \tag{3-10}$$

例　重 G 的物块悬于长 L 的吊索上,如图 3 - 26 所示,有人以水平力 F 将物块向右推过水平距离 x 处。已知 $G = 1.2$ kN,$L = 13$ m,$x = 5$ m,试求所需水平力 F 的值。

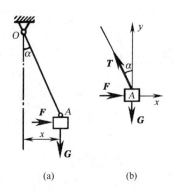

图 3 - 26

解：

（1）取物块为研究对象，并做出其分离体受力图，如图 3 - 26(b)所示，水平力 **F**、重力 **G**、吊索拉力 **T** 汇交于一点。

（2）选取坐标 Axy，如图 3 - 26（b）所示，列平衡方程求解，有：

$$\sum F_y = 0, T\cos\alpha - G = 0$$

$$T = G/\cos\alpha$$

$$\sum F_x = 0, F - T\sin\alpha = 0$$

由以上式子，可得：

$$F = G \cdot \tan\alpha = G \cdot (x/\sqrt{l_2 - x_2}) = 0.5 \text{ kN}$$

由于解题时矩心可以任意选取，所以平面任意力系的平衡方程还有其他形式，两力矩式：

$$\left. \begin{array}{l} \sum m_A(\boldsymbol{F}) = 0 \\ \sum m_B(\boldsymbol{F}) = 0 \\ \sum F_x = 0 \text{ 或} \sum F_y = 0 \end{array} \right\} \tag{3 - 11}$$

附加条件为：x（或 y）轴不垂直于 AB。

三力矩式：

$$\left. \begin{array}{l} \sum m_A(\boldsymbol{F}) = 0 \\ \sum m_B(\boldsymbol{F}) = 0 \\ \sum m_C(\boldsymbol{F}) = 0 \end{array} \right\} \tag{3 - 12}$$

附加条件为：A、B、C 三矩心不在同一直线上。

第九节 空间力系

一、空间力系的简化和平衡方程

与平面任意力系一样，空间任意力系向一点简化，可得一空间汇交力系和一个空间力偶系，前者合成为一主矢 **R'**，后者合成为一主矩 **M'**。**R'** 等于力系中各力的矢量和，与简化中心无关。

$$\boldsymbol{R'} = \sum \boldsymbol{F}$$

M 为力系中各力对简化中心 O 的力矩的矢量和，与简化中心有关。

$$\boldsymbol{M}_O = \sum m_O(\boldsymbol{F})$$

应当指出，空间的力对点之矩是一个矢量，所以各力对简化中心力矩的代数和为一矢量，即主矩 **M** 为一矢量。

将以上二矢量式向空间三坐标轴投影得到:

$$\left.\begin{array}{l} R'_x = \sum F_x \\ R'_y = \sum F_y \\ R'_z = \sum F_z \end{array}\right\}$$

$$\left.\begin{array}{l} M_x = \sum m_x(\boldsymbol{F}) \\ M_y = \sum m_y(\boldsymbol{F}) \\ M_z = \sum m_z(\boldsymbol{F}) \end{array}\right\}$$

同理,空间力系平衡的充分和必要条件为:主矢 $\boldsymbol{R}'$ 和主矩 $\boldsymbol{M}$ 均等于零。于是得到空间力系的平衡方程为:

$$\left.\begin{array}{l} \sum F_x = 0 \\ \sum F_y = 0 \\ \sum F_z = 0 \\ \sum m_x(\boldsymbol{F}) = 0 \\ \sum m_y(\boldsymbol{F}) = 0 \\ \sum m_z(\boldsymbol{F}) = 0 \end{array}\right\} \qquad (3-13)$$

式(3-12)表明,空间力系有六个互相独立的平衡方程,利用平衡方程可以且只可以求解六个未知量。

特殊情况:

(1)若空间力系中各力的作用线汇交于一点,称为空间汇交力系,以其汇交点为坐标原点,则各力对三坐标轴的力矩均为零,力矩方程自然满足,故平衡方程只有三个,即:

$$\left.\begin{array}{l} \sum F_x = 0 \\ \sum F_y = 0 \\ \sum F_z = 0 \end{array}\right\} \qquad (3-14)$$

(2)若空间力系中各力的作用线互相平行,称为空间平行力系,以力的作用线为一坐标轴的方向(如 z 轴),则 $\sum F_x = 0$, $\sum F_y = 0$, $\sum m_z(\boldsymbol{F}) = 0$ 自然满足,故平衡方程只有三个,即:

$$\left.\begin{array}{l} \sum F_z = 0 \\ \sum m_x(\boldsymbol{F}) = 0 \\ \sum m_y(\boldsymbol{F}) = 0 \end{array}\right\} \qquad (3-15)$$

二、空间约束简介

前面介绍的约束为平面约束。空间约束及其约束反力、约束反力偶介绍如图 3-27 所示。

空间约束类型	简化画法	约束反力
1. 向心滚子轴承与径向滑动轴承 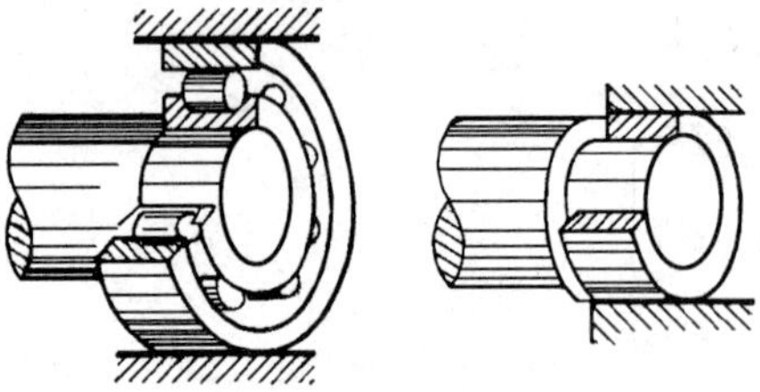	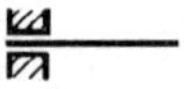	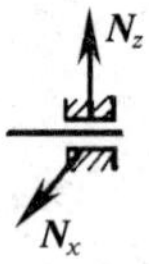
2. 向心推力圆锥滚子(球)轴承、径向止推(短)滑动轴承和球铰链 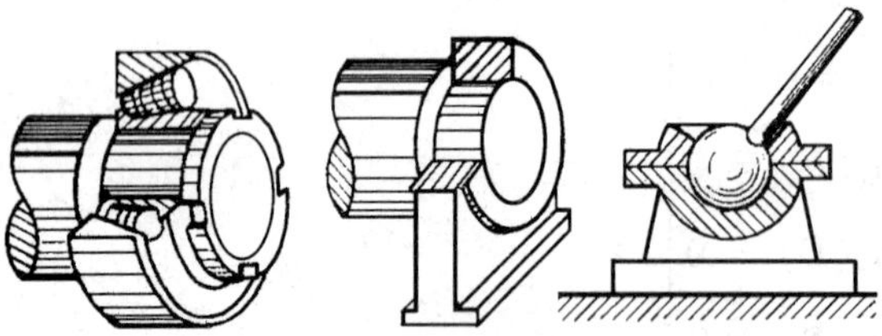		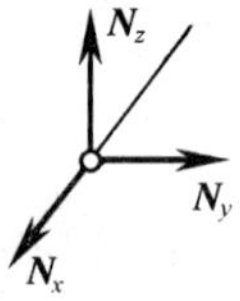
3. 柱销铰链 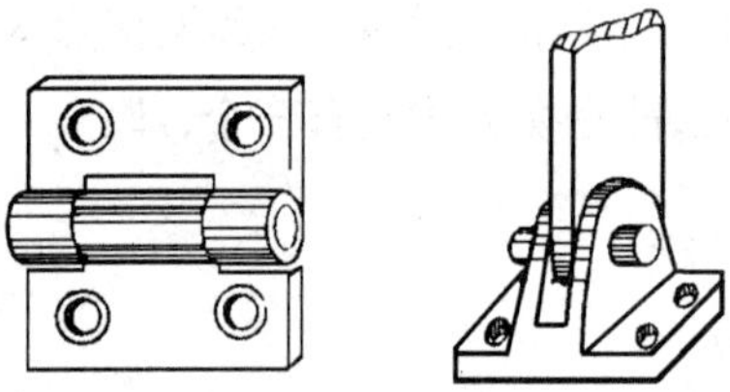	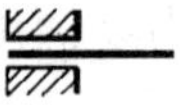	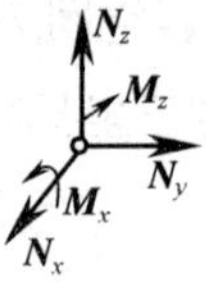
4. 固定端 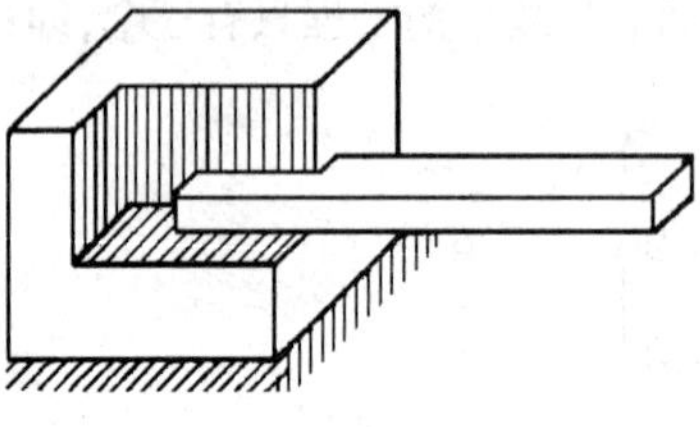		

图 3-27

64

例　起重机铰车的鼓轮轴如图 3 - 28 所示。已知：$G = 10$ kN，手柄半径 $R = 20$ cm，E 点有水平力 P 作用，鼓轮半径 $r = 10$ cm，A、B 处为向心轴承，其余尺寸如图示，均为 cm。试求手柄上的作用力 P 及 A、B 处的径向反力。

解法一：直接按空间力系平衡方程

$$\sum F_x = 0, \quad N_{Ax} + N_{Bx} - P = 0$$

$$\sum F_z = 0, \quad N_{Az} + N_{Bz} - G = 0$$

$$\sum m_y(\boldsymbol{F}) = 0, \quad G \cdot r - P \cdot R = 0$$

$$\sum m_x(\boldsymbol{F}) = 0, \quad N_{Az} \cdot AB - G \cdot BD = 0$$

$$\sum m_z(\boldsymbol{F}) = 0, \quad - N_{Ax} \cdot AB - P \times 20 = 0$$

由于力系各力均与 y 轴垂直，故 $\sum F_y = 0$ 自然满足。

由以上可求得，$P = 5$ kN，$N_{Az} = N_{Bz} = 5$ kN，$N_{Ax} = - 1.67$ kN，$N_{Bx} = 6.67$ kN。

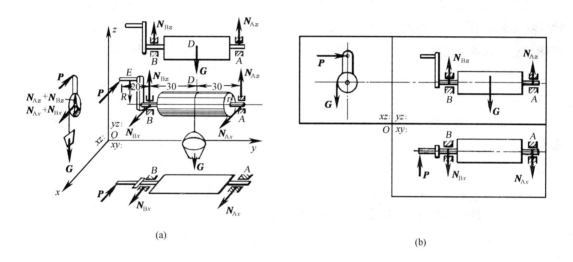

(a)　　　　　　　　　　　　　　　　　　(b)

图 3 - 28

解法二：平面解法

将受力物体和所受的力分别向 xy 面、yz 面、xz 面内投影，得到三个平面力系，如图 3 - 28（b）所示：

xy 面：

$$\sum F_x = 0, \quad N_{Ax} + N_{Bx} - P = 0$$

$$\sum m_B(\boldsymbol{F}) = 0, \quad - N_{Ax} \cdot AB - P \times 20 = 0$$

yz 面：

$$\sum F_z = 0, \quad N_{Az} + N_{Bz} - G = 0$$

$$\sum m_B(\boldsymbol{F}) = 0, \quad N_{Az} \cdot AB - G \cdot BD = 0$$

xz 面：

$$\sum m_O(\boldsymbol{F}) = 0, \quad G \cdot r - P \cdot R = 0$$

不难看出，所列出的方程与上面直接列出的相同。需要指出的是，虽可得到三个平面力系，仍只有六个互相独立的平衡方程。

第十节　摩　擦

在前面对物体进行受力分析时,把它们之间的接触面视为理想光滑的,不考虑接触面间相互摩擦力的存在。但在实际中,理想光滑面是不存在的。只不过在一些情况下由于摩擦力很小,或因其是次要因素,为简化计算而略去不计。但是在另一些情况下,摩擦力往往成为主要因素,必须加以考虑。

摩擦在工程上和日常生活中会经常遇到,例如轴和轴承之间、滑块与导轨之间、齿轮啮合中都有摩擦。由于摩擦的存在,使零件磨损、机器发热、能量消耗、效率降低,这是其有害的一面。另一方面,摩擦在有的情况下是不可缺少的,例如皮带轮的传动和制动、螺栓在拧紧后不会松动、机床上的夹头能够卡紧工件等。在纺织上可以利用摩擦来调节纱线或织物的张力及实现其他一些工艺上的要求。在人们的生活中,离开了摩擦甚至寸步难行。研究摩擦,就是要掌握其规律,充分利用它有利的一面,尽量克服或减少其有害的一面,为生产和建设服务。

一、滑动摩擦

互相接触的两个物体有相对滑动或相对滑动趋势时,接触面间产生的彼此阻碍运动的力,称为滑动摩擦力。有滑动时的摩擦力为动滑动摩擦力,只有滑动趋势时的摩擦力为静滑动摩擦力。

下面观察一个简单的实验,如图 3 – 29 所示,物块重 P,放在固定水平面上,以水平力 T 拉物块。(T 的大小等于砝码的重量 Q,砝码根据需要可增减。)

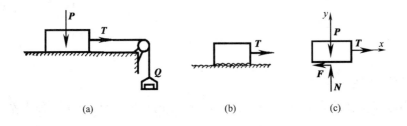

(a)　　　　　　　　　(b)　　　　　　　　　(c)

图 3 – 29

当 T 不大时,物块并不向右滑动,因此,接触面上,台面对物块不仅作用有法向反作用力 N,还有切向阻力,即摩擦力 F。因物块处于平衡,故有:

$$F = T, N = P$$

若把砝码逐渐增加,即 T 逐渐增大,物块仍静止时,摩擦力 F 也逐渐增大。当砝码增加到一定数值 Q_K 时,物块处于将要滑动而尚未滑动的临界平衡状态,也就是说砝码再增加一个微量,物块就要开始滑动了,此时静摩擦力 F 达到最大值 F_{max}。称 F_{max} 为最大静摩擦力。

在一般平衡条件下,摩擦力 F 总是小于或等于最大静摩擦力,即:

$$0 < F \leqslant F_{max}$$

实践证明:最大静摩擦力的大小 F_{max} 与法向反作用力(正压力)N 成正比。即:

$$F_{max} = f \cdot N \tag{3-16}$$

这就是静摩擦定律,f 为静滑动摩擦系数,其大小与接触面材料和表面状况有关,可通过实验测定。

实践证明:有相对滑动时,动摩擦力的大小与正压力成正比。即:

$$F' = f' \cdot N$$

这就是动摩擦定律,f' 称为动摩擦系数,其大小与材料和接触面状况有关外,还与相对滑动速度的大小有关。实际工程计算中,不考虑速度的影响,将 f' 视为常量。

一般情况下,f' 略小于 f,可由实验测定。

二、摩擦角和自锁

当考虑摩擦时,支承面的反力包含两个分量:法向反作用力 N 与切向反作用力即摩擦力 F。这两个分力的合力 $R = N + F$ 称为支承面的总反力,其作用线与支承面法线间成一夹角 θ。θ 随 F 的增大而增大。当摩擦力达到最大值 F_{max},也就是物体处于平衡的临界状态时,θ 亦达到某一最大值 φ,总反力 R 与支承面法线间的最大偏角 φ 称为摩擦角,如图 3-30 所示。当物块滑动趋势方向改变时,总反力的作用线方位亦随之改变,因此,在法线的各侧都可作出摩擦角。

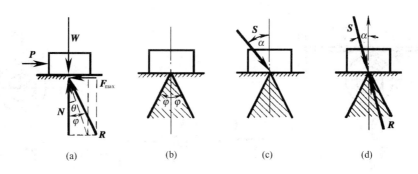

图 3-30

由图 3-30 可知:

$$\tan\varphi = \frac{F_{max}}{N} = \frac{f \cdot N}{N} = f$$

即摩擦角的正切等于静摩擦系数。因而,摩擦角和摩擦系数一样,也反映了材料的摩擦性质。

在平衡的情况下,摩擦力不一定达到可能的最大值,而是在零与 F_{max} 之间变化,所以总反力 R 与支承面法线方向的夹角也相应地在零与 φ 之间变化。但是,摩擦力不能超过其最大值

F_{max}，因而支承面总反力的作用线不可能越出摩擦角以外。

由摩擦角的这一性质，可得出如下结论：若作用在物体上的主动力的合力 S 的作用线在摩擦角之外，即 $\alpha > \varphi$，则不论这个力如何小，物体都不保持平衡，因为主动力的合力 S 与总反力 R 的作用线不可能共线，不符合二力平衡条件（图3-30）。若主动力的合力 S 的作用线在摩擦角之内，即 $\alpha < \varphi$，则不论这个力如何大，物体总是处于静止状态，因为，在这种情况下，即使主动力合力 S 不断增加，但法向反作用力 N 及阻止物体滑动的摩擦力 F 也会相应地增加，所以，总会有一个总反力 R 与 S 相平衡（图3-30）。这种现象称为摩擦自锁。

工程上常应用自锁原理设计卡紧装置。反之，在很多情况下，为防止机械自动卡死，也需避免发生自锁现象。

三、考虑摩擦时物体的平衡问题

求解考虑摩擦的平衡问题时，应当取物体将动未动的临界状态来考虑，因为此时的摩擦力为最大静摩擦力。其步骤为：

（1）确定研究对象，画出分离体的受力图；

（2）列静力平衡方程（包括摩擦力）；

（3）由静摩擦定律列补充方程；

（4）求解方程组并加以讨论。

例1 摩擦制动装置如图3-31（a）所示。已知 D 轮与制动块间的摩擦系数为 f，载荷重量为 Q，其他尺寸见图。问 P 力最小要多少才能阻止重物下降？

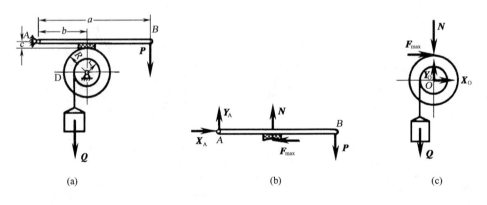

图3-31

解：先取轮 D 为分离体，其受力图如图3-31（c）所示，注意摩擦力的方向与 D 轮和制动块的相对滑动趋势方向相反，因需求的是 P 的最小值，故所考虑的应是临界平衡，此时摩擦力达到最大值：

$$F_{max} = f \cdot N$$

列出平衡方程式：

$$\sum m_0(\boldsymbol{F}) = 0, Q \cdot r - F_{max} \cdot R = 0$$

由以上两式得:

$$N = \frac{Q \cdot r}{f \cdot R}$$

再以手柄为分离体,其受力图如图 3 – 31(b) 所示。列平衡方程式:

$$\sum m_{\mathrm{A}}(\boldsymbol{F}) = 0$$

$$N \cdot b - P \cdot a - f \cdot N \cdot c = 0$$

由上面的式子,经整理得:

$$P = \frac{N}{a}(b - f \cdot c) = \frac{Q \cdot r}{f \cdot a \cdot R}(b - f \cdot c) = \frac{Q \cdot r}{a \cdot R}\left(\frac{b}{f} - c\right)$$

这就是阻止重物下降所需的 P 力最小值。

例 2 斜面上放有重量为 P 的物块,如图 3 – 32(a) 所示。已知斜面的倾角 α 大于摩擦角 φ,在物块上作用一水平力 Q,试求物块处于静止状态时 Q 力的大小。

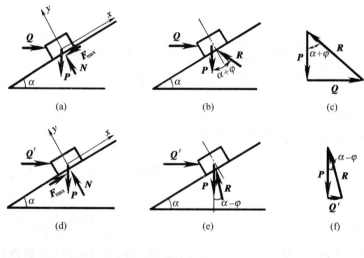

图 3 – 32

解:取物块为分离体。物块受 $\boldsymbol{P}$、$\boldsymbol{N}$、$\boldsymbol{Q}$ 和摩擦力 $\boldsymbol{F}$ 的作用。如果 $\boldsymbol{Q}$ 过大,则物块将沿斜面向上运动;如果 $\boldsymbol{Q}$ 过小,则由于 $\alpha > \varphi$,物块将沿斜面向下运动。由此可知,为了保持物块处于平衡状态,$\boldsymbol{Q}$ 的大小有一范围。

物块处于向上的临界平衡状态,受力图如图 3 – 32(a) 所示。此时摩擦力达到最大值:

$$F_{\max} = f \cdot N$$

取坐标如图 3 – 32(a) 所示。列平衡方程式:

$$\sum F_x = 0 \qquad Q\cos\alpha - P\sin\alpha - F_{\max} = 0$$

$$\sum F_y = 0 \qquad N - P\cos\alpha - Q\sin\alpha = 0$$

$$N = P\cos\alpha + Q\sin\alpha$$

$$F_{\max} = f \cdot N = f(P\cos\alpha + Q\sin\alpha) = \tan\varphi(P\cos\alpha + Q\sin\alpha)$$

由以上式子可得:

$$Q = P \times \frac{\sin\alpha + \tan\varphi\cos\alpha}{\cos\alpha - \tan\varphi\sin\alpha} = P \times \tan(\alpha + \varphi)$$

即:

$$Q_{max} = P\tan(\alpha + \varphi)$$

这就是物块保持不沿斜面向上滑动时,所能承受的水平推力 Q 的最大值。物块处于向下的临界平衡状态,受力图如图 3-32(d)所示。此时摩擦力亦达最大值。

$$F_{max} = f \cdot N$$

取坐标如图 3-32(d)所示。列平衡方程式有:

$$\sum F_x = 0, Q'\cos\alpha + F_{max} - P\sin\alpha = 0$$

$$\sum F_y = 0, N - P\cos\alpha - Q'\sin\alpha = 0$$

$$F_{max} = f \cdot N = \tan\varphi(P\cos\alpha + Q'\sin\alpha)$$

由以上可求得:

$$Q' = P \times \frac{\sin\alpha + \tan\varphi\cos\alpha}{\cos\alpha + \tan\varphi\sin\alpha} = P\tan(\alpha - \varphi)$$

即:

$$Q_{min} = P\tan(\alpha - \varphi)$$

这就是物块不向下滑动时所需 Q 力的最小值。

由此可得,斜面上物块处于静止时 Q 的大小范围为:

$$P\tan(\alpha - \varphi) \leqslant Q \leqslant P\tan(\alpha + \varphi)$$

四、柔体摩擦

所谓柔体摩擦,就是柔性条带,如皮带、绳子、纱线(棉、毛、丝、麻)或织物和弯曲表面的摩擦。柔体摩擦在纺织机械及各个纺织工艺工程中是很重要的,因为柔体摩擦不仅普遍地应用于带轮及绳轮传动、条带制动装置、织机织轴的加压装置及纱线的张力装置等,而且只要纱线或织物绕过某一弯曲表面,即产生此种摩擦。实际上它在纺织的每一工艺过程中都存在。下面以图 3-33 所示的纱线在导纱杆表面的情况来进行分析,T_0 为初张力,T_1 为绕过导纱杆后的另一端张力,α 是纱线对导纱杆的包围角(为了清晰起见,图中尺寸已适当放大)。假定纱线作顺时针滑动,导纱杆的圆柱表面对纱线的摩擦力分布在整个包围弧段上,纱线若要沿着圆柱面滑动,就必须克服摩擦力,这样在 T_1 与 T_0 之间就形成一定的张力差。

因此,纱线绕过导纱柱表面后引出端比进入端张得更紧。皮带传动中所说的紧松边,道理也在于此。

现在需要讨论的一个问题是,当纱线在运行中绕过弯曲表面时,张力由 T_0 变为 T_1,这种变化符合什么样的规律? T_1 与 T_0 之间存在什么样的定量关系? 显然,由于摩擦力的分布是不均匀的,其方向和大小在纱线与包围角对应的弧段上是连续变化的,所以,如果简单地对整个弧段

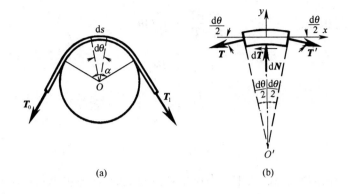

图 3 – 33

应用前述静摩擦定律,就不可能取得合乎实际的结果。

如图 3 – 33 所示,取其中任一微段 ds 为分离体,进行受力分析,ds 对应的包围角为 dθ,受力图如图 3 – 33(b)所示。两端张力 T 及 T′ 各沿切线方向,T′ = T + dT,dN 为导纱对 ds 微段的法向反作用力,而 df = f · dN 为导纱杆对 ds 微段的摩擦力。

选取坐标轴 x、y,如图 3 – 33(b)所示,列出平衡方程:

$$\sum F_x = 0$$

$$(T + dT)\cos\frac{d\theta}{2} - T\cos\frac{d\theta}{2} - dF = 0$$

$$\sum F_y = 0$$

$$-(T + dT)\sin\frac{d\theta}{2} - T\sin\frac{d\theta}{2} + dN = 0$$

化简后得:

$$dT \cdot \cos\frac{d\theta}{2} - dF = 0$$

$$dT \cdot \sin\frac{d\theta}{2} - 2T\sin\frac{d\theta}{2} + dN = -0$$

当 dθ 很小时,$\cos\frac{d\theta}{2} = 1$,$\sin\frac{d\theta}{2} = \frac{d\theta}{2}$,$dT \cdot \sin\frac{d\theta}{2}$ 为高阶微量,略去不计,于是有:

$$dT - dF = 0$$

$$-Td\theta + dN = 0$$

即:

$$dT - f \cdot dN = 0$$

$$-T \cdot d\theta + dN = 0$$

由上两式消去 dN 得到:

$$dT - T \cdot f \cdot d\theta = 0$$

分离变量后进行积分，

$$\int_{T_0}^{T_1} \frac{\mathrm{d}T}{T} = \int_0^\alpha f\mathrm{d}\theta$$

$$\ln \frac{T_1}{T_0} = f\alpha,$$

$$\frac{T_1}{T_0} = e^{f\alpha}$$

$$T_1 = T_0 e^{f\alpha} \qquad\qquad (3-17)$$

这就是柔体摩擦的欧拉公式,式中 e 为自然对数的底数,α 为包围角(单位弧度),f 为静摩擦系数。

需要指出的是:

(1)在推导公式时,将纱线的重量及纱线运动时产生的惯性力的影响未考虑进去。

(2)在推导中,假设纱线与导线杆的接触部分均处于"临界状态",而事实上,不一定如此,故式(3-16)是一个近似公式。

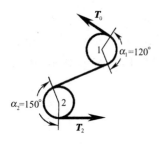

图 3-34

例 3 为了增加纱线的张力,使纱线过两个导纱杆 1 和 2,如图 3-34 所示。设初张力为 T_0,包围角 $\alpha_1 = 120°$,$\alpha_2 = 150°$,纱线与导纱杆表面的摩擦系数 $f = 0.15$,试求纱线过两个导纱杆以后,张力增加多少倍。

解:设纱线绕过导纱杆 1 后的张力为 T_1,由欧拉公式得:

$$T_1 = T_0 e^{f\alpha_1}$$

同理,纱线再绕过导纱杆 2,此时张力为 T_2,由欧拉公式同样可得:

$$T_2 = T_1 e^{f\alpha_2}$$

由以上两式可得:

$$T_2 = T_0 e^{f\alpha_1} \cdot e^{f\alpha_2} = T_0 e^{f\alpha_1 + f\alpha_2} = T_0 e^{f(\alpha_1 + \alpha_2)}$$

代入已知参数,则:

$$T_2 = T_0 e^{0.15 \times 1.5\pi} = T_0 \times 2.718^{0.225\pi} = 2.028 T_0$$

由以上式子还可以看出,当摩擦系数 f 相同时,无论绕过几个导纱杆,只需求出它们的总包围角 $\sum \alpha$,即可直接应用欧拉公式计算张力,一般表达式为:

$$T = T_0 e^{f \sum \alpha} \qquad\qquad (3-18)$$

式中: $\sum \alpha = \alpha_1 + \alpha_2 + \alpha_3 + \cdots$,为总包围角。

👉 **习题**

1. 画出图 1 所示各物体的受力图。

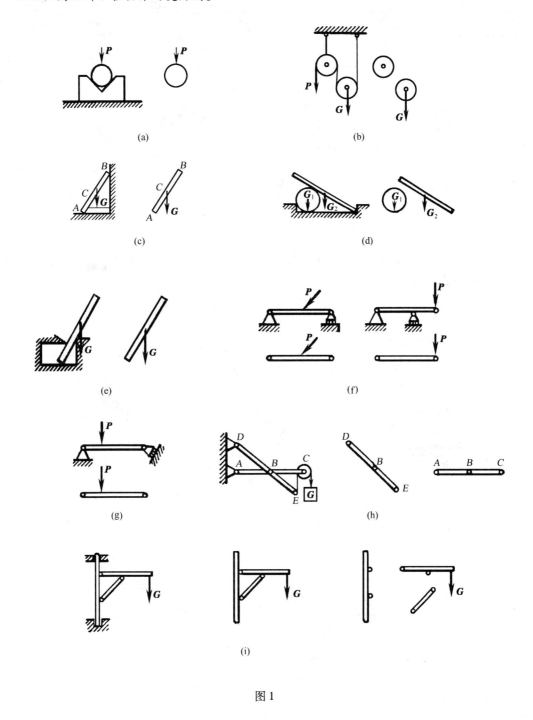

图 1

2. 求图 2 中力 **P** 对 O 点之矩。
3. 计算图 3 中力 **G** 和 **F** 对 A 点之矩。

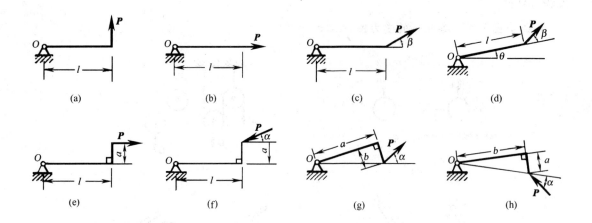

图 2

4. 图 4 中为两种导杆机构,在横杆上有力偶矩 m_1 作用,在斜杆上有力偶矩 m_2 作用,试求平衡时 m_1/m_2 的值。

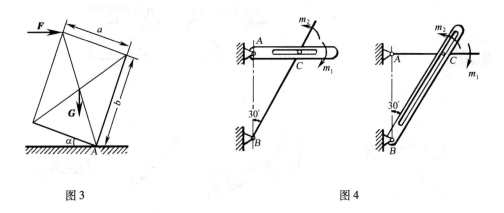

图 3   图 4

5. 试求图 5 所示支架中 A、C 处约束反力,已知 $G = 10$ kN。

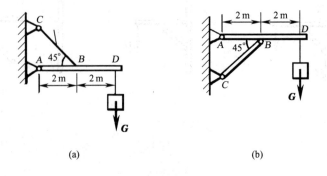

(a)   (b)

图 5

6. 已知 q、a,$P = qa$,$m = Pa$,求图 6 中的支座反力。

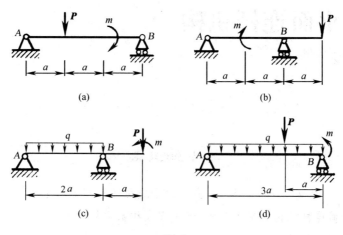

图6

7. 在图 7 所示的斜楔机构中，$\alpha = 15°$，$Q = 2$ kN，各接触面摩擦角 $\varphi_m = 15°$，试求举起 A 物所需力 P 的最小值。

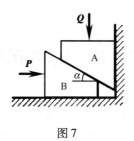

图7

拓展任务

为了保证织布过程中纱线始终保持一定的张力，织机的送经机构配有加压装置，图 8 为某一织机的送经加压装置，一绳固定在机架 A 点，并绕过制动盘在 B 点和加压杠杆相连，设绳盘间的摩擦系数 $f = 0.15$，加压铁块重，请分析计算张力 T 为多大时，才能使织轴转动而放出经纱（其中退绕张力忽略不计，同时要考虑织轴两端各有一相同的加压装置）。

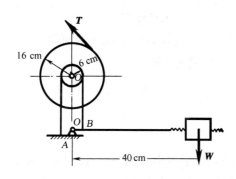

图8

第四章　平面连杆机构

本章知识点

1. 了解点、刚体运动分析方法,掌握点的合成运动和刚体的平面运动。
2. 掌握平面连杆机构的基本形式、演变方式和基本特征。
3. 掌握机械零件常用的表达方法。
4. 掌握一般零件图和装配图的画法。
5. 了解平面连杆机构的常用结构和多杆机构。

第一节　点的运动

研究点的运动就是要确定动点每瞬时在所选定参考系上的位置、运动规律、轨迹、速度和加速度。点在参考系上的位置随时间变化的关系式,称为点的运动规律。点所经过的路线称为运动轨迹。

一、自然坐标法

自然坐标法就是以点的运动轨迹作为自然坐标轴来确定点的位置的方法。如图 4-1 所示,在轨迹上任选一点为坐标原点,并规定 O 点一侧为正,另一侧为负。动点的位置到原点的弧长 S 称为点的弧坐标。显然,弧坐标和点的位置一一对应。

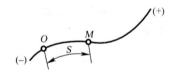

图 4-1

1. 运动方程

点运动时,其弧坐标随时间连续变化,故 S 是时间的单值连续函数。即:

$$S = f(t)$$

上式称为点的运动方程。

2. 速度

如图 4-2 所示,瞬时 t,动点位于 M 弧坐标 S,经过时间间隔 Δt,点由 M 运动到 M',弧坐标增量 ΔS,位移为 MM',将位移 MM' 与时间间隔 Δt 的比值定义为平均速度,即:

$$v = \frac{MM'}{\Delta t}$$

令 $\Delta t \to 0$ 取极限,即得瞬时速度:

$$v = \lim_{\Delta t \to 0} \frac{MM'}{\Delta t}$$

v 的大小:当 $\Delta t \to 0$ 时,MM' 趋近于 ΔS,所以:

$$v = \lim_{\Delta t \to 0} \frac{MM'}{\Delta t} = \lim_{\Delta t \to 0} \frac{\Delta S}{\Delta t} = \frac{\mathrm{d}S}{\mathrm{d}t} \tag{4-1}$$

v 的方向:当 $\Delta t \to 0$ 时,MM' 的极限方向为 M 点的切线方向。

由上可知,点的运动速度的大小等于弧坐标对时间的一阶导数,其方向沿轨迹的切向,指向由导数的正负决定。

3. 加速度

如图 4-3 所示,t 时刻点的速度为 v,$t + \Delta t$ 时该点的速度为 v',速度的改变量 $\Delta v = v' - v$,Δv 与 Δt 的比值称为平均加速度,即,

$$a = \frac{\Delta v}{\Delta t}$$

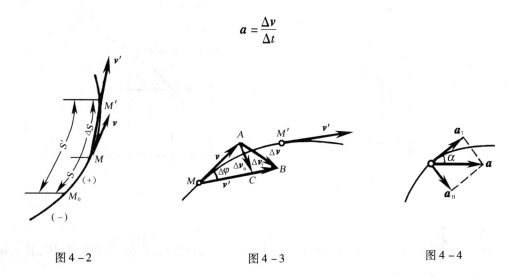

图 4-2 　　　　　　　图 4-3 　　　　　　　图 4-4

令 $\Delta t \to 0$ 取极限,得瞬时加速度 $a = \lim_{\Delta t \to 0} \frac{\Delta v}{\Delta t}$,速度不仅大小变化,方向也变化。故加速度有两个分量:一个是反映速度大小的变化率,称为切向加速度,用 a_τ 表示;另一个反映速度方向的变化率,称为法向加速度,用 a_n 表示,其大小为(不作推导):

$$a_\tau = \frac{\mathrm{d}v}{\mathrm{d}t} = \frac{\mathrm{d}^2 s}{\mathrm{d}t^2}$$

$$a_n = v^2 / \rho \tag{4-2}$$

上式表示,切向加速度的大小等于速度对时间的一阶导数,或弧坐标对时间的二阶导数,法向加速度的大小等于速度的平方除以该点的曲率半径。切向加速度的方向沿轨迹的切向,法向加速度的方向沿轨迹的法向指向曲率中心,如图 4-4 所示。加速度 a 应为:

$$a = \sqrt{a_\tau^2 + a_n^2} = \sqrt{\left(\frac{\mathrm{d}v}{\mathrm{d}t}\right)^2 + \left(\frac{v^2}{\rho}\right)^2}$$

$$\tan\alpha = a_n / a_\tau$$

二、直角坐标法

点做曲线运动时,若轨迹未知,则采用直角坐标法研究点的运动。

1. 运动方程

设动点 M 在平面内做曲线运动,取直角坐标 Oxy 作为参考系,则 M 点在任一瞬时的位置可用其坐标 x、y 来确定,如图 4-5 所示。点运动时,x_M、y_M 随时间而变化,x_M、y_M 是时间的单值连续函数,即:

$$x_M = f_1(t)$$

$$y_M = f_2(t)$$

上式称为直角坐标表示的点的运动方程,两式中消去参数 t,得到动点的轨迹方程:

$$y_M = f(x_M)$$

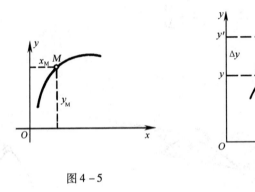

图 4-5　　　　　　　图 4-6

2. 速度

如图 4-6 所示,瞬时 t,动点位于 M,其坐标为 x、y,经时间间隔 Δt,动点位于 M',其坐标为 x'、y',位移为 $\boldsymbol{MM'}$,瞬时速度为:

$$\boldsymbol{v} = \lim_{\Delta t \to 0} \frac{\boldsymbol{MM'}}{\Delta t}$$

将上式两边的 $\boldsymbol{v}$、$\boldsymbol{MM'}$ 在 x 轴、y 轴上投影,由于 $\boldsymbol{MM'}$ 在 x 轴上的投影为 Δx,在 y 轴上的投影为 Δy,故有:

$$v_x = \lim_{\Delta t \to 0} \frac{\Delta x}{\Delta t} = \frac{\mathrm{d}x}{\mathrm{d}t}$$

$$v_y = \lim_{\Delta t \to 0} \frac{\Delta y}{\Delta t} = \frac{\mathrm{d}y}{\mathrm{d}t} \tag{4-3}$$

上式表明:动点的速度在直角坐标轴上的投影,等于其相应的坐标对时间的一阶导数。

$$v = \sqrt{v_x^2 + v_y^2}, \tan\alpha = \left| \frac{v_y}{v_x} \right|$$

α 为 v 与 x 所夹之锐角,v 的指向由 v_x、v_y 的正负确定。

3. 加速度

瞬时 t 的速度为 v,经 Δt 后点到达 M',速度为 v',速度的改变量 $\Delta v = v' - v$,其加速度:

$$a = \lim_{\Delta t \to 0} \frac{\Delta v}{\Delta t}$$

将上式两边向 x 轴、y 轴投影得到:

$$a_x = \lim_{\Delta t \to 0} \frac{\Delta v_x}{\Delta t} = \frac{\mathrm{d}v_x}{\mathrm{d}t} = \frac{\mathrm{d}^2 x}{\mathrm{d}t^2}$$
$$a_y = \lim_{\Delta t \to 0} \frac{\Delta v_y}{\Delta t} = \frac{\mathrm{d}v_y}{\mathrm{d}t} = \frac{\mathrm{d}^2 y}{\mathrm{d}t^2}$$

$$(4 - 4)$$

上式表明:动点的速度在直角坐标轴上的投影等于其速度对时间的一阶导数,或相应坐标对时间的二阶导数。

若已知运动方程,则可求出 a_x、a_y,从而可求得 a 的大小和方向:

$$a = \sqrt{a_x^2 + a_y^2}$$

$$\tan\beta = |a_y/a_x|$$

β 为 a 与 x 轴正向所夹之锐角,a 的指向由 a_x、a_y 的正负确定。

例 1 已知点的运动方程为:$x = 2t$,$y = 2 - t^2$(x、y 的单位为 m,t 的单位为 s)。

试求:

(1)点的轨迹;

(2)$t = 2$ s 时,点的速度;

(3)$t = 1$ s 时,点的加速度。

解:

(1)消去时间 t,得:

$$y = 2 - \frac{1}{4}x^2$$

点的运动轨迹为一抛物线,如图 4 - 7 所示。

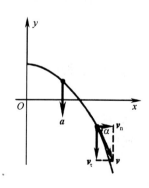

(2)$v_n = \dfrac{\mathrm{d}x}{\mathrm{d}t} = 2$ m/s,$v_\tau = \dfrac{\mathrm{d}y}{\mathrm{d}t} = -2t$ m/s

$t = 2$ 时,$v_n = 2$ m/s,$v_\tau = -4$ m/s

$$v = \sqrt{v_n^2 + v_\tau^2} = 4.47 \text{ m/s}$$

$\tan\alpha = 2$,$\alpha = 63.4°$

(3)$a_n = \dfrac{\mathrm{d}v_n}{\mathrm{d}t} = 0$,$a_\tau = \dfrac{\mathrm{d}v_\tau}{\mathrm{d}t} = -2$ m/s^2

$a = \sqrt{a_n^2 + a_\tau^2} = 2$ m/s^2,方向指向轴的方向。

图 4 - 7

例 2 在半径为 R 的铁环上,套一小环 M,杆 AB 穿过小环 M,并以匀速 ω 绕 A 点转动,开始时杆位于水平位置,试求小环的运动方程、速度和加速度。

解法一：自然坐标法

如图 4 – 8 所示，小环的轨迹是以 O 为圆心，R 为半径的圆，取 M_0 为弧坐标原点，则点的弧坐标为：

$$S = \widehat{M_0 M} = R \cdot 2\varphi$$

$\varphi = \omega t$，所以小环的运动方程为：

$$S = 2R\omega t$$

速度 $v = \dfrac{\mathrm{d}s}{\mathrm{d}t} = 2R\omega$，方向沿轨迹的切向。

加速度：

$$a_\tau = \frac{\mathrm{d}v}{\mathrm{d}t} = 0, \quad a_n = v^2 / R = (2R\omega)^2 / R = 4R\omega^2$$

解法二：直角坐标法

选直角坐标系，如图 4 – 8 所示。

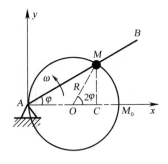

图 4 – 8

$$x = AC = AO + OC = R + R\cos 2\varphi = R(1 + \cos 2\varphi)$$
$$y = MC = R\sin 2\varphi$$

所以点的运动方程为：

$$x = R(1 + \cos 2\omega t)$$
$$y = R\sin 2\omega t$$

消去时间，得：

$$(x - R)^2 + y^2 = R^2$$

此为轨迹方程。

速度：

$$v_x = \frac{\mathrm{d}x}{\mathrm{d}t} = -2R\omega \sin 2\omega t$$

$$v_y = \frac{\mathrm{d}y}{\mathrm{d}t} = 2R\omega \cos 2\omega t$$

$$v = \sqrt{v_x^2 + v_y^2} = 2R\omega$$

加速度：

$$a_x = \frac{\mathrm{d}v_x}{\mathrm{d}t} = -4R\omega^2\cos 2\omega t$$

$$a_y = \frac{\mathrm{d}v_y}{\mathrm{d}t} = -4R\omega^2\sin 2\omega t$$

$$a = \sqrt{a_x^2 + a_y^2} = 4R\omega^2$$

第二节　刚体的基本运动

刚体的平行移动和绕定轴转动称为刚体的基本运动。

一、刚体的平行移动

刚体在运动过程中，其上任一直线始终与它原来的位置保持平行，这种运动称为平行移动，简称平动。刚体平动时，刚体上任意两点的轨迹相同，如图 4 - 9 所示。任何时间间隔内两点的位移相同，因而具有相同的速度，任意瞬时的速度相同，因而具有相同的加速度。因此可得出如下结论：刚体平动时，刚体上各点的轨迹、速度、加速度都相同，因而刚体上一点的运动即可代表整个刚体的运动。

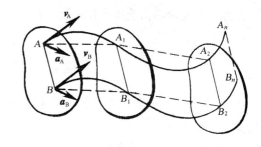

图 4 - 9

二、刚体的定轴转动

刚体运动时，刚体内（或其延伸部分）有一条直线始终保持不动，这种运动称为刚体的定轴转动，不动的直线称为定轴，刚体上其他各点都绕此轴做不同半径的圆周运动。

1. 转动方程

如图 4 - 10 所示，过轴线作一假想固定平面 I，再过轴线作动平面 II 固结在刚体上，两平面

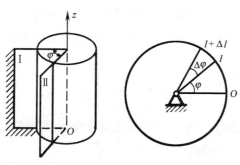

图 4 - 10

间的夹角 φ 称为刚体的转角,刚体的位置由转角 φ 确定。刚体转动时,φ 随时间而变化,即转角是时间的单值连续函数,即:

$$\varphi = f(t)$$

此即为转动方程。

φ 的单位是弧度(rad),规定逆时针转动时为正,反之为负。

2. 角速度

在时间间隔 Δt 内,刚体转过的角度为 $\Delta\varphi$,则瞬时角速度为 ω。

$$\omega = \lim_{\Delta t \to 0} \frac{\Delta\varphi}{\Delta t} = \frac{d\varphi}{dt} \tag{4-5}$$

上式表明:刚体的角速度等于转角对时间的一阶导数。角速度的单位为弧度/秒(rad/s)。工程上通常以转速 n 表示转动的快慢,n 的单位是转/分(r/min),ω 和 n 之间的关系为:

$$\omega = \frac{2\pi n}{60} = \frac{\pi n}{30}$$

3. 角加速度

角加速度是表示角速度变化快慢的物理量。在时间间隔 Δt 内,角速度的改变量为 $\Delta\omega$,则角加速度为:

$$\varepsilon = \lim_{\Delta t \to 0} \frac{\Delta\omega}{\Delta t} = \frac{d\omega}{dt} = \frac{d^2\varphi}{dt^2} \tag{4-6}$$

上式表明:刚体的角加速度等于角速度对时间的一阶导数或转角对时间的二阶导数。角加速度的单位是弧度/秒^2(rad/s^2)。

特殊情况:

(1)匀速转动:$\varepsilon = 0$,$\omega = $ 常数,$\varphi = \omega t$。

(2)匀变速转动:$\varepsilon = $ 常数,$\omega = \omega_0 + \varepsilon t$

$$\varphi = \omega_0 t + \frac{1}{2}\varepsilon t^2$$

$$\omega^2 - \omega_0^2 = 2\varepsilon\varphi$$

4. 定轴转动时刚体上各点的速度和加速度

如图 4-11 所示,刚体绕 O 轴转动,角速度为 ω,角加速度为 ε,刚体上任一点到转轴之距离 $OM = R$,在 Δt 时间内,刚体转过的角度为 $\Delta\varphi$,M 走过的圆弧为 Δs,显然 $\Delta s = R\Delta\varphi$,所以 M 点的速度为:

$$v = \lim_{\Delta t \to 0} \frac{\Delta s}{\Delta t} = \lim_{\Delta t \to 0} \frac{R\Delta\varphi}{\Delta t} = R\omega \tag{4-7}$$

上式表明:定轴转动时,刚体上任一点的速度等于角速度与该点到转轴距离的乘积,方向与转动半径垂直并与刚体的转向一致。

切向加速度: $\qquad a_\tau = \dfrac{dv}{dt} = \dfrac{d(R\omega)}{dt} = R \cdot \dfrac{dw}{dt} = R\varepsilon \tag{4-8}$

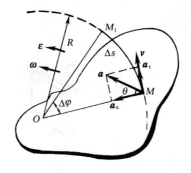

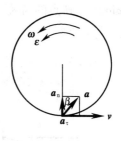

图 4 – 11   图 4 – 12

法向加速度：
$$a_{\mathrm{n}} = \frac{v^2}{R} = \frac{(R\omega)^2}{R} = R\omega^2 \qquad\qquad (4-9)$$

全加速度：
$$a = \sqrt{a_\tau^2 + a_{\mathrm{n}}^2} = R\sqrt{\varepsilon^2 + \omega^4}$$

$\tan\beta = |a_\tau / a_{\mathrm{n}}|$，$\beta$ 为全加速度与法向加速度之夹角，如图4 – 12 所示。

例1 电动机的带轮以匀速 $n = 1500$ r/min 转动，经过 2 min 电流被切断，此后带轮做匀减速转动，又经6 s 后停止转动，试求电动机在2 min 6 s 内共转多少转？

解：匀速转动阶段：
$$N_1 = nt = 1500 \times 2 = 3000 \text{ r}$$

匀减速阶段：
$$\omega = \omega_0 + \varepsilon t$$

$$w = \frac{\pi \times 1500}{30} + \varepsilon \times 6$$

$$\varepsilon = -\frac{25}{3}\pi \text{ rad/s}^2$$

$$\varphi = \omega_0 t + \frac{1}{2}\varepsilon t^2 = \frac{\pi \times 1500}{30} \times 6 - \frac{1}{2} \times \frac{25}{3}\pi \times 6^2 = 150\pi \text{ rad}$$

$$N_2 = \frac{150\pi}{2\pi} = 75 \text{ r}$$

转过的总转数：
$$N = N_1 + N_2 = 3075 \text{ r}$$

例2 车床切削工件时的切削速度（工件圆周速度）$v = 40$ m/min，工件直径 $D = 200$ mm，试求工件应有的转速。

解：
$$v = 40 \text{ m/min} = \frac{40}{60} \text{ m/s} = \omega \cdot \frac{D}{2}$$

$$\omega = \frac{20}{3} \text{ rad/s}$$

$$\omega = \frac{\pi n}{30}$$

所以：
$$n = \frac{30\omega}{\pi} = 63.6 \text{ r/min}$$

例3 搅拌机的机构如图4-13所示，若 $AB = O_1O_2$，$O_1A = O_2B = 25$ cm，O_1A 绕 O_1 轴转动的转速 $n = 38$ r/min。求 M 点的轨迹、速度、加速度。

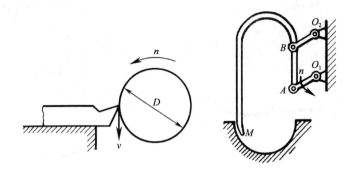

图4-13

解：O_1ABO_2 为平行四边形（任何位置），故 ABM 做平动。M 点的运动轨迹、速度、加速度与 A 点相同，轨迹为 $r = O_1A$ 的圆周。

速度：
$$v = v_A = R\omega = R\frac{\pi n}{30} = 1 \text{ m/s}$$

加速度：
$$a_\tau = 0, a_n = \frac{v_A^2}{R} = 4 \text{ m/s}^2$$

第三节　点的合成运动

一切物体都是运动着的，同一物体在不同的参考体上观察，其运动是不同的。如无风时，站在地面上的人看到雨点是铅垂下落的，但坐在行驶车辆上的人看到的雨点却是向后倾斜下落的。被观察的物体叫作动点，用来作参考的物体叫作参考体，固结在参考体上的坐标系叫作参考坐标系。物体相对于不同参考系的运动是不同的，为了加以区别，把固连在地面上的参考系叫作静参考系，简称静系，常用 Oxy 表示。而把相对于地面运动的物体上的参考系叫动参考系，简称动系，常用 $O'x'y'$ 表示。

一、绝对运动、相对运动和牵连运动

动点相对于静参考系的运动称为绝对运动，动点相对于动参考系的运动称为相对运动，动参考系相对于静参考系的运动称为牵连运动。如图4-14(a)所示，研究直线滚动的车轮上一点 M 的运动，静系固结在地面上，动系固结在车厢上，M 点相对于地面的运动为绝对运动，其轨迹为旋转线，M 点相对于车厢（动系）的运动为圆周运动，其轨迹为圆，牵连运动是车厢（动系）对于地面（静系）的平动。

再来看图4-14(b)，所示桥式起重机起吊重物时重物 M 的运动，重物相对于小车沿

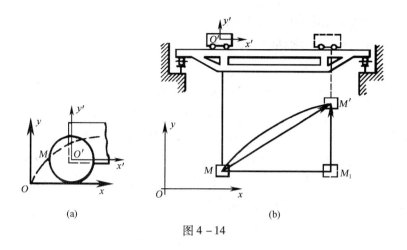

图 4 - 14

铅直方向向上运动,小车相对地面沿水平方向运动,将静系建在地面上,动系固连在小车上,重物相对于小车(动系)的运动为相对运动,小车相对于地面的运动为牵连运动。而重物相对于地面的运动(绝对运动)是相对运动和牵连运动的合成运动,轨迹如图 4 - 14(b)所示曲线 $\overarc{MM'}$。

二、速度合成定理

动点相对于静系的速度称为绝对速度,用 v_a 表示;动点相对于动系的速度称为相对速度,用 v_r 表示。任一瞬时,动系上和动点重合的点称为牵连点,牵连点相对于静系的速度称为动点的牵连速度,用 v_e 表示。

从桥式起重机起吊重物的图中可看出,重物 M 的绝对位移为 MM',相对位移为 M_1M',牵连位移(牵连点位移)为 MM_1。

由图 4 - 14(b)可知:

$$MM' = MM_1 + M_1M'$$

将上式两边除以时间间隔 Δt,取极限可得:

$$\lim_{\Delta t \to 0} \frac{MM'}{\Delta t} = \lim_{\Delta t \to 0} \frac{MM_1}{\Delta t} + \lim_{\Delta t \to 0} \frac{M_1M'}{\Delta t}$$

即有:

$$v_a = v_e + v_r \tag{4-10}$$

上式表明:动点的绝对速度等于牵连速度和相对速度的矢量和,这就是速度合成定理。

例 1 圆形凸轮半径 $R = 80$ mm,偏心矩 $e = 60$mm,以匀角速度 $\omega = 2$ rad/s 绕 O 轴转动,杆 AB 能沿滑槽上下平动,杆的下端点 A 紧贴在凸轮上,试求图 4 - 15 所示位置(AB 和圆心 C 在一直线上)时,杆 AB 的速度。

解:AB 做平动,A 点的速度即为 AB 的速度,取杆 AB 的下端点 A 为动点,动系固结在凸轮上。绝对运动为铅直方向的直线运动,绝对速度向上;相对运动为 A 沿凸轮缘的运动,相对速度沿圆周切线方向向右,牵连运动为定轴转动,牵连速度为凸轮上与 A 重合的点的速度,方向垂直

于 OA，如图 4 – 15 所示，组成一个平行四边形。

$OC = 60$ mm，$AC = 80$ mm，故 $OA = 100$ mm

$\cos\varphi = 3/5$

$$v_e = OA \cdot \omega = 200 \text{ mm/s}$$

$$v_a = v_e \cdot \cos\varphi = 120 \text{ mm/s}$$

例 2　如图 4 – 16 所示，正弦机构的曲柄 OA 绕固定轴 O 匀速转动，通过滑块带动槽杆 BC 做水平往复平动。已知曲柄 $OA = r = 10$ cm，$\omega = 2$ rad/s，求当 $\varphi = 30°$ 时，BC 杆的速度。

解：以滑块 A 为动点，动系固连在 BC 上，BC 做平动，所以 A 点的牵连速度即为 BC 杆的速度，A 点的绝对速度、相对速度、牵连速度如图 4 – 16 所示。

$$v_a = r\omega = 20 \text{ cm/s}$$

$$v_e = v_a \sin\varphi = 10 \text{ cm/s}$$

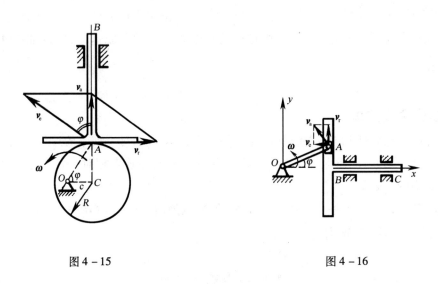

图 4 – 15　　　　　　　　　　　　　　图 4 – 16

第四节　刚体的平面运动

刚体运动时，刚体上任意点与某一固定平面的距离始终保持不变，这种运动称为刚体的平面平行运动，简称平面运动。

一、平面运动方程

如图 4 – 17 所示，刚体做平面运动，刚体上各点到固定平面 I 的距离不变，在刚体内任取一个和固定平面 I 平行的横截面 S，则此截面 S 始终在平面 II 内运动，又过截面 S 上任意点 A 做一条与平面 I 垂直的直线 $A'AA''$，则 $A'AA''$ 做平动，A 代表 $A'AA''$ 的运动，进而 S 可代表刚体的运动，因此，平面运动刚体可简化为截面图形 S 在其自身平面内的运动。

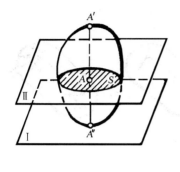

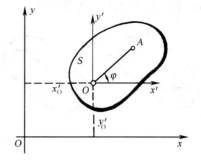

图 4 - 17   图 4 - 18

如图 4 - 18 所示,要确定平面图形 S 的位置,只需确定图形上任一线段(例如 $O'A$)的位置即可,因此平面图形的运动可以用图形中任一线段的运动来表示。取静坐标系固连于地面。动系 $O'x'y'$ 固连于图形上 O' 点,并随 O' 点平动,这样 $O'A$ 的运动可分解为随动系的平动和绕动系原点的转动。$O'A$ 的位置可由 O' 的坐标及 $O'A$ 和 x 轴夹角 φ 来决定。

当平面图形 S 运动时,$x_{O'}$、$y_{O'}$ 和 φ 是时间的连续函数,即:

$$\left.\begin{array}{l} x_{O'} = f_1(t) \\ y_{O'} = f_2(t) \\ \varphi = f_3(t) \end{array}\right\}$$

上式为刚体平面运动的运动方程。

二、平面运动的分解

如图 4 - 19 所示,平面图形 S 在时间间隔 Δt 内,由位置 Ⅰ 运动到位置 Ⅱ,这一运动过程既可看作 S 随任意点 A 平动到 A_1,再以 A_1 为中心转过 θ 角到位置 Ⅱ,也可看作随任意点 O' 平动到 O'_1 点,再以 O'_1 为中心转过 θ 角到位置 Ⅱ。

刚体的平面运动可看作是随基点的平动和绕基点的转动的合成,即平面运动可分解为随基点的平动和绕基点的转动。由图 4 - 19 可知,随基点的平动与基点的选取有关,而绕基点的转动与基点的选取无关。

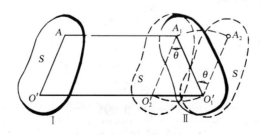

图 4 - 19

平面运动刚体上一点的速度,如图4－20所示,设已知平面图形上任一点 O 的速度 v_0 和转动角速度 ω,求图形 S 上任一点 M 的速度。

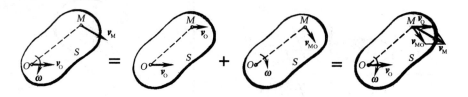

图 4 － 20

由于 v_0 为已知,故取 O 为基点,将动系原点固结在 O 上,此时动系为平动坐标系,故 v_0 为 M 点的牵连速度,又由于转动角速度已知,M 点的相对速度就是 M 绕基点转动的线速度 v_{MO},由前面的合成运动中的速度合成,可得到:

$$v_M = v_0 + v_{MO} \qquad\qquad (4-11)$$

上式表明:平面运动刚体上任一点的速度等于基点速度和该点绕基点转动线速度的矢量和。

例 曲柄滑块机构如图4－21所示,曲柄转速 $n=590$ r/mm,活塞 B 的行程 $S=180$ mm,曲柄与连杆的长度比 $\dfrac{r}{l}=\dfrac{1}{5}$,当曲柄与水平线成 $\varphi=30°$ 角时,试用基点法求连杆的角速度和滑块 B 的速度。

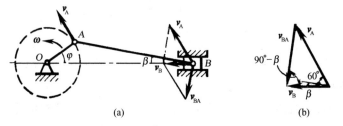

(a)   (b)

图 4 － 21

解:$S=180$ mm,则 $r=90$ mm。

$$v_A = r\omega = \frac{0.09 \times \pi \times 590}{30} = 5.56 \text{ m/s},方向垂直于 } OA。$$

AB 做平面运动,以 A 为基点,则:

$$v_B = v_A + v_{BA}$$

矢量三角形如图4－21(b)所示:

$$v_{BA}/\sin 60° = v_A/\sin(90°-\beta)$$

由 $\triangle OAB$ 可求得:$\qquad\qquad \beta = 5°45'$

$$\cos\beta = 0.995$$

$$v_{BA} = 4.84 \text{ m/s} = \omega_{AB} \cdot L$$

$$\frac{r}{L} = \frac{1}{5}, L = 5r = 0.45 \text{ m}$$

$$\omega_{AB} = v_{BA}/L = 10.76 \text{ rad/s}$$

$$v_B = v_A \cdot \cos 60° + v_{BA} \cdot \cos(90° - \beta) = 3.26 \text{ m/s}$$

第五节　平面四连杆机构的基本行式

连杆机构是由若干构件用低副(转动副、移动副)联接而成,故又称低副机构。根据机构中构件的相对运动情况,连杆机构可分为平面连杆机构、空间连杆机构和球面连杆机构。本章讨论平面连杆机构。根据平面连杆机构自由度的不同,又可将其分为单自由度平面连杆机构、两自由度平面连杆机构和三自由度平面连杆机构等。根据机构中构件数的多少,平面连杆机构可分为四杆机构、五杆机构、六杆机构等,一般将五杆及五杆以上的连杆机构称为多杆机构。

所有运动副为转动副的平面四杆机构称为铰链四杆机构,如图 4-22 所示。它是平面连杆机构的最基本型式,其他型式的平面四杆机构都可看作是在它的基础上通过演化而成的。在此机构中,构件 4 为机架,构件 1 和 3 为连架杆,构件 2 为连杆。能整周回转的连架杆称为曲柄,不能整周回转的连架杆称为摇杆或摆

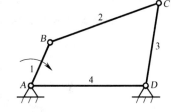

图 4-22　铰链四杆机构

杆。若两构件在某一点以转动副相联接并能绕该点做整周相对转动,称该转动副为回转副。否则,称为摆转副。

根据平面铰链四杆机构中两连架杆的运动特点(为曲柄或摇杆)对其进行命名。例如:当一连架杆为曲柄,另一连架杆为摇杆时,称其为曲柄摇杆机构;当两连架杆均为曲柄时,称其为双曲柄机构;当两连架杆均为摇杆时,称其为双摇杆机构。

一、曲柄摇杆机构

图 4-22 所示为曲柄摇杆机构。曲柄摇杆机构的两个连架杆中,一个为主动件,另一个为从动件。曲柄为主动件时,曲柄摇杆机构将主动件曲柄的转动变换为从动件摇杆的摆动或摇,如图 4-23 所示为喷气织机的打纬机构,织机主轴的转动,通过连杆变换为筘座的摆动。摇杆为主动件时,曲柄摇杆机构将主动件摇杆的摆动变换为从动件曲柄的转动。如图 4-24 所示的家用缝纫

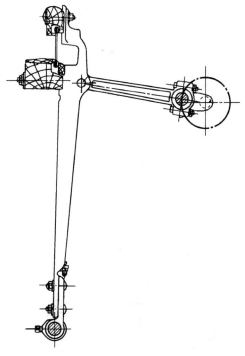

图 4-23　喷气织机的打纬机构

机的踏脚机构。

1. 正置曲柄摇杆机构

图 4-25 所示为曲柄摇杆机构,曲柄 1 绕 A 点转动,曲柄转一转,摇杆绕 D 点往复摆动一个来回,摆角为 $\angle C_1DC_2$,C_1D 和 C_2D 是摇杆的两个极限位置,将摇杆两个极限位置上的点 C_1 和 C_2 连线,并将连线 C_1C_2 延长,该延长线通过曲柄的转动中心,这样的曲柄摇杆机构称为正置曲柄摇杆机构。

2. 正偏置曲柄摇杆机构

图 4-26 所示为正偏置曲柄摇杆机构。将摇杆两个极限位置上的点 C_1 和 C_2 连线,并将连线 C_1C_2 延长,该延长线没有通过曲柄的转动中心,C_1C_2 延长线距曲柄的转动中心 A 的距离为 e,e 称为偏心距。TP 500 型剑杆织机、喷气织机、K261 型丝织机的打纬机构均采用正偏置曲柄摇杆机构。

3. 负偏置曲柄摇杆机构

图 4-27 所示为负偏置曲柄摇杆机构。将摇杆两个极限位置上的点 C_1 和 C_2 连线,并将连

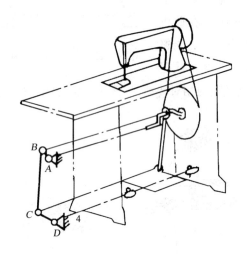

图 4-24 家用缝纫机的踏脚机构

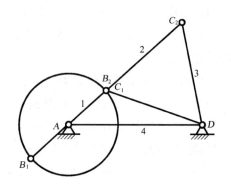

图 4-25 正置曲柄摇杆机构

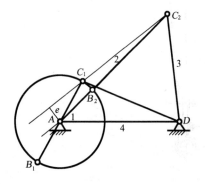

图 4-26 正偏置曲柄摇杆机构

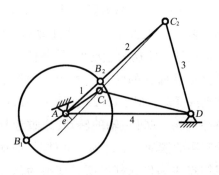

图 4-27 负偏置曲柄摇杆机构

线 C_1C_2 延长,该延长线没有通过曲柄的转动中心,C_1C_2 延长线距曲柄转动中心 A 的距离为 e,e 称为偏心距。正偏置曲柄摇杆机构摇杆两极限位置连线的延长线通过机架 AD 外侧,负偏置曲柄摇杆机构摇杆的两极限位置连线的延长线通过机架连线。H212 型毛织机、1515 型棉织机的打纬机构均采用了负偏置曲柄摇杆机构。

二、双摇杆机构

图 4 – 28 所示的铰链四杆机构中,两个连架杆都不能作整周回转,故两个连架杆都是摇杆,这种铰接四杆机构称为双摇杆机构。双摇杆机构的主动件和从动件都做摆动。图 4 – 29 所示为 SOMET 剑杆织机传剑机构中的双摇杆机构。

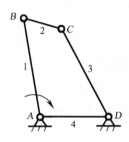

图 4 – 28　双摇杆机构

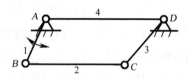

图 4 – 29　SOMET 剑杆织机传剑机构中的双摇杆机构

三、双曲柄机构

图 4 – 30 所示的平面铰链四杆机构中,两个连架杆 1 和 3 均能整周回转,即两连架杆均为曲柄,这样的平面铰链四杆机构称为双曲柄机构。一般情况下,主动曲柄与从动曲柄的传动比为变量,即主动曲柄匀速转动时,从动曲柄将做变速转动。图 4 – 30 所示是双曲柄机构应用于惯性筛的实例。当主动曲柄 1 匀速转动时,从动曲柄 3 做非匀速转动。

1. 正平行四边形双曲柄机构

图 4 – 31 所示的平面铰链四杆机构中,构件 1 和构件 3 的长度相等,构件 2 和构件 4 的长度相等,构件 1 和构件 3 的转向始终相同,这样的机构在运动过程中,四杆始终构成一个平行四边形,这样的平面铰链四杆机构称为正平行四边形机构。正平行四边形机构的两个连架杆的转向不仅相同,而且它们的转速也恒相等,是连杆机构中能实现定传动比的仅有的机构。

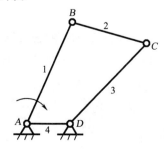

图 4 – 30　双曲柄机构

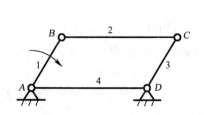

图 4 – 31　正平行四边形机构

图 4 - 32 所示是机车车轮的传动机构,为一个正平行四边形机构。为保证机构能按正确的方向运动,在机构中增加了另一个连架杆(虚约束)5,这样可以使得两个连架杆总能同向回转。

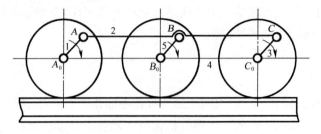

图 4 - 32 机车车轮的传动机构

2. 反平行四边形双曲柄机构

图 4 - 33 所示的平面铰链四杆机构中,构件 1 和构件 3 的长度相等,构件 2 和构件 4 的长度相等,构件 1 和构件 3 的转向始终相反,这样的平面铰链四杆机构称为反平行四边形机构。反平行四边形机构的两个连架杆的转向相反,而且它们的转速也恒相等,是连杆机构中能实现定传动比的仅有的机构。图 4 - 34 所示的汽车车门开闭机构使用的即为这种机构。

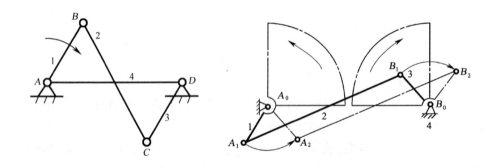

图 4 - 33 反平行四边形机构   图 4 - 34 汽车车门开闭机构

第六节 平面四连杆机构曲柄存在条件

若连架杆中与机架相连的转动副为回转副,该构件即为曲柄。所以,分析转动副为回转副的条件又称为曲柄存在条件分析。

图 4 - 35 所示的平面铰链四杆机构 $ABCD$ 中,设四个构件 1、2、3 和 4 的长分别为 L_1、L_2、L_3 和 L_4。图中 $\overline{AB_d}$ 和 $\overline{AB_s}$ 分别为构件 1 运动至与机架线重合的两个位置。为了使构件 1 和构件 4 之间的转动副 A 能成为回转副,就需要构件 1 能通过 $\overline{AB_d}$ 和 $\overline{AB_s}$ 这两个关键位置。

设 $L_1 < L_4$,由 $\triangle B_s C_s D$,有:

$$L_1 + L_4 \leqslant L_2 + L_3 \tag{4 - 12}$$

由 $\triangle B_d C_d D$,有:

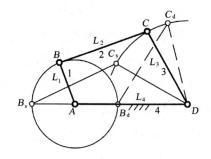

图 4-35　平面铰链四杆机构回转副条件分析

$$L_2 \leqslant (L_4 - L_1) + L_3 \tag{4-13}$$

$$L_3 \leqslant (L_4 - L_1) + L_2 \tag{4-14}$$

整理后得：

$$L_1 + L_2 \leqslant L_3 + L_4 \tag{4-15}$$

$$L_1 + L_3 \leqslant L_2 + L_4 \tag{4-16}$$

$$L_1 + L_4 \leqslant L_2 + L_3 \tag{4-17}$$

将上式两两相加后，得：

$$L_1 \leqslant L_2 \tag{4-18}$$

$$L_1 \leqslant L_3 \tag{4-19}$$

$$L_1 \leqslant L_4 \tag{4-20}$$

同理，当 $L_1 > L_4$ 时，可得到转动副 A 能成为回转副的条件为：

$$L_4 + L_1 \leqslant L_2 + L_3 \tag{4-21}$$

$$L_4 + L_2 \leqslant L_1 + L_3 \tag{4-22}$$

$$L_4 + L_3 \leqslant L_1 + L_2 \tag{4-23}$$

$$L_4 \leqslant L_1 \tag{4-24}$$

$$L_4 \leqslant L_2 \tag{4-25}$$

$$L_4 \leqslant L_3 \tag{4-26}$$

由式(4-15)、式(4-16)、式(4-17)、式(4-18)、式(4-19)和式(4-20)可以看出，组成回转副 A 的两个构件 1 和 4 中，必有一个构件是四个杆中的最短杆，且该最短杆与四个杆中最长杆的长度之和必小于等于其他两杆的长度之和。

综合上述分析，平面铰链四杆机构中，一个构件上的两个转动副能成为回转副的必要条件是:该构件的杆长是四个杆长中最短的,且该最短杆与四个杆中最长杆的长度之和必小于或等于其他两杆的长度之和。该条件也称为平面铰链四杆机构曲柄存在条件或格拉霍夫定理。

例 TP 500 型剑杆织机的打纬机构,杆1与机架4的铰接点 A,杆3与机架4的铰接点 D,杆1与杆2的铰接点 B,杆2与杆3的铰接点 C,AD 的水平距离为498 mm,AD 的铅垂距离为150 mm,杆1长度为75 mm,杆2长度为110 mm,杆3长度为520.2 mm,判断此机构为何种机构?

解:

$$AD = \sqrt{498^2 + 150^2} = 520.1 (\text{mm})$$

$$520.2 + 75 \leqslant 520.1 + 110$$

所以该机构是以最短杆1的相邻杆4为机架的曲柄摇杆机构。

第七节 平面四连杆机构的演变方式

在生产机械中,有各种型式的平面四连杆机构,这些平面四连杆机构都是由铰链四连杆机构演变而得,演变的方式主要有将转动副变为移动副、扩大转动副元素、以不同的杆件为机架三种。

一、将转动副变为移动副

移动副可以认为是由转动副演变而来的。图4-36(a)所示的曲柄摇杆机构中,1为曲柄,3为摇杆,C 点的轨迹是以 D 点为圆心、以杆长 CD 为半径的圆弧 K_c。现在机架4上制作一个同样轨迹的圆弧槽 K_c,并将摇杆3做成弧形滑块置于槽中滑动,如图4-36(b)所示。这时,弧形滑块在圆弧形槽中的运动完全等同于转动副 D 的作用,圆弧槽 K_c 的圆心即相当于摇杆3的摆动中心 D,其半径相当于摇杆3的长度 CD。又若再将圆弧槽 K_c 的半径增

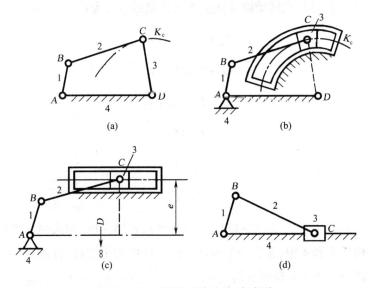

(a)   (b)

(c)   (d)

图4-36 转动副演变为移动副

加到无穷大,其圆心 D 移至无穷远处,则圆弧槽变成了直槽,置于其中的滑块 3 做往复直线运动,从而转动副 D 演变为移动副,曲柄摇杆机构演变为含一个移动副的四杆机构,称为曲柄滑块机构,如图 4-36(c)所示。图中 e 为曲柄回转中心 A 至经过 C 点的直槽中心线的距离,称为偏距。当 $e \neq 0$ 时,称为偏置曲柄滑块机构;当 $e = 0$ 时,称为对心曲柄滑块机构,如图 4-36(d)所示。

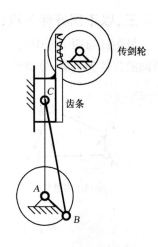

图 4-37 LT 102 型剑杆织机的传剑机构

图 4-37 所示即为日本丰田 LT 102 型剑杆织机采用曲柄滑块机构作为传剑机构,主轴传动曲柄,通过连杆传动联接着齿条的滑块在导槽中上下移动,齿条传动与其啮合的齿轮往复转动,传剑轮与齿轮为同一构件,传剑轮随齿轮往复转动,带动固结在传剑轮上的剑带进出梭口。

二、扩大转动副元素

在图 4-36(d)所示的曲柄滑块机构或其他含有曲柄的平面四杆机构中,如果曲柄长度很短,则在杆状曲柄两端设两个转动副将存在结构上的困难,而如果曲柄需要安装在直轴的两支承之间,则将会导致连杆与曲柄轴的运动干涉。为此,工程中常将曲柄设计成偏心距为曲柄长的偏心圆盘,此偏心圆盘称为偏心轮,如图 4-38 所示。曲柄为偏心轮结构的平面四杆机构称为偏心轮机构。

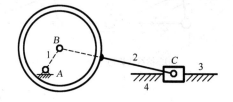

图 4-38 偏心轮机构

图 4-39 所示为新型织机的一种开口机构——史陶比尔 2400 型多臂开口机构,此多臂开口机构中采用了偏心轮机构。偏心轮为 1,连杆为 2,摇杆为 CD,DA 为机架,圆心 A 至圆心 B 为曲柄,圆心 B 至 C 为连杆。偏心轮转动,通过连杆,使摇杆摆动,摇杆通过钢丝绳带动综框上下往复运动形成梭口。

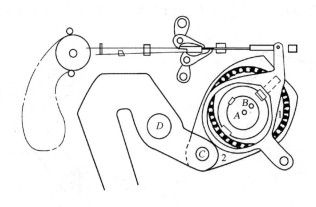

图 4-39 史陶比尔 2400 型多臂开口机构

三、以不同杆件为机架

最短杆与四个杆中最长杆的长度之和小于或等于其他两杆长度之和的铰链四连杆机构,以不同的杆件为机架,分别可以得到曲柄摇杆机构、双曲柄机构和双摇杆机构,如图4-40所示。

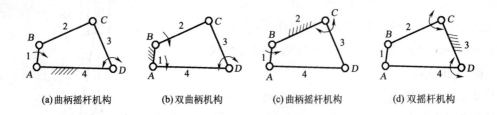

(a)曲柄摇杆机构　　(b)双曲柄机构　　(c)曲柄摇杆机构　　(d)双摇杆机构

图4-40　铰链四杆机构以不同杆件为机架得到的平面四连杆机构

将曲柄摇杆机构的一个转动副演变为移动副,如图4-41所示,得到含一个移动副的机构。若以不同的杆件为机架,可得到曲柄滑块机构、转动导杆机构($L_1 < L_2$)[摆动导杆机构($L_1 > L_2$)]、曲柄摇块机构和移动导杆机构(又称定块机构)。

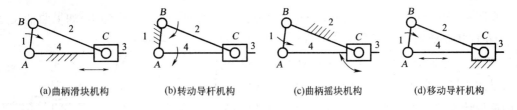

(a)曲柄滑块机构　　(b)转动导杆机构　　(c)曲柄摇块机构　　(d)移动导杆机构

图4-41　含一个移动副的平面四杆机构

图4-42所示为B272型与B271型精纺梳毛机中梳理部分的斩刀机构,其中机架1、曲柄2、滑块3和摆动导杆4是典型的摆动导杆机构。当曲柄转动时,斩刀摆动,通过斩刀片将道夫上的毛网剥下。

图4-43所示为德国产祖克浆纱机的张力调节辊摆动机构,机构由摆动杆2、销钉3(即滑块)、导杆4及机架1组成,张力变化时使摆杆2转动,通过销钉使导杆4摆动,导杆4与电位计相联接,导杆4摆动时使电位计的电阻和输出电压信号改变,最终达到改变浆轴转速的目的,保

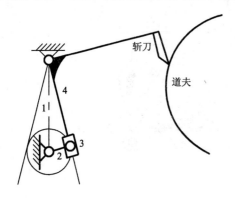

图4-42　用于梳毛机的摆动导杆机构

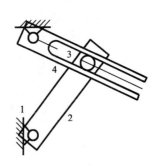

图4-43　用于浆纱机的摆动导杆机构

证张力均匀。

图 4 – 44 所示为德国产祖克浆纱机采用的 AB 300 型张力调节装置中应用的摇块机构。

四、含有两个移动副的平面四连杆机构

图 4 – 45(a)所示为曲柄滑块机构,若再将另一个转动副变为移动副,则演变为含有两个移动副的平面四连杆机构。图 4 – 45(b)所示为将转动副 C 演变为移动副而得到的含有两个移动副的机构,图 4 – 45(b)为正弦机构。正弦机构在实际机械中应用较多,如图 4 – 46 所示的缝纫机的刺布机构、十字滑块联轴器和椭圆规。

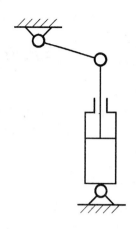

图 4 – 44　用于浆纱机的摇块机构

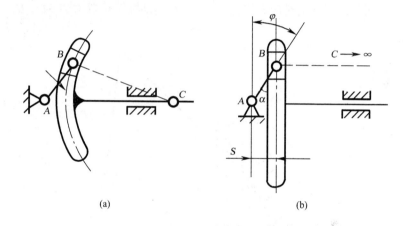

(a)　　　　　　　　(b)

图 4 – 45　转动副 C 演变为移动副所得到的机构

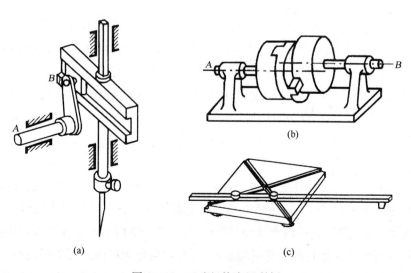

(a)　　　　　　　　(b)　　　　　(c)

图 4 – 46　正弦机构应用实例

第八节 平面四连杆机构的基本特性

工程实际应用中,必须了解已有机构的运动学和力学特性。本节讨论平面四连杆机构的基本特性,包括急回特性、压力角(传动角)和死点问题。

一、急回特性

1.曲柄摇杆机构

如图4-47所示的正偏置曲柄摇杆机构,在机构的一个运动周期中,曲柄1会有一次与连杆2重叠,如图4-47中的 AB_1C_1D 位置,还有一次会与连杆拉直成一线,如图4-47中的 AB_2C_2D 位置。这两个位置分别对应着摇杆3的左、右摆动极限位置 C_1D 和 C_2D。

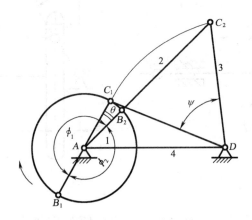

图4-47 曲柄摇杆机构的急回特性

曲柄与连杆重叠及拉直成一线两个位置之间所夹的锐角,称为极位夹角 θ。在图4-47所示的正偏置曲柄摇杆机构中,极位夹角 $\theta > 0$。若线 AB_1C_1 与线 AB_2C_2 重合,极位夹角 $\theta = 0$,如图4-25所示。在图4-27所示的负偏置曲柄摇杆机构中,极位夹角 $\theta < 0$。

设主动曲柄1以角速度 ω 匀速转动,当曲柄1由 AB_1 位置顺时针转动 $\phi_1 = 180° + \theta$ 角到达 AB_2 位置时,从动摇杆3由 C_1D 位置顺时针运动到 C_2D 位置,所需时间 $t_1 = \phi_1/\omega$。

当曲柄由 AB_2 位置继续顺时针转动 $\phi_2 = 180° - \theta$ 角到达 AB_1 位置时,从动摇杆3由 C_2D 位置运动回到 C_1D 位置,所需时间为 $t_2 = \phi_2/\omega$。

从动件的运动方向与主动件的运动方向相一致时称为从动件的工作行程,反方向时称为空回行程。所以,在图4-47中,从动摇杆由 C_1D 位置摆动到 C_2D 位置为工作行程,由 C_2D 位置摆动到 C_1D 位置为空回行程。在这两个运动过程中,对图4-47所示的正偏置曲柄摇杆机构,空回行程中的平均速度大于工作行程中的平均速度,这种现象称为机构具有急回特性。

为表示急回特性的程度,把空回行程的平均速度与工作行程的平均速度之比称为行程速比

系数 K,所以:

$$K = \frac{\text{空回行程平均速度}}{\text{工作行程平均速度}} \qquad (4-27)$$

对于图 4-47 所示的正偏置曲柄摇杆机构,其行程速比系数 K 可写成:

$$K = \frac{v_2}{v_1} = \frac{\dfrac{\overline{c_2 c_1}}{t_2}}{\dfrac{\overline{c_1 c_2}}{t_1}} = \frac{t_1}{t_2} = \frac{\dfrac{180° + \theta}{\omega}}{\dfrac{180° - \theta}{\omega}} = \frac{180° + \theta}{180° - \theta} \qquad (4-28)$$

显然,对于正偏置曲柄摇杆机构,$K > 1$。

对于图 4-25 所示的无偏置曲柄摇杆机构,由于 $\theta = 0$,所以,行程速比系数 $K = 1$。此时的机构在工作行程阶段与空回行程阶段的平均速度相等。

对于图 4-27 所示的负偏置曲柄摇杆机构,由于 $\theta < 0$,所以,行程速比系数 $K < 1$。机构在工作行程阶段的平均速度大于空回行程阶段的平均速度,机构的这种现象称为慢回特性。

2. 曲柄滑块机构

图 4-48 所示为偏置曲柄滑块机构。设主动曲柄 1 以角速度 ω 顺时针转动,滑块在图 4-48 所示位置 $C_2 C_1$ 为工作行程,在 $C_1 C_2$ 运动过程为空回行程。与曲柄摇杆机构一样,可分析出曲柄 1 与连杆 2 重叠和拉直成一线的两个极限位置,如图 4-48 中所示。并可写出与式 (4-28) 一样的行程速比系数 K 的表达式。对具有偏置的曲柄滑块机构,$\theta > 0$,$K > 1$,机构具有急回特性。对无偏置曲柄滑块机构,$\theta = 0$,$K = 1$,机构无急回特性,如图 4-49 所示。

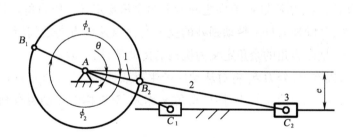

图 4-48　偏置曲柄滑块机构的急回特性

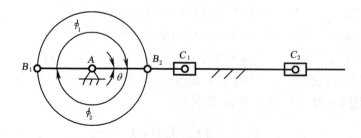

图 4-49　正置曲柄滑块机构的急回特性

3.导杆机构

图4-50所示为曲柄摆动导杆机构,主动曲柄1以角速度ω匀速转动。在一个运动周期中,曲柄有两次与摆动导杆相垂直,对应着摆动导杆的两个极限位置。曲柄的两个极限位置之间所夹的锐角为极位夹角θ。同样,可写出与式(4-28)一样的行程速比系数K的表达式,且$K>1$,机构具有急回特性。

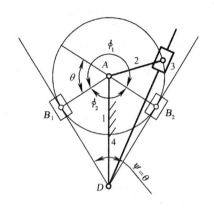

图4-50 摆动导杆机构

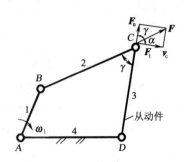

图4-51 摆动导杆机构

二、压力角和传动角

图4-51所示为平面铰链四杆机构,若不考虑机构运动过程中的惯性力、重力和摩擦力,则连杆2为二力共线的构件。主动件1通过连杆2驱动从动摇杆3摆动,连杆2对摇杆3在C点的作用力F将沿着BC方向。F力可分解为沿着与C点运动速度方向v_c相一致的分力F_t和垂直于v_c方向的分力F_n。把力F与v_c方向之间所夹的锐角α定义为压力角。对一般机构情况,可以把压力角定义为:从动连架杆上转动副处的受力与该点速度方向之间所夹的锐角,称为机构的压力角。进一步,把压力角的余角定义为机构的传动角,用γ表示。

从图4-51中可以看出,分力F_t将对从动件产生有效回转力矩,而分力F_n在转动副中产生附加径向压力。因此,压力角α越小,即传动角γ越大,对机构的传动越有利。反之,机构的传动效果就越差。

在机构的运动过程中,传动角的大小一般是变化的(也有例外,如导杆机构等)。在机构的一个运动周期中,传动角将会有最大值和最小值。为使综合出的机构其传动性能较佳,一般规定机构的最小传动角$\gamma_{min}>40°$。对于高速和重载荷的场合,要求$\gamma_{min}>50°$。对于一些受力较小的场合,如微调机构,允许传动角小些,只要机构不发生自锁即可。

为控制机构的最小传动角,必须分析机构的最小传动角与机构尺度之间的关系。

如图4-52所示,设曲柄摇杆机构的构件1、2、3和4的杆长分别为L_1、L_2、L_3和L_4。当曲柄1与机架4分别重合时,设为位置d和位置s,如图4-52所示,连杆2与连架杆3之间的夹角分别为δ_1和δ_2。由图4-52可写出δ_1和δ_2分别为:

$$\delta_1 = \arccos \frac{(L_4 - L_1)^2 - L_2^2 - L_3^2}{2L_2 L_3} \qquad (4-29\text{a})$$

$$\delta_2 = \arccos \frac{(L_4 + L_1)^2 - L_2^2 - L_3^2}{2L_2L_3} \qquad (4-29b)$$

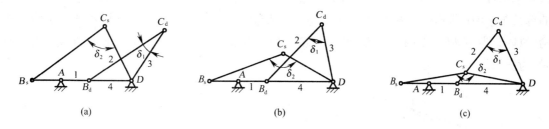

图 4-52 曲柄摇杆机构的最小传动角分析

当机构为正偏置曲柄摇杆机构时,最小传动角 $\gamma_{\min}$ 为:

$$\gamma_{\min} = \delta_1 \qquad (4-30)$$

如图 4-52(a)所示。

当机构为无偏置,即正置曲柄摇杆机构时,最小传动角 $\gamma_{\min}$ 为:

$$\gamma_{\min} = \delta_1 = 180° - \delta_2 \qquad (4-31)$$

这种机构在曲柄与机架重合的两个位置,机构的两个传动角相等并等于机构的最小传动角。如图 4-52(b)所示。

当机构为负偏置曲柄摇杆机构时,最小传动角 $\gamma_{\min}$ 为:

$$\gamma_{\min} = 180° - \delta_2 \qquad (4-32)$$

如图 4-52(c)所示。

图 4-53 所示为对心曲柄滑块机构,设曲柄 1 和连杆 2 的杆长分别为 L_1 和 L_2。当主动曲柄 1 转动到与导路方向垂直时,从动滑块 3 的传动角出现极值 $\gamma_{\min}$,且:

$$\gamma_{\min} = \arccos \frac{L_1}{L_2} \qquad (4-33)$$

图 4-54 所示为导杆机构,主动曲柄转动到任一位置,从动摇杆上 B 点的受力与该点的运动速度方向总是一致的,所以,传动角恒为 90°。

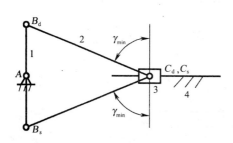

图 4-53 曲柄滑块机构的最小传动角分析

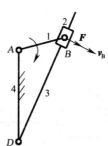

图 4-54 摆动导杆机构的最小传动角分析

三、死点

机构中传动角 $\gamma = 0$ 的位置称为机构的死点位置。如图 4 - 55 所示的曲柄摇杆机构,当摇杆为主动件,曲柄为从动件,机构运动到曲柄与连杆重叠或拉直成一线位置时,从动件 1 上 A 点的传动角 $\gamma = 0$,机构的这两个位置为曲柄摇杆机构的死点位置。图 4 - 56 所示的曲柄滑块机构,滑块 3 为主动件,曲柄 1 为从动件。同样,当机构运动到曲柄与连杆重叠或拉直成一线位置时,为机构的死点位置。

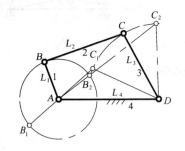

图 4 - 55　曲柄摇杆机构的死点位置

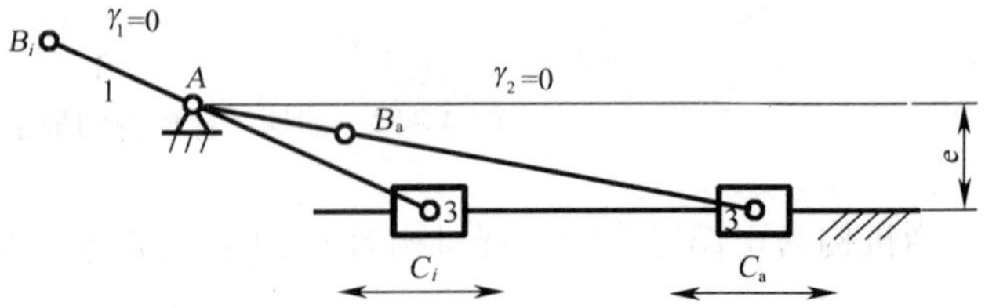

图 4 - 56　曲柄滑块机构的死点位置

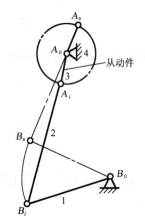

图 4 - 57　缝纫机踏板机构
的死点位置

在某些情况下,机构有死点位置对运动是不利的,需采取措施使机构能顺利通过这些位置。对于有死点位置的机构,在连续运转状态可以利用从动件的惯性使其通过死点位置。如图 4 - 57 所示的缝纫机踏板机构,就是利用带轮的惯性使从动件通过死点位置的。对于平行四边形机构,可以通过增加附加杆组的方法使机构通过死点位置,如图 4 - 32 所示的机车车轮的传动机构就是利用这种方法。图 4 - 58 所示为蒸汽机车车轮联动机构,采用了两组同样的机构组合起来,但两组机构错位排列,使两者的曲柄位置相互错开成 90° 角,这样也可克服机构的死点位置。

工程实际应用中,也有利用机构的死点位置来实现特定的工作要求的。图 4 - 59 所示为夹紧工件用的连杆式快速夹具,它是利用机构的死点位置实现夹紧工件的。在连杆 2 的手柄处施以压力 F 将工件夹紧后,连杆 AB 与连架杆 B_0B 成一直线,即机构处于死点位置。去除外力 F 后,在工件反弹力 T 作用下,即使 T 力很大,也不会使工件松脱。

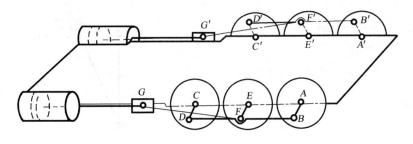

图 4 - 58　蒸汽机车车轮联动机构

图4-60所示为飞机的起落架机构。当连杆2与从动连架杆3位于一直线上时,因机构处于死点位置,故机轮着地时产生的巨大冲击力不会使从动件3摆动,总是保持着支撑状态。

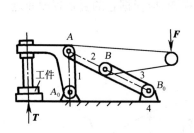

图4-59　工件夹紧机构

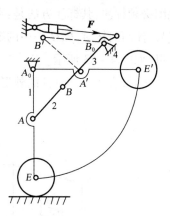

图4-60　飞机起落架机构

第九节　机械零件常用的表达方法

在生产实际中,机械零件(以下简称机件)的结构形状往往是多种多样的,仅用三个视图来表达,有时难以将机件的内、外形状和结构表达清楚。为此,GB/T 4458.6—2002参照采用国际标准 ISO 128—44 规定了绘制工程图样的基本方法,对各种表达方法作了明确的规定画法。

一、视图

视图主要用来表达机件的外部结构形状。一般只画出机件的可见部分,必要时才用虚线画出其不可见部分。视图分为基本视图、向视图、局部视图和斜视图。

1. 基本视图

机件在基本投影面上的投影称为基本视图。

在原有三个投影面的基础上,再增加三个投影面,这六个面称为基本投影面。将机件置于其中,分别向六个基本投影面投影,即得到六个基本视图,它们的展开方法是:保持正立投影面不动,其余各投影面按图4-61中箭头所指方向旋转,使之与正立投影面共面。

六个基本视图都有规定的位置。展开后各视图的名称及配置如图4-62所示。除主视图、俯视图、左视图外,其他三个视图的名称分别为:右视图(自右向左投射)、仰视图(自下向上投射)、后视图(自后向前投射)。各视图间仍然保持"长对正、高平齐、宽相等"的投影关系。各视图若画在同一张图纸上,并按图4-62配置时,一律不标注视图的名称。

2.向视图

不按投影关系配置的视图称为向视图。

向视图必须标注,其标注方法是:在视图的上方标注出视图的名称"＊"("＊"为大写拉丁字母的代号,注写时按 A,B,C …… 的顺序),并在相应的视图附近用箭头指明投射方向,注上相同的字母,如图 4 – 63 所示。

实际绘图时,表达一个机件的外形结构需要画几个视图,应根据它的复杂程度而定。

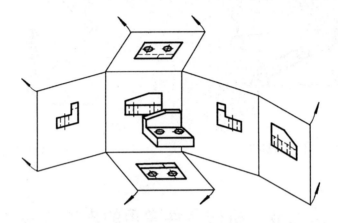

图 4 – 61　六个基本视图的形成及其展开

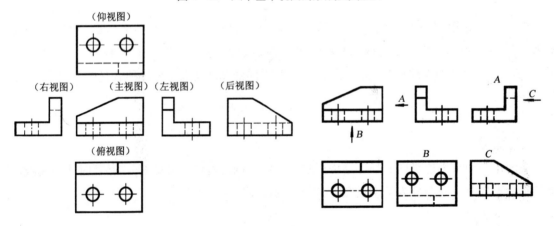

图 4 – 62　六个基本视图的名称及配置　　　　图 4 – 63　向视图的标注

3.局部视图

将机件的某一部分向基本投影面投射所得到的视图,称为局部视图,用它来表达机件上的局部外形。

(1)画法:

①局部视图的断裂边界以波浪线表示,如图 4 – 64 中的 C 视图。

②若表示的局部结构是完整的,且外形轮廓成封闭状态时,波浪线可省略不画,如图 4 – 64 中的 B 视图。

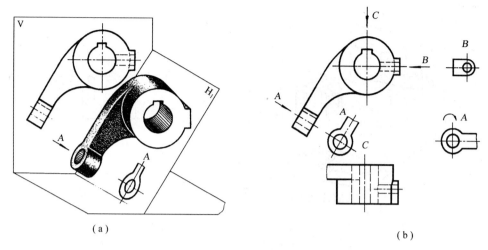

（a）　　　　　　　　　　　　　　　　（b）

图 4 - 64　局部视图与斜视图

（2）标注：

①在局部视图的上方标注出视图的名称"＊"，并在相应的视图附近用箭头指明投射方向，注上相同的字母。

②当局部视图按投影关系配置，中间又无其他图形隔开时，可省略标注。如图 4 - 64 中 A 视图不画，则 C 视图可省略标注。

4. 斜视图

机件向不平行于任何基本投影面的平面投影所得到的视图，称为斜视图，用它来表达机件上倾斜结构的外形，如图 4 - 64 中 A 视图。

画斜视图时，必须在斜视图的上方标注出视图的名称"＊"，并在相应的视图附近用箭头指明投射方向，注上相同的字母。

斜视图一般按投影关系配置，如图 4 - 64 中的 A 视图，必要时允许将斜视图旋转配置，但需画出旋转符号，即表示该视图名称的大写字母，应靠近旋转符号的箭头端，也允许将旋转角度标注在字母之后，箭头方向应与斜视图的旋转方向一致，如图 4 - 64（b）所示。

二、剖视

用视图表达机件时，其不可见部分由虚线来表示。当机件的内部结构较复杂时，在图中会出现很多虚线，既影响了图形的清晰，又不利于标注尺寸。为此，常采用剖视的方法来表达机件的内部形状。

1. 剖视图的形成

假想用剖切面剖开物体，将处在观察者和剖切面之间的部分移去，而将其余部分向投影面上投影所得到的图形，称为剖视图，剖视图可简称为剖视。如图 4 - 65 所示。

剖切面是指剖切被表达物体的假想平面或曲面。在机件上，凡与剖切面接触到的实体部分称为剖面区域。按 GB/T 17452—1998 的规定，剖面区域内应画出剖面符号，以便区分机件上

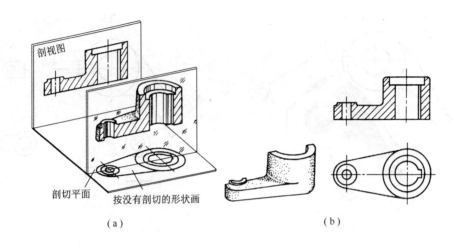

剖视图

剖切平面　按没有剖切的形状画

（a）

（b）

图4-65　剖视图的形成

的实体和空心部分。用于金属材料的剖面符号,称为剖面线,一般应画成与水平方向成45°角的细实线。应注意,同一机件在各个剖视图中,其剖面线均应方向相同、间隔相等。

2. 看剖视图时应注意的事项

(1)由于剖切是假想的,所以,当某个视图被画成剖视图后,其机件仍然是完整的。

(2)为使剖视图反映实形,剖切平面一般应平行于某一对应的投影面且剖切时通过机件的对称面或内部孔、槽的轴线。

(3)剖视图不仅要画出剖面区域图形,而且还要画出剖切平面后面的可见轮廓线。

(4)在剖视图中一般不画虚线。只有当机件的结构没有完全表达清楚,若画出少量的虚线可减少视图数量时,才画出必要的虚线。

3. 剖视图的标注

一般用剖切符号(宽1~1.5d,长5~10 mm断开的粗实线)表示剖切位置,在剖切符号的起讫处标注相同的大写拉丁字母"＊",并在相应的剖视图上方用同样的字母标注"＊－＊",表示剖视图的名称;用箭头表示投射方向。如图4-66(a)中$A—A$剖视图的标注方法。

在以下两种情况下剖视图可省略标注:

(1)当剖视图按投影关系配置,中间又无其他图形隔开时,可省略箭头。如图4-66(b)中的俯视图,其剖切符号的起讫处未画箭头。

(2)当单一的剖切平面通过机件的对称平面或基本对称平面,且剖视图的配置符合投影关系,中间又无其他图形隔开时,可省略标注。如图4-66(b)中的主视图画成剖视图后,不需要标注。

4. 剖视图的种类及其应用

国家标准规定,剖视图分为全剖视图、半剖视图和局部剖视图三种。

(1)全剖视图:用剖切面完全地剖开机件所得到的剖视图,称为全剖视图。如图4-66中

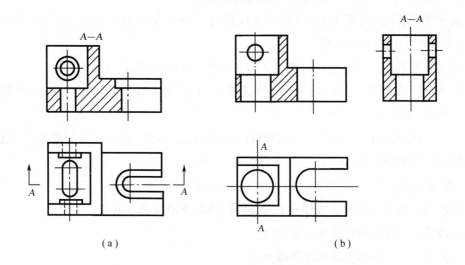

图 4 - 66　剖视图的标注

的主视图和左视图。

　　全剖视图主要适用于不对称的机件。但外形简单、内形相对复杂的对称机件也常用全剖视图来表达。

　　(2)半剖视图:当机件具有对称或接近于对称的结构时,在垂直于对称平面的投影面上投影所得到的图形,可以其对称中心线即细点划线为界,一半画成剖视图(表达内形),另一半画成视图(表达外形),这样的图形,称为半剖视图。如图 4 - 67 所示。

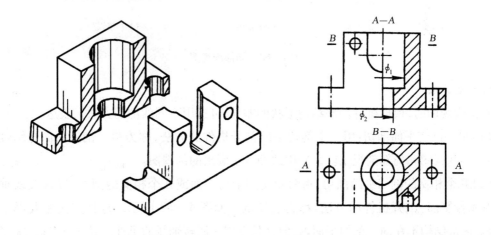

图 4 - 67　半剖视图

　　半剖视图主要用于内、外形状都需表达的对称机件。

　　看半剖视图时,应注意以下几点:

① 在半剖视图中,剖视与视图的分界线为机件的对称中心线。

② 由于半剖视图的图形对称,可同时兼顾到内、外形状的表达。所以,在表达外形的视图中就不必再画出表达内形的虚线。

③ 半剖视图的标注原则上与用单一剖切平面剖切的全剖视图相同。

④ 标注机件的内形尺寸时,由于另一半未被剖出,其尺寸线仅画一个箭头,且略超过对称中心线。如图 4-67 中的 ϕ_1、ϕ_2。

(3)局部剖视图:用剖切面局部地剖开机件所得到的剖视图,称为局部剖视图。如图 4-68 所示。在局部剖视图中,剖视与视图的分界线为波浪线。

画波浪线时应注意[详见图 4-68(b)中箭头所示处]:

① 波浪线应画在机件的实体部分上,如遇孔、槽时波浪线必须断开。

② 波浪线不能超出视图的外形轮廓线。

③ 波浪线不应与图形上的其他图线重合。

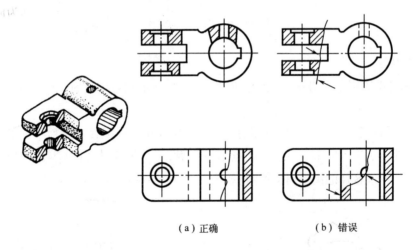

（a）正确   （b）错误

图 4-68　局部剖视图

5. 剖切方法

在画剖视图时,根据机件内部结构形状的差异,可选用不同的剖切方法来表达。

(1)单一剖切平面剖切:用一个剖切平面剖开机件的方法,称为单一剖。前面介绍过的全剖视图、半剖视图和局部剖视图就是采用这种方法画出的剖视图。

(2)几个相交的剖切平面剖切:用两相交的剖切平面或几个相交的剖切平面(交线垂直于某一基本投影面)剖开机件的方法,称为旋转剖。如图 4-69 所示。这种方法主要用来表达孔、槽等内部结构不在同一剖切平面内,但又具有同一回转轴线的机件。具体画图时,需将其中被倾斜的剖切平面剖开的结构及有关部分绕交线旋转到与选定的投影面平行后,再进行投影。

采用这种方法画出的剖视图必须进行标注。标注方法如图 4-69(b)所示,同样需标出剖切位置、投射方向和剖视图的名称。

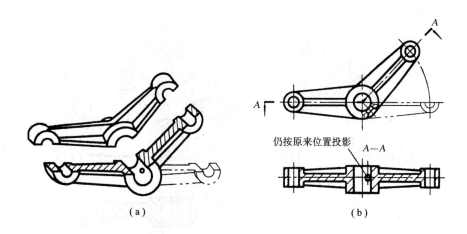

（a） （b）

图 4-69 旋转剖视图

（3）几个平行的剖切平面剖切：用几个平行的剖切平面剖开机件的方法，称为阶梯剖。如图 4-70 所示。它主要用来表达孔、槽等内部结构。适用于层次较多，但不在同一剖切平面内的机件。

采用这种方法画出的剖视图必须进行标注。标注方法如图 4-70 所示。

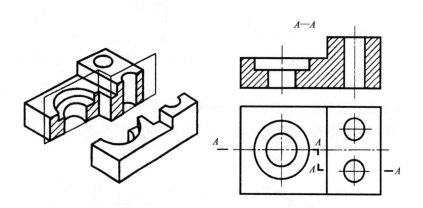

图 4-70 阶梯剖视图

（4）用不平行于任何基本投影面的剖切平面剖切：用不平行于任何基本投影面的剖切平面剖开机件的方法，称为斜剖，如图 4-71 所示。它主要用来表达机件上倾斜部分的内部结构。

采用这种方法画出的剖视图最好配置在与原视图保持投影关系的位置上，如图 4-71（b）中的 $B-B$ 所示。

6. 剖视图看图方法小结

剖视图上有剖面线，全剖的是整件；半剖中隔点画线，内外形状互相现；局部剖有波浪线，是视图与剖视的分界线；旋转、阶梯、斜剖视，可从标注来分辨。

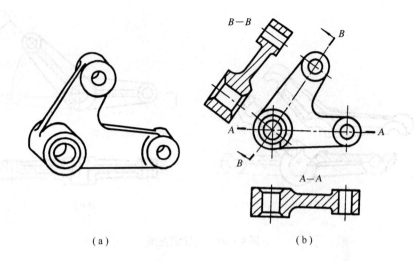

图 4 - 71 斜剖视图

三、断面

1.断面图的概念

假想用一剖切平面将机件的某处切断,仅画出其断面的图形,称为断面图,简称断面。如图 4 - 72(a)所示。断面图常被用来表达轴上的键槽、孔的深度及机件上肋板、轮辐等的断面形状。

断面图与剖视图的区别在于:断面图是仅画出机件断面形状的图形,如图 4 - 72(a)所示;而剖视图除要画出断面形状外,还需画出剖切平面后面的可见轮廓线,如图 4 - 72(b)所示。

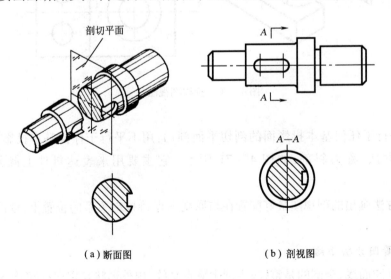

（a）断面图   （b）剖视图

图 4 - 72 断面图和剖视图

2.断面图的种类

断面图根据配置位置的不同,可分为移出断面和重合断面两类。

(1)移出断面:画在视图外的断面,称为移出断面,如图4-72(a)所示。其轮廓线用粗实线绘制。

①移出断面的画法及配置原则:

a.移出断面应尽量配置在剖切符号或剖切平面迹线(剖切平面的迹线是剖切平面与投影面的交线,在图中用细点画线表示)的延长线上。

b.当剖切平面通过回转而形成的孔或凹坑的轴线时,则这些结构按剖视图绘制,如图4-73中A-A所示。

c.当剖切平面通过非圆孔,会导致出现完全分离的两个断面时,这些结构亦应按剖视图绘制,如图4-73所示。

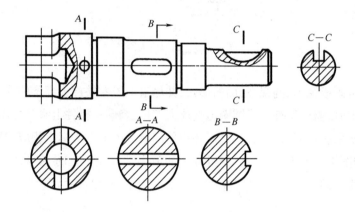

图4-73　移出断面的画法与标注

d.由两个或多个相交的剖切平面剖切得出的移出断面图,中间一般断开,如图4-74所示。

②断面图的标注:断面图一般应用剖切符号标出剖切位置,用箭头指明投射方向,并注上字母;在断面图的上方用相同的字母标出其名称"＊-＊"。

(2)重合断面:画在视图内的断面,称为重合断面,如图4-75所示。其轮廓线用细实线绘制。当视图的轮廓线与重合断面的图形重叠时,视图的轮廓线仍应连续画出,不可中断。

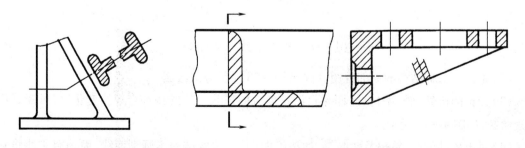

图4-74　两断面中间断开　　　　　　　　图4-75　重合断面

四、局部放大图和简化画法

1. 局部放大图

将机件上的部分细小结构,用大于原图的比例画出的图形,称为局部放大图。如图 4 - 76 所示。

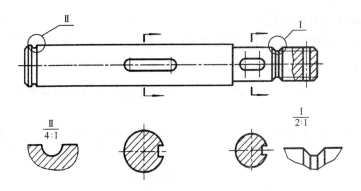

图 4 - 76　局部放大图

局部放大图可画成视图、剖视、断面的形式,并尽量配置在被放大部位的附近。

画局部放大图时,需要用细实线圆圈出被放大部位;当同一机件上有几处需同时放大时,必须用大写罗马数字依次标明被放大的部位,并在局部放大图的上方标出相应的罗马数字与所采用的放大比例,如图 4 - 76 中的字样。当机件上的放大部位仅一处时,则只要在局部放大图的上方标出放大的比例即可。

2. 简化画法

(1)当机件具有若干相同结构,如齿、槽等,只要画出几个完整的结构,其余用细实线连接,并注明该结构的总数,如图 4 - 77 所示。

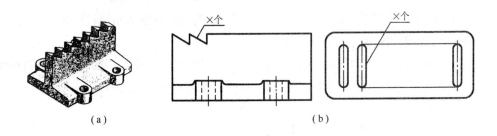

（a）　　　　　　　　　　　　　　　　　（b）

图 4 - 77　相同结构要素的画法

(2)零件上对称结构的局部视图,可按图 4 - 78 所示方法绘制。

(3)较长的机件(轴、型材、连杆等),沿长度方向形状一致或按一定规律变化时,可断开后缩短绘制,如图 4 - 79 所示。

(4)对于机件的肋、轮辐及薄壁等,如按纵向剖切,这些结构不画剖面线,而用粗实线将它与其邻接部分分开,如图 4 - 80 所示。

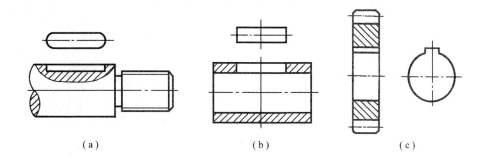

（a）　　　　　　　　　　（b）　　　　　　　　　　（c）

图 4 – 78　局部视图的简化画法

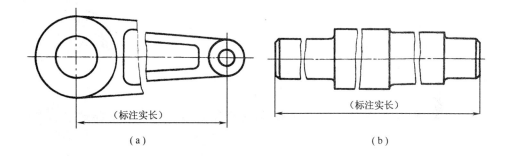

（标注实长）　　　　　　　　　　　　（标注实长）

（a）　　　　　　　　　　　　　　　　　（b）

图 4 – 79　较长机件折断画法

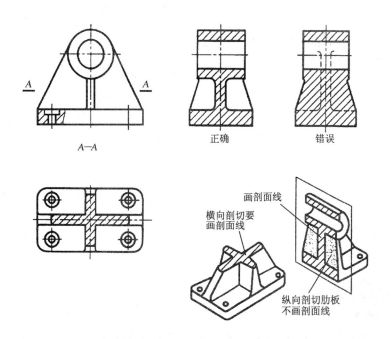

图 4 – 80　机件上肋的剖视图表达方法

（5）回转体机件上均匀分布的肋、轮辐、孔等结构不处于剖切平面上时，可将这些结构旋转到剖切平面上画出，如图4－81所示。

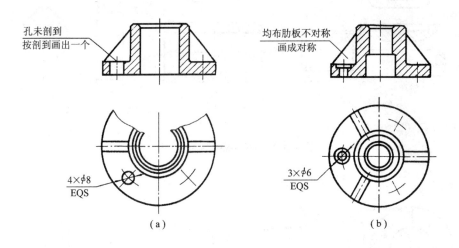

图4－81　回转体机件上均布结构的简化画法

（6）小的圆角、倒角在零件图中可不画，但必须注明尺寸或在技术要求中加以说明，如图4－82所示。

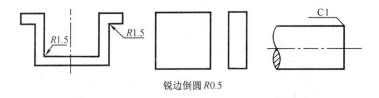

图4－82　圆角、倒角的简化画法

第十节　零件图

任何机器或部件，都是由若干个零件按一定的装配要求装配而成的。表达零件的结构、大小与技术要求的图样，称为零件图，它是设计部门提交给生产部门的重要技术文件。根据零件的作用及结构的不同，通常分为轴套类零件、轮盘类零件、叉架类零件和箱体类零件。

一、零件图的作用和内容

1. 零件图的作用

零件图反映了设计者的意图，表达了机器或部件对零件的要求。在生产中，零件图是进行加工制造和检验零件的主要依据，也是交流技术的重要技术资料。

2. 零件图的内容

一张完整的零件图一般应包括以下几项基本内容：

（1）一组视图：用以完整清晰地表达出零件的结构和形状。

（2）全部尺寸：提供制造和检验零件所需的全部尺寸。

（3）技术要求：用规定的代号、数字和文字简明地表示出在制造和检验时，技术上应达到的要求。

（4）标题栏：在零件图的右下角，用标题栏写明零件的名称、数量、材料、比例、图号以及设计、制图、校核人员签名和绘图日期。应特别注意，标题栏的方向就是看图的方向。

图4-83所示为主动轴零件图，表明一张零件图的基本内容。

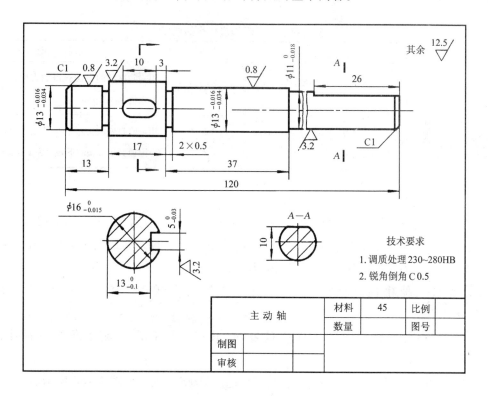

图4-83 主动轴零件图

二、零件图中的技术要求

在零件图中，应具备加工和检验零件的技术要求，零件图中的技术要求主要包括以下内容：

（1）零件的表面粗糙度。

（2）尺寸公差、形状公差和位置公差。

（3）对零件的材料热处理和表面修饰等文字说明。

以上内容可以用国家标准规定的代号或符号在图中注出，也可以用文字或数字在零件图右下方适当的位置写明。图4-83所示的主轴零件图中就是以符号、代号或文字说明了该零件在制造时应达到的技术要求。

1. 表面粗糙度

（1）表面粗糙度的基本概念：表示零件表面具有较小间距和峰谷所组成的微观几何形状特性，称为表面粗糙度。

评定表面粗糙度的参数有：轮廓算术平均偏差 R_a、轮廓微观不平度十点高度 R_z、轮廓最大高度 R_y。优先选用轮廓算术平均偏差 R_a。R_a 值愈小，表示表面质量要求愈高，但加工成本也愈高。表面粗糙度参数的单位是 μm，注写 R_a 时，省略单位。R_a 常用的数值有：25，12.5，6.3，3.2，1.6，0.8，0.4 等。

（2）表面粗糙度的代号：在 GB/T 131—93 中规定，表面粗糙度符号是由规定的符号和有关参数值组成的。表面粗糙度代号的意义见表 4-1。

表 4-1　表面粗糙度代号的意义

代　号	意　义　及　说　明	代　号	意　义　及　说　明
3.2 ∨	用任何方法获得的表面粗糙度，R_a 的上限值为 3.2 μm	3.2 ∨	用去除材料的方法获得的表面粗糙度，R_a 的上限值为 3.2 μm
3.2 ∨	用不去除材料的方法获得的表面粗糙度，R_a 的上限值为 3.2 μm	3.2 1.6 ∨	用去除材料的方法获得的表面粗糙度，R_a 的上限值为 3.2 μm，下限值为 1.6 μm

（3）表面粗糙度代号在图样上的标注：

①在同一图样上，每一个表面一般只注一次粗糙度代号，且应注在可见轮廓线、尺寸界线、引出线或它们的延长线上，并尽可能靠近有关尺寸线。符号的尖端必须从材料外指向材料表面。参数值大小、书写方法均与尺寸数字相同。

②较多的一种粗糙度代号统一注在图样的右上角，并加注"其余"二字，如图 4-84 所示。

③当所有表面具有相同的表面粗糙度时，其代号可在图样右上角统一标注，如图 4-85 所示。

④用细实线连接的不连续的同一表面，其粗糙度只标注一次，如图 4-86 所示。

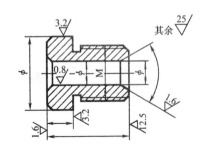

图 4-84　粗糙度代号注法

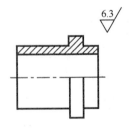

图 4-85　相同表面粗糙度代号注法

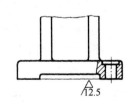

图 4-86　不连续的同一表面粗糙度代号注法

⑤零件上的连续表面及重复要素如孔、槽、齿等的表面,其粗糙度代号只标注一次,如图4-87所示。

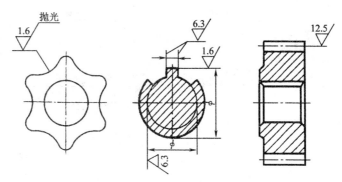

图4-87　连续表面粗糙度代号注法

2. 公差与配合

(1)公差:

①互换性的概念:同一批零件,不经挑选和辅助加工,任取一个就可顺利地装到机器上去,并满足机器的性能要求,零件的这种性能称为互换性。

②公差:测量的尺寸与理论尺寸之差称为误差,允许的尺寸变动量就是尺寸公差(简称公差)。

③公差表达的形式:

a. 极限偏差:$\phi 50^{-0.025}_{-0.05}$。

其含义为:基本尺寸为$\phi 50$,上偏差为-0.025,下偏差为-0.05,最大极限尺寸为$\phi 49.975$,最小极限尺寸为$\phi 49.95$

$$公差 = 上偏差 - 下偏差 = -0.025 - (-0.05) = 0.025$$

b. 公差带代号:公差带代号由基本偏差和标准公差等级组成,如$\phi 50f7$。

基本偏差指靠近零线的那个偏差,表示公差带的位置。轴用小写拉丁字母表示,孔用大写拉丁字母表示,各有28个,如图4-88所示。其中H(h)的基本偏差为零,常作为基准孔或基准轴的偏差代号。

标准公差表示公差带的大小,分为20个等级,即IT01,IT0,IT1,IT2……IT18。IT表示标准公差,数字表示公差等级,等级越小,精度越高。

(2)配合:基本尺寸相同的、相互结合的孔和轴的公差带之间的关系,称为配合。

①配合制度:采用基准制。

a. 基孔制:基本偏差为H的孔与不同基本偏差的轴相配合的制度,叫基孔制。

b. 基轴制:基本偏差为h的轴与不同基本偏差的孔相配合的制度,叫基轴制。

②配合种类:配合种类分为间隙配合、过盈配合和过渡配合(配合后孔和轴可能为间隙配合,也可能为过盈配合)三种。

③配合代号:$\phi 50\dfrac{H7}{f6}$,表示$\phi 50H7$的孔与$\phi 50f6$的轴相配合。是基孔制,间隙配合。

(3)公差与配合的标注:

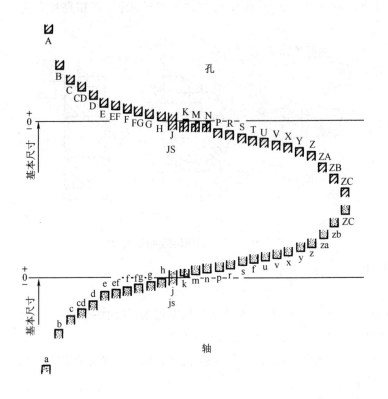

图 4 - 88　孔、轴的基本偏差系列

①零件图中的尺寸公差标注:零件图中的尺寸公差标注有三种形式:标注基本尺寸及上、下偏差值(常用方法),标注公差带代号或既标注上、下偏差值又标注公差带代号,如图4 - 89所示。

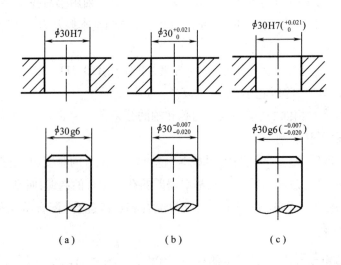

图 4 - 89　零件图中尺寸公差的标注

② 装配图上配合尺寸的标注:装配图上配合尺寸的标注如图4-90所示。

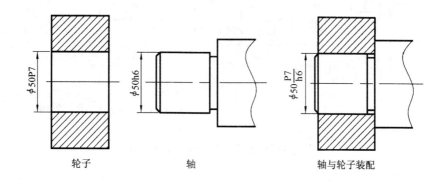

轮子　　　　　　　　　　轴　　　　　　　　　　轴与轮子装配

图4-90　公差配合在装配图上的标注

3. 形状和位置公差

形状和位置公差简称形位公差,是指零件的实际形状和实际位置对理想形状和理想位置的允许变动量。

(1)形位公差的项目和符号:形位公差的项目和符号如表4-2所示。

表4-2　形位公差的项目和符号(GB/T 1182—1996)

公　　差		特征项目	符　号	有或无 基准要求	公　　差		特征项目	符　号	有或无 基准要求
形 状	形 状	直线度	——	无	位 置	定 向	平行度	//	有
		平面度	▱	无			垂直度	⊥	有
		圆度	○	无			倾斜度	∠	有
		圆柱度	⌀	无		定 位	位置度	⊕	有或无
							同轴(同心)度	◎	有
形状 或 位置	轮 廓	线轮廓度	⌒	有或无			对称度	═	有
		面轮廓度	⌓	有或无		跳 动	圆跳动	↗	有
							全跳动	↗↗	有

(2)形位公差的标注:

①形位公差代号:形位公差代号包括形位公差有关项目符号、形位公差框格及指引线、形位公差值和其他相关符号、基准代号等。形位公差代号和基准代号如图4-91所示。

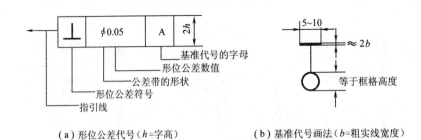

（a）形位公差代号（h=字高）　　　　（b）基准代号画法（b=粗实线宽度）

图4-91　形位公差代号和基准代号

②标注：

a. 被测要素或基准要素为表面轮廓时，指引线或基准连线与尺寸线错开。

b. 被测要素或基准要素为轴线或对称平面时，指引线或基准连线与尺寸线对齐。

4. 常用工程材料简介

（1）碳素结构钢：主要用于制造各种工程构件。例如桥梁、船舶、建筑件等。常用牌号为 Q195，Q215，Q235，Q255，Q275。

牌号中符号的含义为：如 Q235，"Q"指钢材屈服点的"屈"字汉语拼音首位字，235 指屈服点为 235 N/mm^2（$1N/mm^2 = 1MPa$）

（2）优质碳素结构钢：主要用于制造各种机械零件，如齿轮、轴、螺栓、螺母、曲轴、连杆等。这类钢一般都属于低碳、中碳钢。

碳素结构钢的牌号为 08F，08，10F，10，15，20，25，30，…，85；15 Mn，20 Mn，25 Mn，…，70 Mn。

常用牌号为 15，20，45，60，65 Mn。

牌号中符号的含义为："F"指沸腾钢；"Mn"指金属锰，表示较高含锰量（含锰量为0.7% ~ 1.0%）；数字表示平均含碳量的万分之几，如 45 钢，指含碳量为万分之四十五，即 0.45%，读作45 号钢，钢号写为 45。

优质碳素结构钢中，含碳量越高，则强度和硬度越高，而塑性和韧性则越低。

（3）碳素工具钢：碳素工具钢的牌号为 T7，T8，…，T13；T7A，T8A，…，T13A。

牌号中符号含义为："T"表示碳素工具钢；数字表示含碳量的千分之几，如 T8 表示含碳量为千分之八，即0.8%的碳素工具钢；A 表示高级优质，即有害杂质 S、P 含量小。

（4）合金钢：如 40Cr，20CrMnTi，60Si2Mn，9SiCr，W18Cr4V 等。

合金元素前有两位数字，该数字表示平均含碳量的万分之几；合金元素前只有一位数字，该数字表示平均含碳量的千分之几；合金元素前无数字，表示平均含碳量为 1% 左右。当钢中合金元素的平均含量小于 1.5% 时，钢号中只标出元素符号；当合金元素的含量大于 1.5%，2.5%，3.5%……时，在该元素后面相应地标出 2，3，4……例如 60Si2Mn，表示该合金钢的含碳量为 0.6%，Si 的含量约为 2%，Mn 的含量约小于 1.5%。

（5）铸铁：如 HT 150，HT 200，HT 250……

HT 200 表示该灰铸铁的抗拉强度为 200 MPa 。

QT 400—18 表示该球墨铸铁的抗拉强度为 400 MPa,延伸率为 18% 。

三、读零件图

读零件图的目的是为了弄清零件的形状、结构、尺寸和技术要求,并了解零件的名称、材料和用途。必须掌握读零件图的基本方法和步骤,达到迅速、准确地阅读零件图的目的。读零件图的基本要求是:

(1)了解零件的名称、材料和用途。

(2)了解各零件组成部分的几何形状、相对位置和结构特点,想象出零件的整体形状。

(3)分析零件的尺寸和技术要求。

1. 读零件图的方法和步骤

(1)读标题栏:了解零件的名称、材料、画图的比例、重量,从而大体了解零件的功用。对于较复杂的零件,还需要参考有关的技术资料。

(2)分析视图,想象结构形状:分析各视图之间的投影关系及所采用的表达方法。看视图时,先看主要部分,后看次要部分;先看整体,后看细节;先看容易看懂的部分,后看难懂部分。按投影对应关系分析形体时,要兼顾零件的尺寸及其功用,以便帮助想象零件的形状。

(3)分析尺寸:了解零件各部分的定形尺寸、定位尺寸和零件的总体尺寸,分析尺寸所用的基准。

(4)看技术要求:零件图的技术要求是制造零件的质量指标。分析技术要求,结合零件表面粗糙度、公差与配合等内容,以便弄清加工表面的尺寸和精度要求。

(5)综合考虑:把读懂的结构形状、尺寸标注和技术要求等内容综合起来,就能比较全面地读懂零件图。

2. 读零件图举例

(1)轴套类零件:如图 4 - 83 所示,轴套类零件的基本形状是同轴回转体,沿轴线方向通常有轴肩、倒角、螺纹、退刀槽、键槽等结构要素。此类零件主要是在车床或磨床上加工。

①看标题栏:从标题栏中可知零件的名称是主动轴,其材料为 45(称 45 号钢),属于轴类零件。

②视图选择分析:按加工位置,轴线水平放置作为主视图,结合尺寸可看出该轴是由多段圆柱体所组成,为了表示键槽和小平面的深度,选择了两个移出断面图。

③尺寸标注分析:轴的径向尺寸基准是轴线,标注出了各段轴的直径;轴的最大直径为 16,总长为 120; 2×0.5 表示槽宽为 2 mm,槽深为 0.5 mm;键槽的定位尺寸是 3,定形尺寸是:槽宽为 5,槽深为 $(16-13)$,槽长为 10;C1 是 $1 \times 45°$ 的倒角。

④看技术要求:直径为 $\phi 13$ 的两段圆柱,其表面粗糙度 R_a 的值为 0.8 μm,是该零件要求最高的表面。

(2)盘盖类零件:如图 4 - 92 所示。

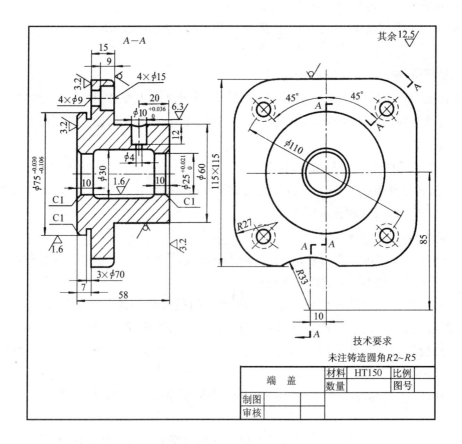

图4-92　端盖零件图

盘盖类零件的结构特点是轴向尺寸小而径向尺寸大,零件的主体多数是由共轴回转体构成,也有主体形状是矩形的,并在径向分布有螺孔或光孔、销孔等。主要是在车床上加工。

①看标题栏:从标题栏中可知零件的名称是端盖,其材料为HT150,属于盘盖类零件。

②视图选择分析:该端盖选择了两个视图,主视图是轴向剖视图(复合剖),另一个是径向视图。如图4-92所示,端盖的主视图采用全剖视,表达端盖的轴向结构层次。左视图表达了端盖径向结构形状特征,是大圆角方形结构,分布四个沉头孔。

③尺寸标注分析:图4-92所示端盖的主视图选左端面为零件长度方向尺寸基准,轴孔等直径尺寸,都是以轴线为基准标注出的。

④看技术要求:该零件表面粗糙度要求最高R_a为1.6 μm,其余R_a为12.5 μm,未注铸造圆角为$R2 \sim R5$。

(3)叉架类零件:如图4-93所示。

叉架类零件主要起支承和连接作用,其结构形状比较复杂,且不大规则。需要在多种机床上加工。

①看标题栏:从标题栏中可知零件的名称是踏脚座,其材料为HT150,属于叉架类零件。

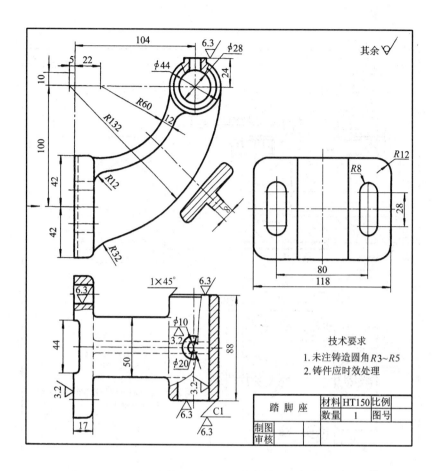

图 4 – 93　踏脚座零件图

②视图选择分析:该零件采用了主视和俯视两个基本视图、一个移出断面图、一个局部视图表示。主视图和俯视图上共有三处局部剖。可看成由轴承(圆柱筒)、安装板和肋所组成,局部视图表达安装板左端面的形状。用移出断面图表达肋的断面形状。

③尺寸标注分析:该踏脚座选用安装板左端面作为长度方向的尺寸基准,选用安装板的水平对称面作为高度方向的尺寸基准,选零件的前后对称面作为宽度方向的尺寸基准。总长为 104 + 22,总宽为 118,总高为 42 + 100 + 24。安装板上长圆形孔的定形尺寸为 R8、28,定位尺寸为 80。圆柱筒的定形尺寸为 $\phi28$、$\phi44$、88,定位尺寸为 100、104。

④看技术要求:该踏脚座的加工面表面粗糙度为 3.2 μm 和 6.3 μm,要求最高 R_a 为 3.2 μm,其余为不加工的铸造表面,未注铸造圆角为 R3 ~ R5,铸件应时效处理。

(4)箱体类零件:如图 4 – 94 所示。

①看标题栏:从标题栏中可知零件的名称是缸体,其材料为 HT200(铸铁),属于箱体类零件。

②分析视图:图 4 – 94 中采用三个基本视图。主视图为全剖视图,表达缸体内腔结构形状,内腔的右端是空刀部分,$\phi8$ 的凸台起限定活塞工作位置的作用,上部左右两个螺孔是连接油管

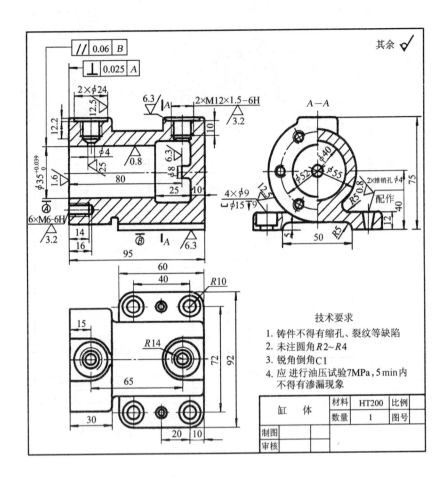

图4-94 缸体零件图

用的螺孔。俯视图表达了底板形状和四个沉头孔、两个圆锥销孔的分布情况以及两个螺孔所在凸台的形状。左视图采用A—A半剖视图和局部视图,它们表达了圆柱形缸体与底板的连接情况,连接缸盖螺孔的分布和底板上的沉头孔。

③分析尺寸:缸体长度方向的尺寸基准是左端面,从基准出发标注定位尺寸80、15,定形尺寸95、30等,并以辅助基准标注了缸体和底板上的定位尺寸10、20、40,定形尺寸60、R10。宽度方向的尺寸基准是缸体前后对称面的中心线,并标注出底板上的定位尺寸72和定形尺寸92、50。高度方向的尺寸基准是缸体底面,并标注出定位尺寸40,定形尺寸5、12、75。

④看技术要求:缸体活塞孔$\phi 35$是工作面,并要求防止泄漏;圆锥孔是定位面,所以表面粗糙度R_a的最大允许值为0.8;其次是安装缸盖的左端面,为密封面,R_a的值为1.6。$\phi 35$的轴线与底板安装面B的平行度公差为0.06;左端面与$\phi 35$的轴线垂直度公差为0.025。因为油缸的工作介质是压力油,所以缸体不应有缩孔,加工后还要进行打压试验。

⑤综合分析:总结上述内容并进行综合分析,对缸体的结构特点、尺寸标注和技术要求等,会有比较全面的了解。

第十一节　装配图

机器和部件都是由若干个零件按一定装配关系和技术要求装配起来的。表达产品及其组成部分间联接装配关系的图样,称为装配图。

一、装配图的作用与内容

1. 装配图的作用

装配图是生产中重要的技术文件之一。它主要表达机器和部件的结构、形状、装配关系、工作原理和技术要求,是安装、调试、操作、检修机器和部件的重要依据。

2. 装配图的内容

从图 4-95 滑动轴承的装配图中可以看出,一张完整的装配图应具有以下几方面的内容:

(1)一组视图:用来表达机器或部件的工作原理、各零件间的装配关系、联接方式和主要零件的结构形状等。

(2)必要的尺寸:表示机器或部件的性能(规格)尺寸、装配尺寸、安装尺寸、总体尺寸和设计时确定的重要尺寸。

(3)技术要求:用文字或符号说明机器或部件的性能及装配、安装、调试、使用和维护等方面的要求。

(4)零件的序号、明细栏和标题栏:在装配图上,必须对每一个零件编写序号,并在明细栏中依次列出零件序号、名称、数量和材料等有关内容。在标题栏中,写明装配图的名称、图号、绘图比例以及有关人员签名等。

二、装配图的表达方法

装配图的表达方法与零件图基本相同。零件的各种表达方法,如视图、剖视图、断面图和局部放大图等,同样适用于装配图。但是,零件图所表达的是单个零件,需要把零件的各部分结构全部表达清楚,而装配图要表达的是由若干零件组成的装配体,侧重于把装配体的工作原理、装配关系、相对位置等表达清楚。因此,装配图还有一些规定画法和特殊表达方法。

1. 装配图画法的基本规定

(1)两相邻零件的接触面和配合面,只画一条轮廓线;相邻两零件不接触或不配合的表面,即使间隙很小,也必须画两条线。

(2)在同一装配图中,同一零件在不同剖视图中的剖面线应方向一致、间隔相等。不同零件的剖面线应方向不同或间隔不等。

(3)当剖切平面通过螺纹紧固件以及实心轴、手柄、连杆、球、销、键等零件的轴线时,这些零件均按不剖绘制。

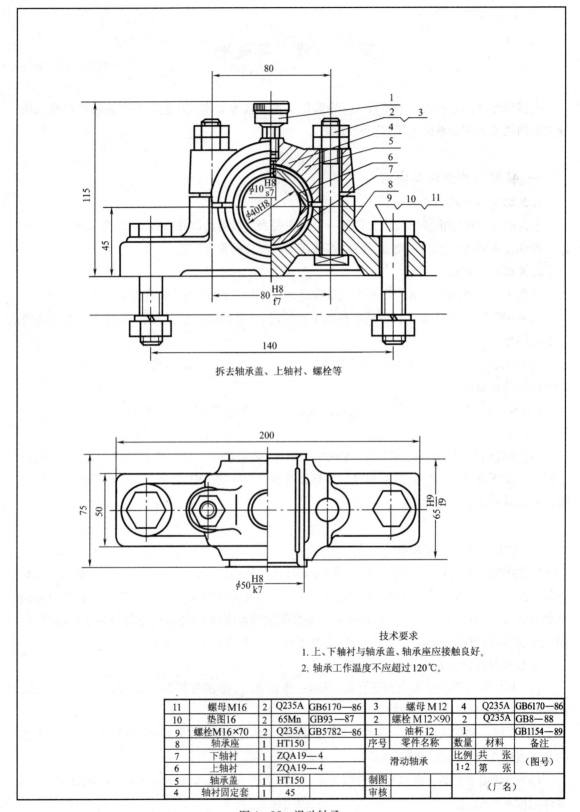

拆去轴承盖、上轴衬、螺栓等

技术要求

1. 上、下轴衬与轴承盖、轴承座应接触良好。
2. 轴承工作温度不应超过120℃。

11	螺母M16	2	Q235A	GB6170—86	3	螺母 M12	4	Q235A	GB6170—86
10	垫图16	2	65Mn	GB93—87	2	螺栓 M12×90	2	Q235A	GB8—88
9	螺栓M16×70	2	Q235A	GB5782—86	1	油杯12	1		GB1154—89
8	轴承座	1	HT150		序号	零件名称	数量	材料	备注
7	下轴衬	1	ZQA19—4			滑动轴承	比例 1:2	共 张 第 张	（图号）
6	上轴衬	1	ZQA19—4						
5	轴承盖	1	HT150		制图				（厂名）
4	轴衬固定套	1	45		审核				

图 4 – 95　滑动轴承

2.装配图的特殊表达方法

(1)沿结合面剖切或拆卸画法:在装配图中,当某些零件遮住了所需表达的其他部分时,可假想沿某些零件的结合面剖切或拆卸某些零件后绘制,并标注"拆去＊＊零件"。如图4－95的俯视图,为了清楚地表达下轴衬与轴承座的装配关系,同时又反映出油杯、螺栓与轴承盖的主要形状及装配关系,假想将轴承盖、上轴衬等零件拆去一半,同时拆去右边的一组螺栓、螺母后再画图。必须注意,横向剖切的实心零件,如轴、螺栓、销等,应画出剖面线,而结合处不画剖面线。

(2)简化画法:

①在装配图中,对于结构相同而又重复出现的标准件,如螺栓、螺钉、垫圈、螺母等,可详细地画出一处,其余只需用点画线表示其位置,并在明细栏中标明数量。如图4－96所示。

②零件的工艺结构,如圆角、倒角、退刀槽等细节可省略不画;装配图中的标准件可采用简化画法;螺栓头部、螺母的倒角及因倒角而产生的曲线允许省略。如图4－96所示。

(3)夸大画法:在装配图上,对薄垫片、小间隙、小锥度等,允许将其适当夸大画出,以便于画图和看图。如图4－96所示。

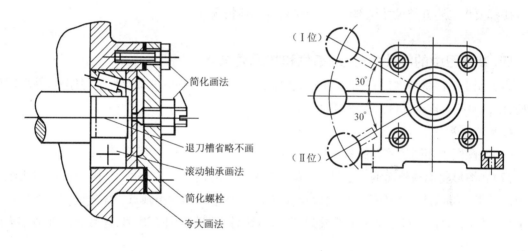

图4－96　简化画法与夸大画法　　　　　图4－97　假想画法

(4)假想画法:为了表示某个零件的运动极限位置或部件与相邻部件的装配关系,可用双点画线画出其轮廓。如图4－95中,为了表示滑动轴承在机架上的安装情况,用双点画线画出了机架板的轮廓;在图4－97中,用双点画线表示了手柄的极限位置。

三、装配图的尺寸标注

装配图是控制装配质量、表明零部件之间装配关系的图样。因此,装配图只需标注出下列几类尺寸(以图4－95为例)。

1.性能(规格)尺寸

性能(规格)尺寸是表示机器或部件性能(规格)的尺寸,是设计、了解和选用该机器或部件的依据,如轴承孔直径 ϕ40,表明该滑动轴承所支承轴的直径为 40 mm。

2. 装配尺寸

装配尺寸是表示零件间装配关系的尺寸,包括零件之间的配合尺寸、装配中需要保证的相对位置尺寸。如 ϕ10H8/s7、80H8/f7、ϕ50H8/k7、65H9/f9 及轴承孔的中心高 45 等。

3. 安装尺寸

安装尺寸是表示将部件安装到机器上或将机器安装到机座上所需要的尺寸,如滑动轴承座体上两安装孔的中心距 140。

4. 外形尺寸

外形尺寸是表示机器或部件整体轮廓的大小尺寸,即总长、总宽和总高。它为包装、运输和安装时所占的空间大小提供了依据。如滑动轴承的总长 200、总宽 75、总高 115 等。

5. 其他重要尺寸

其他重要尺寸如零件运动的极限尺寸、主要零件的重要尺寸等。如图 4-95 中连接轴承盖与轴承座体的两组螺栓的中心距 80,图 4-97 中运动件的极限位置尺寸 30°。

以上五类尺寸并不是孤立的,有的尺寸同时有几种含义。因此在标注装配图的尺寸时,不是一律都要将上述五类尺寸全部注齐,而是要依具体情况而定。

四、装配图中的零件序号、明细栏和技术要求

为了便于图样管理、看图及组织生产,装配图上必须对每种零件或部件编写序号,并填写明细栏,以说明各零件或部件的名称、数量和材料等。

1. 零件序号

(1)装配图中相同的零部件只编一个序号。

(2)在图形轮廓的外面编写序号,并填写在指引线的横线上或小圆中,横线或小圆用细实线画出。指引线从所指零件的可见轮廓线内引出,并在末端画一小圆点。序号的字号要比尺寸数字大一号或两号,也可不画水平线或圆,在指引线另一端附近注写序号,序号比尺寸数字大两号,如图 4-98 所示。

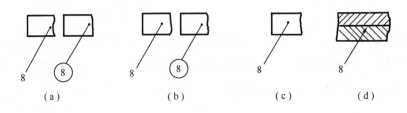

图 4-98　零件序号

(3)指引线互相不能相交,当它通过有剖面线的区域时,不应与剖面线平行,必要时,可将指引线弯折一次。

(4)一组紧固件以及装配关系清楚的零件组,可以采用公共指引线,如图 4-99 所示。

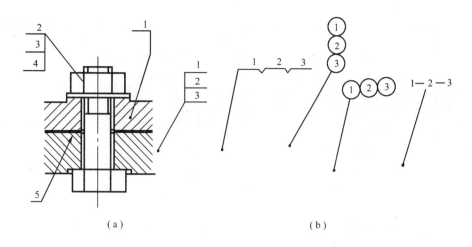

（a） （b）

图 4 - 99 指引线

（5）零部件序号应沿水平或垂直方向按顺时针（或逆时针）方向顺序排列整齐。

（6）标准件（如电动机、滚动轴承、油杯等）在装配图上只编写一个序号。

2. 明细栏

明细栏是装配图中全部零部件的详细目录，它直接画在标题栏上方，序号由下向上顺序填写，如位置不够可在标题栏左边画出，外框为粗实线，内格为细实线。

五、读装配图及拆画零件图

在安装、维修和设计中往往要阅读装配图，并从装配图上拆画零件图。本节将讨论如何读装配图及从装配图上拆画零件图。

1. 读装配图的要求

（1）了解装配体的名称、用途、性能、结构和工作原理。

（2）搞清各零件的主要结构形状和作用。

（3）明确各零件之间的装配关系及联接特点。

2. 读装配图的方法和步骤

例 读钻模装配图（图 4 - 100）。

（1）概括了解：从标题栏和有关说明书中，了解机器或部件的名称、用途和工作原理。并从零件明细栏对照图上的零件序号，了解零件和标准件的名称、数量和所在位置。

从图 4 - 100 的标题栏及明细栏可知，该部件为钻模，画图比例为 1:1，由 6 种共 8 个零件组成，其中铸件 2 件，其余为钢件。整个装置的体积较小，结构比较简单。钻模是一种在钻孔加工时对中和定位用的装置。钻孔时，手持手把 5，将钻模下部的方孔套于被钻零件的突出结构上，钻头以套筒 4 的孔对中，进行钻孔加工。

（2）分析视图：了解视图的名称、数量及每个视图的表达重点，弄清各视图之间的关系。

钻模共用四个视图，主视图为阶梯剖的 $A - A$ 全剖视图，按工作位置画出，表达了除销 6 以

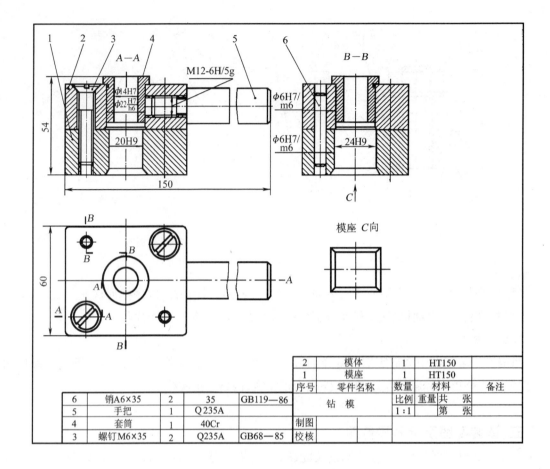

图 4－100　钻模装配图

外所有零件的装配关系,同时也较好地反映了钻模的形状特征。左视图为阶梯剖的 $B－B$ 全剖视图,除了从另一个方向表达模座1、模体2、套筒4的关系外,还反映了销6与模座1、模体2之间的联接关系。俯视图表达了钻模俯视方向的外形以及螺钉3、销6、套筒4、手把5的位置。采用 C 向局部视图则单独表示了模座1上长方孔的形状。

(3)分析零件和零件间的装配关系:分析零件就是弄清每个零件的结构形状和作用,同时还应了解零件间的联接方式、配合关系及运动情况,这是看懂装配图的重要环节。在分析零件时,可借助于零件的件号、不同方向和不同间隔的剖面线,把一个一个零件的视图从装配图中划分出来,然后对照投影关系,想象出它们的结构形状。

在图4－100中,模体2和模座1是钻模上的两个主要零件,根据剖面线方向很容易找出它们在主视图中的投影轮廓,结合俯视图和左视图可知其基本形状是外形尺寸完全相等的长方体。模体和模座用两个圆柱销6定位,并用两只沉头螺钉3联接。模体正中的圆孔上装有套筒4,它们的配合尺寸为 $\phi22H7/h6$。套筒4上有一个 $\phi14H7$ 的孔,钻孔时钻头以该孔对中。模座1正中有一个尺寸为 $20H9 \times 24H9$ 的长方孔,钻孔时,该孔则套于被钻零件的突出结构上。为保证对中,长方孔的中心线应与套筒上 ϕ14H7 孔的轴线重合。手把 5 左端带有螺纹的头部则拧入模体 2 的螺孔中,使其与模体连成一体。根据被钻零件突出结构的不同形状可更换模座 1,使模座上的长方孔与零件上突出结构的形状一致。根据被钻孔的大小可更换套筒 4。因此,模座上长方孔的尺寸和套筒上圆孔的尺寸是钻模的规格和性能尺寸。

(4)归纳总结,看懂全图:在以上分析的基础上,进一步分析零件的拆装顺序及部件的构造特点,并结合尺寸、技术要求等进行全面的归纳总结,形成一个完整的概念,达到看懂装配图的目的。

图 4 - 100 中,钻模的拆装顺序为:先打出两个圆柱销 6,再旋出两只沉头螺钉 3,模体 2 和模座 1 即可分离。把套筒从模体 2 中取出,再将手把从模体 2 的螺孔中旋出,全部零件拆卸完毕。装配的顺序则和拆卸顺序相反。

所注尺寸,除规格(性能)尺寸 ϕ14H7 及 20H9、24H9 外,钻模上的装配尺寸还有:套筒 4 与模体 2 的配合尺寸 ϕ22H7/h6,手把 5 与模体 2 的螺纹连接尺寸 M12 - 6H/5g,圆柱销 6 与模体 2 及模座 1 的配合尺寸 ϕ6H7/m6。此外,图 4 - 100 中还注出了钻模的外形尺寸为 150 × 60 × 54。图 4 - 101 为钻模的轴测图。

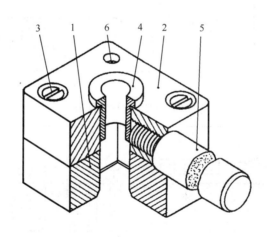

图 4 - 101　钻模轴测图
1—模座　2—模体　3—螺钉　4—套筒　5—手把　6—销

在读图过程中,上述读图步骤不能截然分开,应视具体情况交替进行。在具备了一定的生产知识并通过反复地读图实践后,可进一步掌握阅读装配图的能力。

(5)由装配图拆画零件图:由装配图拆画零件图是设计工作的重要环节,也是检验是否读懂装配图的有效方法。拆画零件图一般按以下步骤进行。

①确定视图方案:装配图的视图表达方案是由机器或部件的整体要求确定的,而装配图的表达方案对表达其中某个零件的结构形状来说不一定很恰当。因此,在拆画零件图时不能按照装配图的视图表达方案简单照抄,应根据所画零件的结构形状按零件的视图选择原则重新考虑。

例如图 4 - 100 中的套筒 4,在装配图中按轴线呈铅垂位置画出。单独表示该零件时,则应按轴线水平(加工位置)画出,采用单一剖切面剖切的全剖视图加上标注的直径尺寸,即可表示清楚,如图 4 – 102、4 – 103 所示。

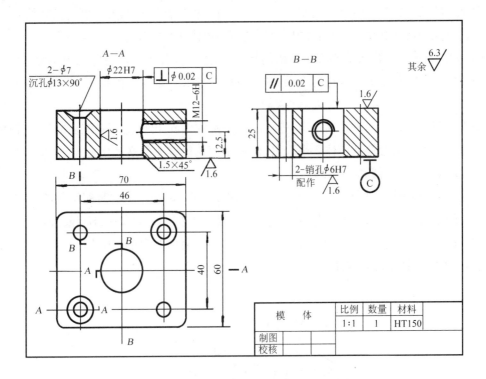

图 4 – 102 模体零件图

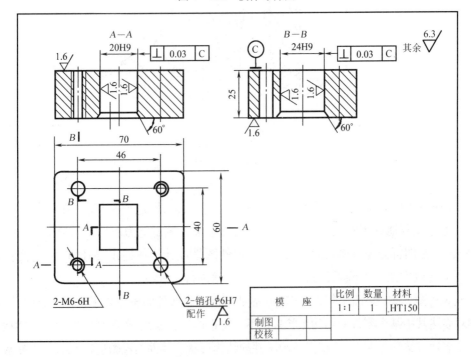

图 4 – 103 模座零件图

②补全零件的结构形状:装配图中零件的工艺结构(如倒角、倒圆等)通常省略不画,在拆画零件图时均应表示清楚(图4-102、图4-103、图4-104、图4-105)。对某些零件上未能表达清楚的结构,应根据零件的功用及结构知识补充完整。

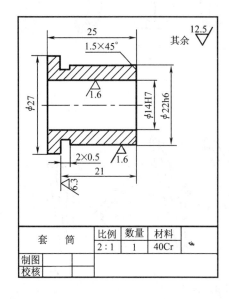

图4-104　套筒零件图

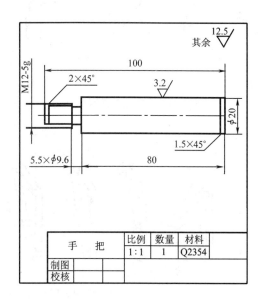

图4-105　手把零件图

③确定零件的尺寸:在装配图上标注的几类尺寸,都是部件或部件中的主要零件在设计时确定的重要尺寸,拆画零件图时不能随意更改。在装配图上对未注的零件尺寸,一般可按比例在图形中直接量取,并尽量取整数值。螺纹、键槽、销孔等已标准化的尺寸应查阅有关标准确定。

④确定技术要求:零件的表面粗糙度,应分析零件表面的使用情况、加工方法,参阅有关资料或同类产品的图纸,采用类比的方法确定。零件其他技术要求的确定也可采用类似的方法。

第十二节　平面四连杆机构的常用结构

一、构件的结构

1. 带转动副的构件

连杆机构中的构件有杆状、块状、偏心轮、偏心轴和曲轴等型式。当构件上两转动副轴线间距较大时,一般做成杆状。图4-106所示为带两个转动副的双副杆结构,图4-107所示为带三个转动副的三副杆结构。杆状结构的构件应尽量做成直杆,如图4-106(a)和图4-107(a)所示。有时为了避免构件之间的运动干涉,也可将杆状构件做成其他结构,如图4-106(b)和图4-107(b)所示。带三个转动副的三副杆的结构设计较为灵活,与三个转动副的相对位置和构件的加工工艺有关,图4-108为8种典型的结构型式。另外,根据对构件强度、刚度等要求的不同,可以将构件的横截面设计成不同的形状,如图4-109所示。

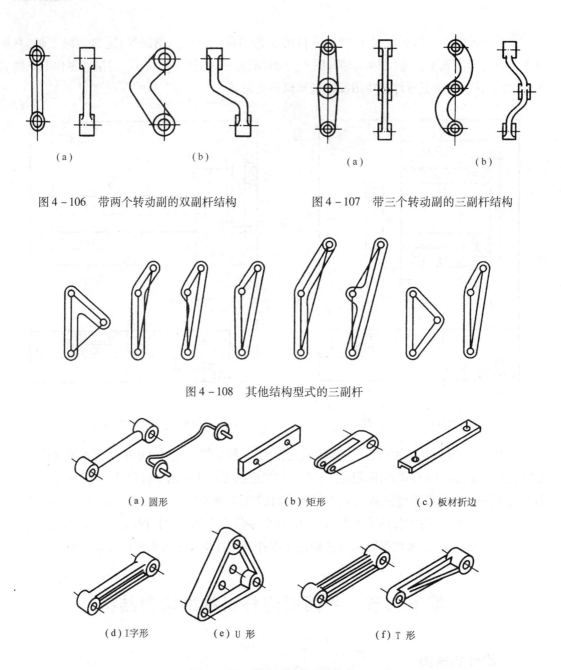

（a）　　　　　　　　　　　　（b）　　　　　　　　　　（a）　　　　　　　　　（b）

图4-106　带两个转动副的双副杆结构　　　图4-107　带三个转动副的三副杆结构

图4-108　其他结构型式的三副杆

（a）圆形　　　　　　　　（b）矩形　　　　　　　（c）板材折边

（d）I字形　　　　（e）U形　　　　　　（f）T形

图4-109　具有不同截面的构件

　　块状构件大都是作往复移动的构件,其结构和形状与移动副的构造有关,故在移动副的结构设计中讨论。

　　当两转动副轴线间距很小时 ,难以在一个构件上设置两个紧靠着的轴销或轴孔,此时可采用偏心轮或偏心轴结构,分别如图4-110(a)和 图4-110(b) 所示,其中的偏心轮或偏心轴相当于连杆机构中的曲柄。另外,当曲柄需安装在直轴的两支承之间时,为避免连杆与曲柄轴的运动干涉,也常采用偏心轮或偏心轴结构。图4-110(c) 所示为偏心轮、偏心轴综合应用

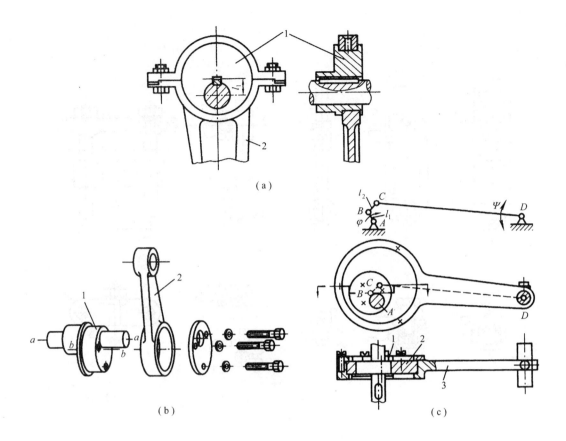

图 4-110 偏心轮、偏心轴结构

的结构实例,可以实现曲柄长度在一定范围内的连续调节。

当曲柄较长且需装在轴的中间时,若采用偏心轮或偏心轴型式,则结构必然庞大。这种情况下常采用曲轴式曲柄,它能承受较大的工作载荷。

2. 带转动副和移动副的构件

带转动副和移动副构件的结构型式主要取决于转动副轴线与移动副导路的相对位置及移动副元素接触部位的数目和形状。图 4-111 所示为带转动副和移动副构件的几种结构型式。

3. 带两个移动副的构件

当构件带有两个移动副时,其结构与移动副导路的相对位置及移动副元素的形状有关。典型结构如图 4-112 所示,其中,图 4-112(a) 所示为十字滑块联轴器,图 4-112(b) 所示为十字滑槽椭圆画器,图 4-112(c) 为带移动导杆的六杆机构。

4. 构件长度的调节

构件长度的调节可采用如下方法实现:

(1)用螺纹联接调节,如图 4-113(a) 所示。

(2)用长槽调节,如图 4-113(b) 所示。

(3)用偏心轮调节,如图 4-110 所示。

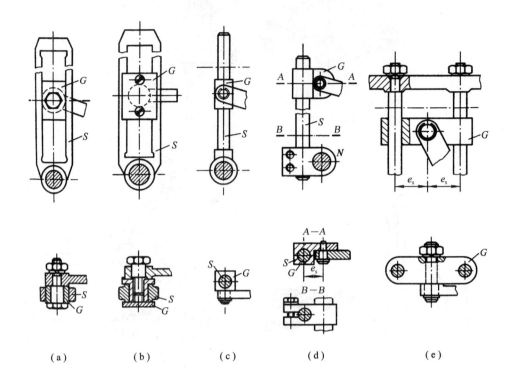

（ a ）　　　　　（ b ）　　　　　（ c ）　　　　　（ d ）　　　　　（ e ）

图 4 - 111　带转动副和移动副的构件结构

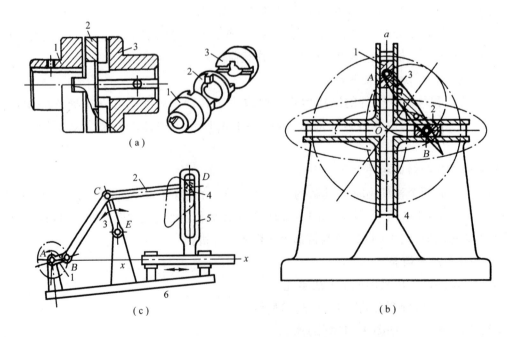

（ a ）

（ c ）　　　　　　　　　　　　　　（ b ）

图 4 - 112　带两个移动副的构件结构

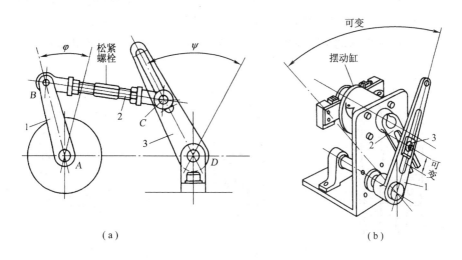

图 4-113 构件长度调节

二、转动副和移动副的结构

转动副有滑动轴承式和滚动轴承式。滑动轴承式转动副结构简单,径向尺寸较小,减振能力较强,但滑动表面摩擦较大,应考虑润滑或采用减磨材料。图 4-114 所示为常用的滑动轴承式转动副结构。

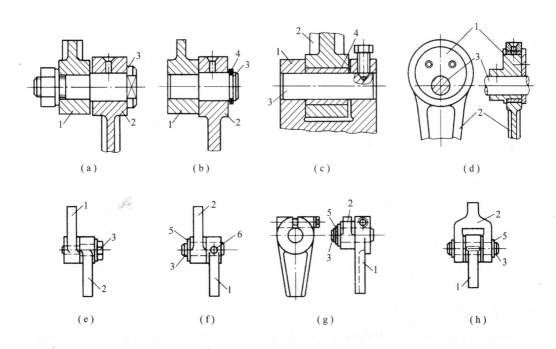

图 4-114 滑动轴承式转动副结构

滚动轴承式转动副摩擦小,换向灵活,润滑和维护方便,但对振动敏感,易产生噪声,径向尺寸较大。图 4 - 115 所示为滚动轴承式转动副的几种结构。

根据滑块和导路相对移动摩擦性质的不同,移动副结构有滑动导轨式和滚动导轨式。

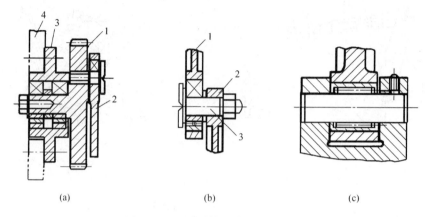

(a)　　　　　　　(b)　　　　　　　(c)

图 4 - 115　滚动轴承式转动副结构

第十三节　平面多杆机构及可控机构

平面四连杆机构在纺织机械中得到广泛的应用,平面多杆机构在纺织设备中应用也较多,可控机构在纺织设备中已开始应用。图 4 - 116 所示为缝纫机中的多杆机构。图 4 - 117 为进口新型毛巾织机中的可控打纬机构。主动件 1 由通用电动机驱动,主动件 2 由可控伺服电动机驱动。可以实现筘座 3 改变打纬动程。

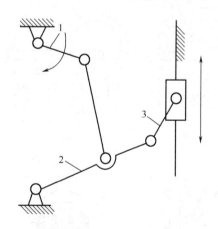

图 4 - 116　缝纫机中的多杆机构

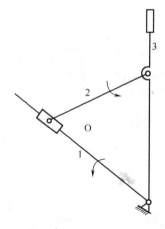

图 4 - 117　新型毛巾织机中的可控打纬机构

☞ 习题

1. 如图 1 所示,偏心凸轮机构中,凸轮的半径 $R = 5$ cm,偏心距 $OO_1 = e = 2$ cm,凸轮绕 O 点以匀角速度 ω 转动,$\omega = 4\pi$ rad/s,求 CD 的运动方程。

2. 如图 2 所示,在曲柄连杆机构中,$r = l = e$,$\varphi = \omega t$,ω 为常数,求连杆中点 M 的轨迹及滑块 A 的速度。

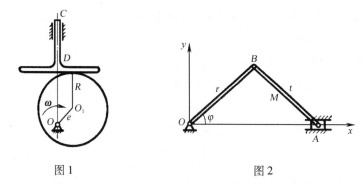

图 1　　　　　　图 2

3. 半径 $R = 10$ cm 的轮子,作匀角加速转动,角加速度 $\varepsilon = 3.14$ rad/s^2,轮子从静止开始运动,求 10 s 末轮子的角速度,并求轮缘上点 M 的速度、切向加速度、法向加速度、全加速度。

4. 为降低由Ⅰ轴传到Ⅱ轴的转速,应用由四个齿轮组成的减速器,如图 3 所示,各齿轮的齿数为 $Z_1 = 10$,$Z_2 = 60$,$Z_3 = 12$,$Z_4 = 70$,求Ⅰ轴和Ⅱ轴的转速比。

5. 图 4 所示曲柄滑道机构中,杆 BC 水平,而杆 DE 保持铅垂,曲柄长 $OA = 10$ cm,并以角速度 $\omega = 20$ rad/s 绕 O 轴转动,再通过滑块 A 使杆 BC 作往复运动,求当曲柄与水平线夹角为 30° 时,杆 BC 的速度。

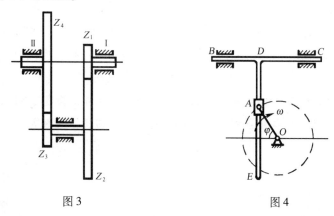

图 3　　　　　　图 4

6. 图 5 所示为两种曲柄导杆机构,已知二平轴距离 $O_1O_2 = 20$ cm,某瞬时 $\theta = 20°$,$\varphi = 30°$,$\omega_1 = 6$ rad/s,试分别求这两种导杆在此瞬时 AO_2 杆的角速度 ω_2 的值。

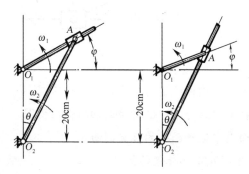

图 5

7. 四连杆机构的 $OA = O_1B = 0.5\, AB$，曲柄 OA 的角速度 $\omega = 3\ \mathrm{rad/s}$，如图 6 所示，当 $\varphi = 90°$，OO_1 与 O_1B 共线时，求连杆 AB 和曲柄 O_1B 的角速度。

8. 图 7 所示的平面铰链四杆运动链中，已知各构件长度分别为 $l_{AB} = 55\ \mathrm{mm}$，$l_{BC} = 41\ \mathrm{mm}$，$l_{CD} = 49\ \mathrm{mm}$，$l_{AD} = 25\ \mathrm{mm}$。

   （1）判断该运动链中四个运动副的类型。

   （2）取哪个构件为机架可得到曲柄摇杆机构。

   （3）取哪个构件为机架可得到双曲柄机构。

   （4）取哪个构件为机架可得到双摇杆机构。

9. 图 8 所示的铰链四杆机构中，各杆长度分别为 $l_{AB} = 25\mathrm{mm}$，$l_{BC} = 40\mathrm{mm}$，$l_{CD} = 50\mathrm{mm}$，$l_{AD} = 55\mathrm{mm}$。取 AD 为机架，求该机构的极位夹角 θ，最小传动角 $\gamma_{\min}$。

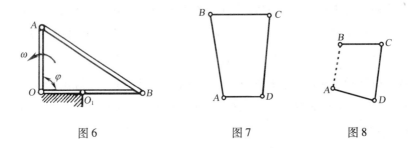

图 6   图 7   图 8

10. 图 9 所示的铰链四杆机构中，各杆长度分别为 $l_{AB} = 25\mathrm{mm}$，$l_{BC} = 40\mathrm{mm}$，$l_{CD} = 50\mathrm{mm}$，$l_{AD} = 55\mathrm{mm}$。（1）取 AD 为机架，求摇杆摆角 Ψ，（2）将 AB 杆的长度改为 $l_{AB} = 10\mathrm{mm}$，求摇杆摆角 Ψ。

11. 图 10 所示为曲柄滑块机构，曲柄 1 长度为 20 mm，连杆 2 长度为 60 mm，求滑块动程 H。

12. 求图 11 所示导杆机构中导杆的最大摆动角度和急回特性系数 K。

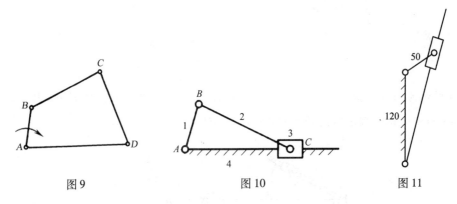

图 9   图 10   图 11

13. 根据图 12 所示各液压泵构件的运动来画机构运动简图，并分析它们属于何种机构。

14. 将图 13 所示的主视图改画为单一剖切面剖切的全剖视图。

15. 从图 14 所示的剖面图中选择正确的移出剖面。

16. 读法兰盘零件图（图 15），回答相关的问题。

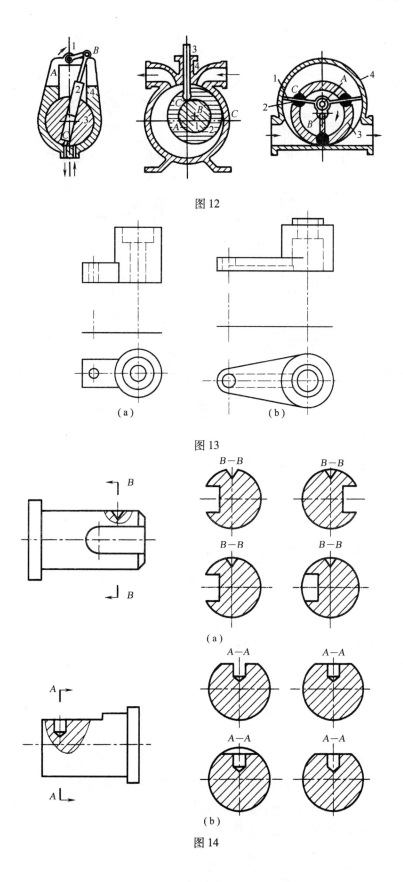

图 12

（a）　（b）

图 13

（a）

（b）

图 14

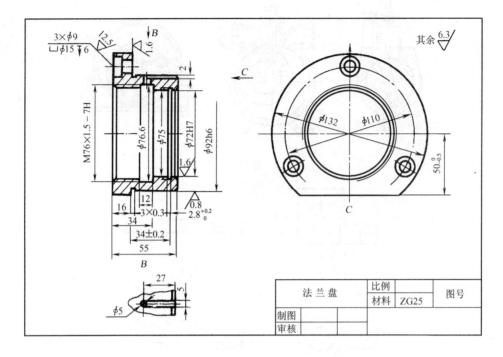

图 15

(1)该零件的名称是 _____ ,材料为 _____ ;

(2)该零件图用了 _____ 个图形来表达,其中主视图采用了 _____ 剖,B 为 _____ 视图;

(3)该零件的总体尺寸为 _____ ;3×φ9 沉孔的定位尺寸为 _____ ;

(4)主视图中尺寸 34±0.2 表示基本尺寸为 _____ ,上偏差为 _____ ,下偏差为 _____ ,公差为 _____ 。

(5)φ72H7 中的 φ72 为 _____ ,H 为 _____ ,7 代表 _____ ;

(6)表面质量要求最高的表面粗糙度值为 _____ ,要求最低的表面粗糙度值为 _____ 。

17. 读懂拔叉零件图(图 16),回答问题。

(1)该零件的名称为 _____ ,材料为 _____ ;

(2)该零件采用了 _____ 个视图来表达,其中俯视图用了 _____ 剖视图和一处 _____ 断面图;
主视图用了一处 _____ 断面图;

(3)该零件的总体尺寸为 _____ ;

(4)图中 φ5 锥销孔的定位尺寸为 _____ ;

(5)图中标注 C1(两端)处为 _____ 结构;

(6)尺寸 $8^{-0.013}_{-0.028}$ 中基本尺寸是 _____ ,上偏差为 _____ ,下偏差为 _____ ,公差为 _____ ;

(7)该零件表面质量要求最高的表面粗糙度代号为 _____ ,要求最低的表面粗糙度代号为 _____ ;

(8)图中未标注的圆角半径为 _____ 。

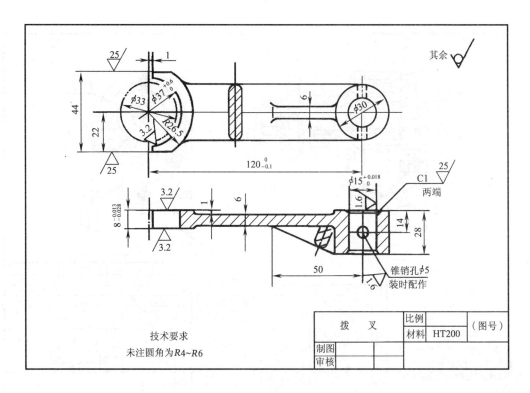

图 16

🖙 拓展任务

齿轮油泵的工作原理,如图 17 所示,当一对齿轮在泵体内作啮合传动时,啮合区内前边空间的压力降低而产生局部真空,油池内的油在大气压力作用下进入油泵低压区内的进油口,随着齿轮的转动,齿槽中的油不断沿箭头方向被带至后边的出油口把油压出,送至机器中需要润滑的部位。

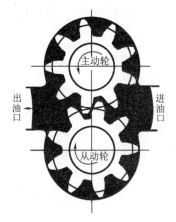

图 17 齿轮油泵的工作原理

图 18 是齿轮油泵的装配图,齿轮油泵工作时,动力从传动齿轮件 11 输入,当它按递时针方向(左视图)传动时,通过键 14,带动齿轮轴 3,再经过齿轮啮合带动齿轮轴 2,从而使后者作顺时针方向转动。请读懂装配图后回答有关的问题。

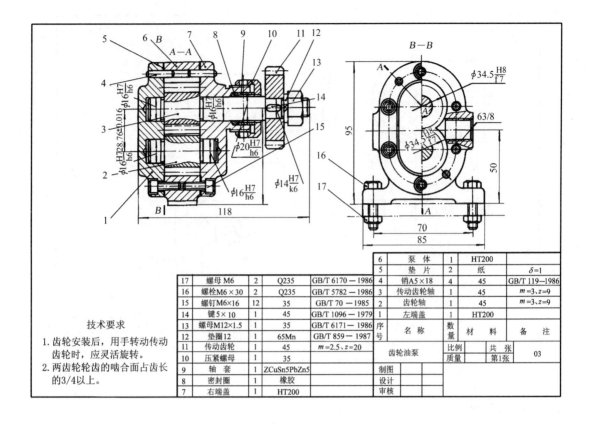

6	泵　体	1	HT200	
5	垫　片	2	纸	$\delta=1$
4	销A5×18	4	45	GB/T 119—1986
3	传动齿轮轴	1	45	$m=3$、$z=9$

17	螺母 M6	2	Q235	GB/T 6170—1986
16	螺栓M6×30	2	Q235	GB/T 5782—1986
15	螺钉M6×16	12	35	GB/T 70—1985
14	键5×10	1	45	GB/T 1096—1979
13	螺母M12×1.5	1	35	GB/T 6171—1986
12	垫圈12	1	65Mn	GB/T 859—1987
11	传动齿轮	1	45	$m=2.5$、$z=20$
10	压紧螺母	1	35	

2	齿轮轴	1	45	$m=3$、$z=9$
1	左端盖	1	HT200	
序号	名　称	数量	材　料	备　注

9	轴套	1	ZCuSn5PbZn5		齿轮油泵	比例		共　张	03
8	密封圈	1	橡胶			质量		第1张	
7	右端盖	1	HT200	制图					

技术要求

1. 齿轮安装后,用手转动传动齿轮时,应灵活旋转。

2. 两齿轮轮齿的啮合面占齿长的3/4以上。

图18　齿轮油泵装配图

(1)该装配图共由 ____ 种零件组成,其中有 ____ 种标准件;

(2)图样共用 ____ 个图形组成,主视图采用了____剖,左视图采用了 ____ 剖;

(3)件1与件6之间是用件 ____ 定位,用件 ____ 联接的;

(4)件10与件7之间是 ____ 联接;

(5)齿轮油泵的安装尺寸是 ____ ;外形尺寸是长 ____ 、宽 ____ 、高 ____ ;

(6)28.76±0.016 在装配图中属于 ____ 尺寸;

(7)ϕ16H7/h6 在装配图中属于 ____ 尺寸;

(8)写出件11的齿数 ____ 、模数 ____ ;

(9)件12是用 ____ 材料制成的,它的主要作用是 ____ ,件8的主要作用是____。

第五章 凸轮机构

本章知识点

1. 了解凸轮机构的类型、特点和应用。
2. 掌握从动杆的三种常用运动规律的特点和位移线图的画法。
3. 掌握凸轮轮廓曲线设计原理,重点掌握盘状凸轮机构轮廓曲线的设计方法。
4. 了解凸轮机构设计中的几个问题,如压力角与基圆半径的关系。
5. 了解凸轮机构的结构与安装方法。

第一节 凸轮机构的组成、应用和特点

凸轮机构是机械中的一种常用机构,主要由凸轮、从动杆和机架组成。它可将凸轮的转动或移动变为从动杆的移动或摆动。

图5-1所示为片梭织机上的共轭凸轮打纬机构,在织机主轴1上装有一副共轭凸轮2和

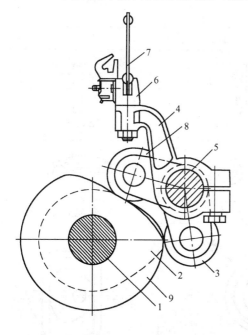

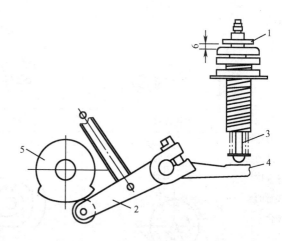

图5-1 片梭织机共轭凸轮打纬机构　　　　图5-2 喷水织机夹纬器凸轮机构

9。凸轮 2 为主凸轮,它驱动转子 3,实现筘座由后向前的摆动,凸轮 9 为副凸轮,它驱动转子 8,实现筘座由前向后的摆动。共轭凸轮回转一周,筘座脚 4 绕摇轴 5 往复摆动一次,通过筘座 6 上固装的钢筘 7 打入一纬。

图 5 - 2 所示为喷水织机的夹纬器凸轮机构,凸轮 5 的转速与织机主轴转速一致,当凸轮转到大半径与转子作用时,通过从动杆 2 和提升杆 4、升降杆 3 使压纬盘 1 抬起,夹纬器释放纬丝,当凸轮作用点转到小半径时,压纬盘下降,夹持纬丝。

凸轮机构只要适当设计凸轮的轮廓曲线,便可使从动件获得所要求的运动规律。凸轮机构是高副机构,易磨损。凸轮轮廓一般为非圆弧曲线,加工困难。

第二节　凸轮机构的分类

凸轮机构的种类繁多,常按下表所示分类。

凸轮机构的分类

	平板(盘形)凸轮	圆柱凸轮	圆锥凸轮
凸轮	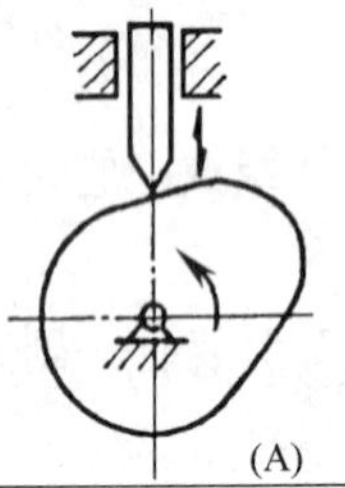 (A)	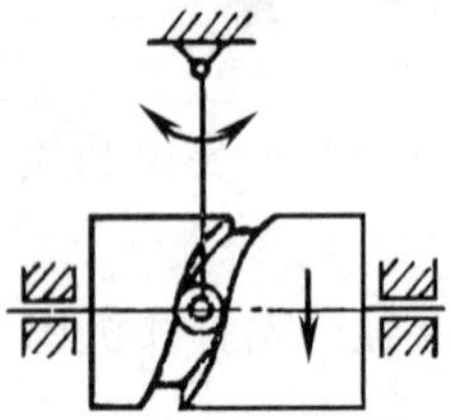 (B)	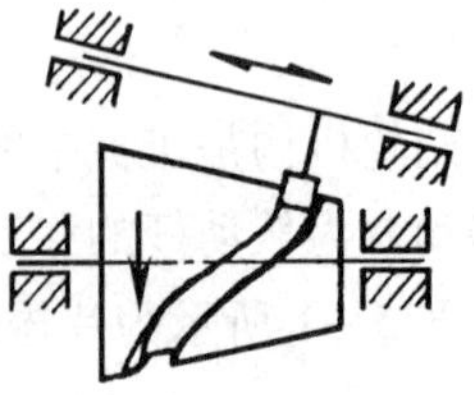 (C)
	尖　顶	滚　子	平　底
从动杆 直动	 (D)	 (E)	 (F)
从动杆 摆动	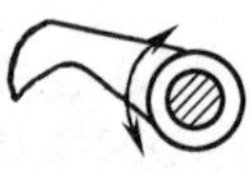 (G)	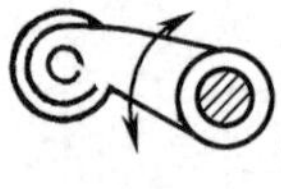 (H)	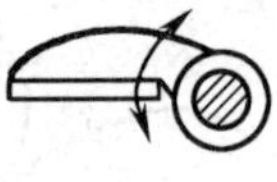 (I)
	利用弹簧力	槽道凸轮	等宽凸轮
凸轮与从动杆保持接触的锁合方式	(J)	(K)	(L)

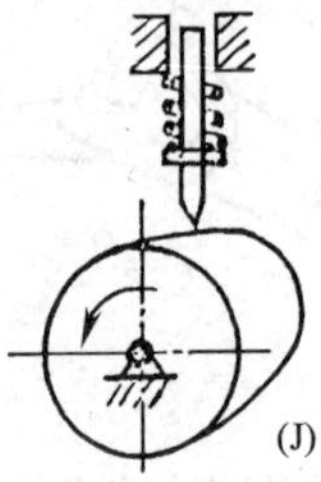

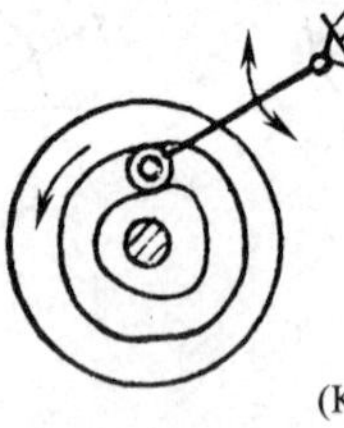

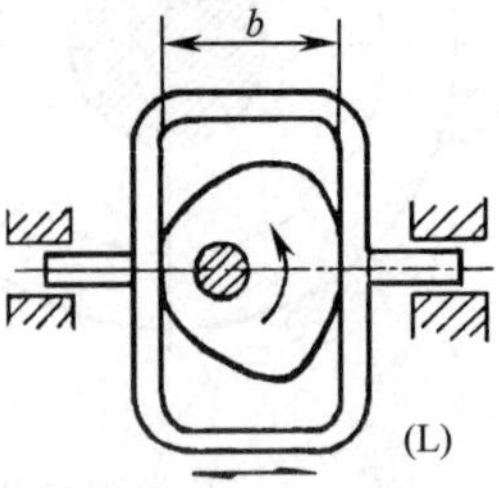

续表

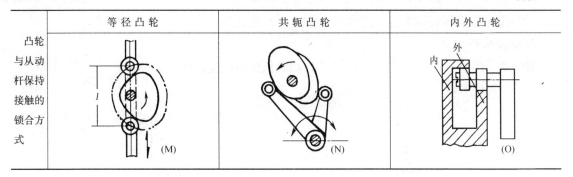

等径凸轮	共轭凸轮	内外凸轮
(M)	(N)	(O)

（左侧竖排）凸轮与从动杆保持接触的锁合方式

一、按凸轮的形状分

1. 平板（盘形）凸轮

平板（盘形）凸轮的形状如表5-1中（A）所示,这种凸轮是绕固定轴线转动并具有变化向径的盘形构件,是凸轮最基本的型式,在生产机械中应用最多,如喷水织机夹纬器机构。

2. 圆柱凸轮

圆柱凸轮的形状如表5-1中（B）所示,圆柱凸轮是在圆柱体上加工了槽而形成的,这种凸轮机构中凸轮和从动杆的运动平面不平行,是空间凸轮机构。该凸轮机构在络筒机的导纱机构被应用。

3. 圆锥凸轮

圆锥凸轮的形状如表5-1中（C）所示,圆锥凸轮是在圆锥体上加工了槽而形成的,这种凸轮机构中凸轮和从动杆的运动平面不平行,是空间凸轮机构。

二、按从动杆的形状分

1. 尖顶从动杆

如表5-1中（D）、（G）所示,它能与任何形状的凸轮保持接触,以实现从动杆的运动规律,但尖顶易磨损,适用于作用力较小的低速凸轮机构。

2. 滚子从动杆

如表5-1中（E）、（H）所示,在从动杆上安装了一个可以转动的滚子,可减少磨损,增大承载能力,因此应用最广。

3. 平底从动杆

如表5-1中（F）、（I）所示,从动杆与凸轮轮廓表面接触的端面为平面,受力平稳,利于润滑,但不能与凹形凸轮轮廓接触,常用于高速重载凸轮机构。

三、按从动杆的运动形式分

1. 直动从动杆

如表5-1中（D）、（E）、（F）所示,从动杆相对于机架往复移动。如图5-3正置凸轮机构中,若从动杆的导路通过凸轮转动中心,称为对心直动从动杆;如图5-4偏置凸轮机构中,若从动杆的导路中心偏离转动中心一定距离e(偏心距),称为偏置直动从动杆。

2. 摆动从动杆

如表5-1中(G)、(H)、(I)所示,从动杆相对机架做往复摆动。

图5-3　正置凸轮机构　　　　　　　　　图5-4　偏置凸轮机构

四、按凸轮与从动杆保持接触的锁合方式分

1. 力锁合

如表5-1中(J)所示,利用外力使从动杆与凸轮保持接触,该外力可以是弹簧力、重力、压缩空气或蒸汽压力。

2. 形锁合

如表5-1中(K)、(L)、(M)、(N)、(O)所示,利用凸轮和从动杆的特殊形状保持从动杆与凸轮始终保持接触。如片梭织机应用了共轭凸轮打纬机构,自动小样机应用了槽道凸轮机构作为打纬机构。

第三节　从动杆常用的运动规律

凸轮机构的任务是让从动杆按照工艺程序和要求的运动规律运动。

从动杆的运动规律是指其运动参数(位移s、速度v和加速度a)随时间t变化的规律,常用运动线图表示,如图5-5所示。

从动杆的尖端正处于最低位置A,当凸轮顺时针等速转动120°时,凸轮上轮廓AB_1推动从动杆上的A点上升到最高点B_2。从动杆由最低位置到最高位置的距离称为从动杆的推程,对应的凸轮转角称为推程角。当凸轮再转120°时,因凸轮上轮廓曲线为圆弧B_1C_1,所以从动杆在这段时间里静止在B_2点不动,此为从动杆远休止,对应的凸轮转角为远休止角。凸轮继续转过120°时,从动杆又从B_2点下降到初始位置A点。此为从动杆的回程,对应的凸轮转角为回程角,如此周而复始地重复以上的运动循环。这种从动杆的位置与凸轮转角的关系就是从动杆的运动

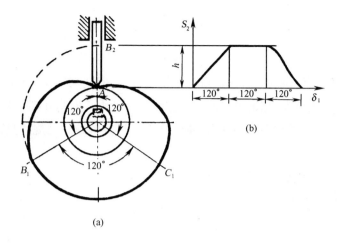

图 5 - 5 凸轮机构运动规律

（位移）规律。

运动规律可以用直角坐标的线图表示，也可以用函数表示。

从动杆常用的运动规律有等速运动规律、等加速等减速运动规律、简谐运动规律。

一、等速运动规律

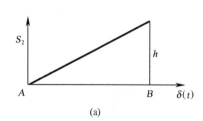

(a)

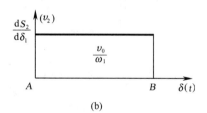

(b)

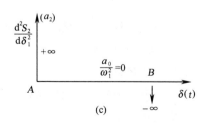

(c)

图 5 - 6 等速运动规律

从动杆的速度为常数的运动规律，称为等速运动规律。在速度线图上为与 x 坐标平行的直线，如图 5 - 6 所示。

$$v = v_0 = \frac{h}{T}$$

推程：

$$S = \frac{h}{\delta_0}\delta$$

$$v = \frac{h}{\delta_0}\omega$$

$$a = 0$$

又因凸轮转角 $\delta = \omega t, \delta_0 = \omega T$，故：

$$\frac{\delta}{\delta_0} = \frac{t}{T}$$

得：

$$S = \frac{h}{\delta_0}\delta$$

$$v = \frac{h}{\delta_0}\omega$$

$$a = 0$$

回程：

$$S = h\left(1 - \frac{\delta}{\delta_0}\right)$$

149

$$v = -\frac{h}{\delta_0}\omega$$

$$a = 0$$

等速运动规律的从动杆速度为常数,可用于绕线机构,但在开始和结束的瞬间,速度都有突然的变化,使加速度为无穷大,理论上将产生无穷大的惯性力。但构件都是弹性体,实际上不可能达到无穷大。可构件却受到很大的冲击(刚性冲击),因此等速运动规律只适用于低速场合。

二、等加速等减速运动规律

从动件在前半程为等加速、后半程为等减速的运动规律称为等加速等减速运动规律。如图5-7所示。

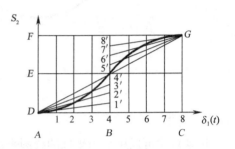

等加速等减速运动规律,一般在从动杆总动程 h 的前半程,以等加速上升,而后半程以等减速上升,其等加速与等减速的绝对值相等。

前半程:
$$0 \leqslant \delta \leqslant \frac{\delta_0}{2}$$

$$S = \frac{2h}{\delta_0^2}\delta^2$$

$$v = \frac{4h\omega}{\delta_0^2}\delta$$

$$a = \frac{4h\omega^2}{\delta_0^2}$$

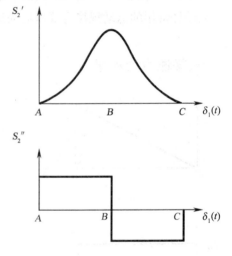

后半程:
$$\frac{\delta_0}{2} \leqslant \delta \leqslant \delta_0$$

$$S = h - \frac{2h}{\delta_0^2}(\delta_0 - \delta)^2$$

$$v = \frac{4h\omega}{\delta_0^2}(\delta_0 - \delta)$$

$$a = -\frac{4h\omega^2}{\delta_0^2}$$

图5-7 等加速等减速运动规律

运动规律作图方法如图5-7所示。

(1)将凸轮推程转角(横轴)分为前半程后半程,得 A、B、C 点,将从动杆动程(纵轴)分为前半程和后半程,得 D、E、F 点。过 C 点作纵轴的平行线,过 F 点作横轴的平行线,得交点为 G。

(2)将前半程和对应的横轴分成四等份,得 $1'$,$2'$,$3'$,$4'$ 和 $1,2,3,4$ 各点。

(3)过 $1,2,3,4$ 点作平行于纵坐标轴的直线,使其分别与过 A 点所引射线 $A1'$、$A2'$、$A3'$、$A4'$ 相交,这些交点即所求位移曲线上的各点。

(4)同理将后半程和对应的横轴分成四等份,得 $5'$,$6'$,$7'$,$8'$ 和 $5,6,7,8$ 各点。

(5)过 $5,6,7,8$ 点作平行于纵坐标轴的直线,使其分别与过 G 点所引射线 $G5'$、$G6'$、$G7'$,

$G8'$相交,这些交点也是所求位移曲线上的各点。

(6)将位移曲线上的点用曲线板连成一光滑的曲线,即为所求的位移曲线。

由图5-7可知,速度曲线变化是缓和的,但加速度曲线在 A、B、C 三处有加速度突变,造成柔性冲击,这种运动规律常用于速度较高的场合。

三、简谐运动规律

如从动件按简谐运动规律运动,动程为 h,可由图5-8得出位移 S 与 θ 角的关系。

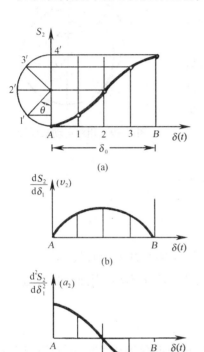

图5-8 简谐运动规律

$$S = \frac{h}{2}(1 - \cos\theta)$$

θ 为辅助圆半径回转角。

$\theta = \pi$ 时,$\delta_0 = \delta$。

δ_0 为从动件上升动程 h 后,凸轮所转过的角度。

所以:

$$\theta = \frac{\pi}{\delta_0}\delta$$

得:

$$S = \frac{h}{2}\left[1 - \cos\left(\frac{\pi}{\delta_0}\delta\right)\right]$$

$$v = \frac{\pi h \omega}{2\delta_0}\sin\left(\frac{\pi}{\delta_0}\delta\right)$$

$$a = \frac{\pi^2 h \omega^2}{2\delta_0^2}\left[\cos\left(\frac{\pi}{\delta_0}\delta\right)\right]$$

简谐运动规律的位移曲线作图方法如图 5-8 所示:

(1)以动程 h 为直径画半圆,称辅助圆,将辅助圆周分成若干等份,图5-8上为四等份。过等分点 $1'$、$2'$、$3'$、$4'$作水平线。

(2)再将 AB 线相应地分成四等份,过等份点 1、2、3、B 作垂直于横坐标的直线,分别与上面相对应的水平线相交,得到的这些交点即所求位移曲线上的各点。

(3)将这些点连成一条光滑曲线,即为位移曲线。

简谐运动规律速度曲线变化缓和,A、B 两处有加速度突变,会造成柔性冲击。

第四节　凸轮轮廓曲线设计

凸轮轮廓曲线可以用解析法求解,也可用作图法求解。解析法的优点是精确度高,借助计算机计算,计算速度快。图解法的优点是简单易懂,但精度低,适合低速凸轮机构或对从动件运动规律要求不高的凸轮机构。图解法是解析法的基础,本节讨论图解法。

一、凸轮轮廓曲线设计的基本原理

图5-9所示为尖顶对心直动从动杆盘状凸轮机构,当凸轮以角速度 ω 绕轴线 O 转动时,凸轮轮廓将推动从动杆沿导轨中心线移动。

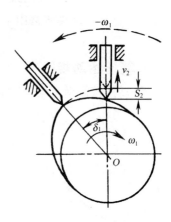

若假想给整个凸轮机构附加一个角速度 $-\omega_1$,根据相对运动原理,凸轮机构中各个构件的绝对运动改变了,但各构件的相对运动不变。这样凸轮的角速度为零,即不动,导轨中心线由不动变为转动,从动杆由原来的移动变为既沿导轨中心线按运动规律移动,又随导轨中心线以 $-\omega_1$ 转动。由于从动杆的尖顶始终与凸轮轮廓接触,从动杆在这种平面运动中,其尖顶的运动轨迹就是凸轮的轮廓曲线。这种按相对运动原理设计凸轮轮廓曲线的方法,称为"反转法"或"相对运动法"。

图5-9 相对运动法原理

二、凸轮轮廓曲线的绘制

1. 尖顶正置直动从动杆盘状凸轮

从动杆的运动规律如图5-10所示。当凸轮以等角速度 ω_1 顺时针方向转过120°时,从动杆以等角速度运动上升一个动程 h;当凸轮再转过60°时,从动杆静止不动;当凸轮再转过最后180°时,从动杆以等加速等减速运动规律回到初始位置。

凸轮轮廓曲线可按下列步骤绘制:

(1)选定合适的图形比例尺,按已知的从动杆运动规律,正确地画出从动杆的位移线图,如图5-10所示。

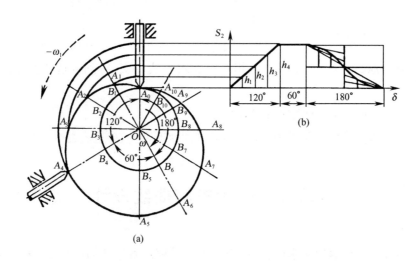

(a)

图5-10 尖顶正置直动从动杆盘状凸轮轮廓曲线的绘制

（2）根据机器的结构，定出凸轮的转动中心 O，如图 5 – 10 所示，并确定从动杆的最低点 A。以 O 为圆心、OA 为半径作圆，此圆称为基圆。

（3）逆 ω_1 的方向，量取 120°—60°—180° 三个间段。将这三个间段各分若干等份（等份越多，轮廓曲线越精确）。图上是将第一间段 120° 分为四等份；第二间段因从动杆静止不动，故不等分；第三间段的 180° 分为六等份。过圆心 O 画这些等份的射线。然后将位移线图上 120°—60°—180° 三个间段也相应地等分成若干等份。过等分点作纵坐标的平行线，与位移曲线相交，得到各对应分点上从动杆的位移量，如 h_1，h_2，h_3，h_4 等。

（4）从基圆向外，在各对应点的射线上截取线段 $A_1B_1 = h_1$、$A_2B_2 = h_2$ 等，得到 A_1、A_2、A_3 等点。这些点就是凸轮轮廓曲线上的点。将这些点连接成一条光滑曲线，该曲线就是凸轮的轮廓曲线。

2. 滚子正置直动从动杆盘状凸轮

滚子从动杆的滚子半径 r_t 为一常数，尖顶从动杆的滚子半径 r_t 为零，两种从动杆凸轮机构的凸轮轮廓曲线设计方法基本相同，如图 5 – 11 所示。步骤如下：

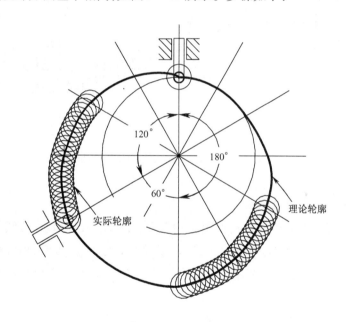

图 5 – 11　滚子正置直动从动杆盘状凸轮轮廓曲线的绘制

（1）将滚子从动杆的滚子中心看作尖顶从动杆的尖顶，按尖顶从动杆凸轮机构设计凸轮轮廓曲线的方法画出凸轮的轮廓曲线，此轮廓曲线称为理论轮廓曲线。

（2）以理论轮廓曲线上的各点为中心，以滚子半径 r_t 为半径，画一系列滚子圆，这些圆的内包络曲线就是滚子从动杆凸轮的实际轮廓曲线。

滚子从动杆凸轮的基圆是指理论轮廓的基圆，即凸轮的基圆是以理论轮廓最小向径为半径所画的圆。理论轮廓曲线与实际轮廓曲线是两条法向等距曲线，而非径向等距曲线。

3. 平底正置直动从动杆盘状凸轮

平底从动杆的滚子半径 r_t 为无穷大,其凸轮轮廓曲线的设计方法与滚子从动杆凸轮轮廓曲线的方法类似,如图 5 – 12 所示。作图步骤如下:

(1)将从动杆的轴线与平底的交点 A 看成尖顶从动杆的尖顶,按尖顶从动杆凸轮机构设计凸轮轮廓曲线的方法画出凸轮的轮廓曲线,此轮廓曲线称为理论轮廓曲线。

(2)将从动杆的轴线与平底的交点 A 与理论轮廓曲线上的点重合,作相应的代表平底位置的直线,这些直线的内包络曲线就是平底从动杆凸轮的实际轮廓曲线。

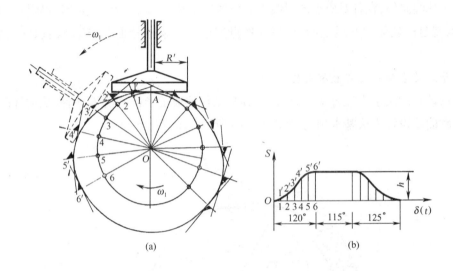

图 5 – 12　平底正置直动从动杆盘状凸轮轮廓曲线绘制

4. 偏置尖顶直动从动杆盘状凸轮

偏置尖顶直动从动杆盘状凸轮机构如图 5 – 13 所示,从动杆的导轨中心线与凸轮的转动中心 O 的距离为偏距 e,以凸轮转动中心 O 为圆心,以偏距 e 为半径,画圆,该圆称为偏置圆。用相对运动法原理,导轨与从动杆在相对运动过程中,从动杆的导轨中心线与偏置圆始终保持相切。作图步骤如下:

(1)选取合适的图形比例尺,正确画出从动杆的位移线图。

(2)以凸轮转动中心为圆心,以偏距 e 为半径画偏置圆,以 OB 为半径画基圆。

逆 ω_1 的方向将偏置圆分成120°—60°—180°三个间段,将这些间段各分成若干等份。第一间段的120°分为四等份;第二间段不分;第三间段的180°分为六等份。过等分点 K_1、K_2、K_3、K_4 等作偏置圆的切线 K_1B_1、K_2B_2、K_3B_3、K_4B_4 等。量取位移线图上各间段相对应等份点上从动件的位移 h_1、h_2、h_3、h_4 等,从基圆向外沿偏置圆切线方向截取线段 $B_1A_1 = h_1$、$B_2A_2 = h_2$、$B_3A_3 = h_3$、$B_4A_4 = h_4$ 等,得到 A_1、A_2、A_3、A_4 等点,将这些点连成一条光滑的曲线,即为所求凸轮的轮廓曲线。

5. 摆动从动杆盘状凸轮

图 5 – 14 所示为尖顶摆动从动杆盘状凸轮机构。因从动杆摆动,其位移线图的纵坐标是以

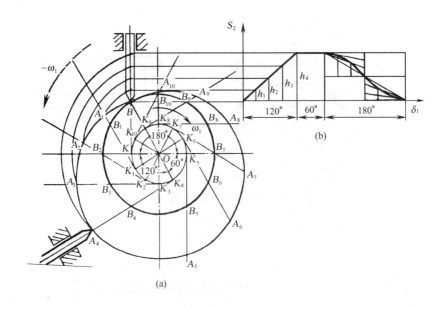

图 5 – 13 尖顶偏置直动从动杆盘状凸轮轮廓曲线绘制

从动杆的角位移 δ_2 表示的。摆动从动杆凸轮轮廓曲线的设计方法也是采用相对运动法,但要把位移线图上的纵坐标线段长度换算成相应的从动杆的摆角。

从动杆的运动规律如图 5 – 14 所示。当凸轮以等角速度 ω_1 顺时针方向转动 180°时,从动杆由起始位置 AB 摆动到极限位置 AB';当凸轮继续转动 30°时,从动杆静止不动;转过最后150°时,从动杆等角速转回到初始位置。根据这样的要求绘制凸轮轮廓曲线。作图步骤如下:

(1)选定合适的图形比例尺,按已知的从动杆的运动规律画出从动杆的角位移线图,如图5 – 14 所示。

(2)根据凸轮安装的位置,定出凸轮的转动中心 O 和从动杆的摆动中心 A。以 OA 为半径,以 O 为圆心画圆,称为大圆。根据从动杆尖顶的最低位置,画出凸轮的基圆。

(3)按相对运动法(反转法)原理,在大圆上逆 ω_1 的方向量取 180°—30°—150°三个间段,将这三个间段分为若干等份。图 5 – 14(a)上第一间段 180°分为四等份,第二间段 30°不等分,第三间段 150°分为三等份,得到 A_0、A_1、A_2、A_3、A_4 等点,即从动杆的相对摆动中心,再将角位移线图上的横坐标分为 180°—30°—150°三个间段,相对应地也分成相同的等份,得到各对应的分点。则从动杆上的角位移如图5 – 14(b)为 δ_2^{I}、δ_2^{II}、δ_2^{III}、δ_2^{IV} 等。

(4)以从动杆的相对摆动中心为圆心,以从动杆的长度为半径画圆弧交于基圆,得从动杆的初始位置。以从动杆的初始位置为基准,量出从动杆各对应位置的角位移量,得到 B_0、B_1、B_2、B_3、B_4 等点。用光滑曲线连接这些点,就得到凸轮的理论轮廓曲线。

在生产实际中,往往采用滚子从动杆或平底从动杆,欲求凸轮的实际轮廓曲线,用前述方法作滚子或平底的包络曲线即可得到。

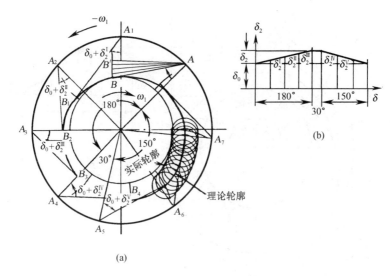

图 5 - 14　摆动从动杆盘状凸轮轮廓曲线绘制

第五节　凸轮机构设计中应注意的问题

设计凸轮机构,不仅要保证从动杆按选定的运动规律运动,而且要求传动性能好、结构紧凑。因此,设计凸轮时应注意下面的问题。

一、滚子半径的选择和平底尺寸的确定

1. 滚子半径的选择

在设计滚子从动杆凸轮机构时,应适当选定滚子半径 r_t,滚子半径选得大些,可以减小滚子和凸轮之间的接触应力,但滚子半径过大,会影响凸轮的实际轮廓曲线。如图 5 - 15 所示,凸轮理论轮廓曲线上最小曲率半径为 ρ_{min},滚子半径为 r_t,对应的凸轮的实际轮廓曲率半径为 ρ_a,它们之间的关系如下:

(1)凸轮理论轮廓曲线的内凹部分:由图 5 - 15(a)可得:

$$\rho_a = \rho_{min} + r_t$$

由上式可知,实际轮廓曲线的曲率半径大于理论轮廓曲率半径,不论选多大的滚子半径,凸轮的实际轮廓曲线都存在。

(2)凸轮理论轮廓曲线的外凸部分:由图 5 - 15(b)可得:

$$\rho_a = \rho_{min} - r_t$$

当 $\rho_{min} > r_t$ 时,如图 5 - 15(b)所示,$\rho_a > 0$,凸轮的实际轮廓曲线存在,为一平滑的曲线。

当 $\rho_{min} = r_t$ 时,如图 5 - 15(b)所示,$\rho_a = 0$,在凸轮的实际轮廓曲线上产生尖点。这个尖点极易磨损,磨损后,从动杆的运动就不能按原来设计的运动规律运动。这种现象称为从动杆运

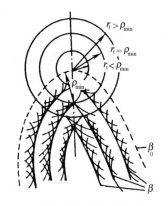

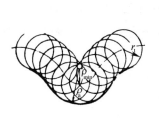

(a) 内凹凸轮滚子半径的选择   (b) 外凹凸轮滚子半径的选择

图 5-15　凸轮滚子半径的选择

动失真。

当 $\rho_{min} < r_t$ 时,如图 5-15(b)所示,$\rho_a < 0$,此时凸轮的实际轮廓曲线相交,在生产中,这部分相交的曲线被切去,从动杆在这部分的运动就不能按原来设计的运动规律运动,也产生运动失真。

为避免从动杆运动失真并减小接触应力和磨损,设计滚子半径时,应使其不大于理论轮廓曲线的最小曲率半径,设计时一般可取:

$$r_t \leqslant 0.8\rho_{min}$$

为了减小凸轮与滚子之间的接触应力和考虑安装的可能性,滚子半径又不能太小,ρ_{min} 太小将使 r_t 太小,此时应增大凸轮的基圆半径,重新设计凸轮轮廓。

2. 平底尺寸的确定

由图 5-12 可知,平底从动杆盘状凸轮机构在运动时,平底与凸轮轮廓接触的接触点至 A 点的距离 L 是不断变化的。为保证平底与凸轮轮廓曲线在任何瞬时位置都能相切接触,平底左、右两侧的宽度应分别大于左、右两侧的最远切点距离 L_{max},通常取:

$$L = L_{max} + 5 (mm)$$

二、压力角

图 5-16 所示为正置尖顶直动从动杆盘状凸轮机构,当凸轮逆时针方向转动时,从动杆沿导轨中心线上升,若不计摩擦,凸轮将以 F_n 力沿着过接触点的公法线方向作用于从动杆上,从动杆的速度方向是沿导轨中心线方向的。从动杆受法向作用力方向与从动杆速度方向所夹的锐角 α 称为凸轮机构的压力角。

将 F_n 分解为沿从动杆运动方向的有用分力 F_y 和垂直于从动杆运动方向压紧导轨的有害分力 F_x,其关系为:

$$F_y = F_n \cos\alpha$$

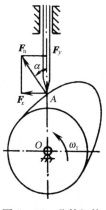

图 5-16　凸轮机构
　　　　的压力角

$$F_x = F_n \sin\alpha$$

当 F_n 一定时,压力角越大,有害分力越大,凸轮机构效率越低,当 α 增大到某一数值时,有用分力 F_y 已不能克服有害分力 F_x 所引起的摩擦阻力,此时不论 F_n 有多大,凸轮也推不动从动杆运动,这种现象称为自锁。为了使凸轮机构高效正常工作,应限制其最大压力角 α_{max} 不超过许用值 $[\alpha]$。即:

$$\alpha_{max} \leq [\alpha]$$

推程:直动从动杆 $[\alpha] = 30°$

　　　　摆动从动杆 $[\alpha] = 45°$

回程:$[\alpha] = 80°$

凸轮机构工作时,随着接触点的变化,压力角的大小也随之变化。绘制出凸轮轮廓曲线后,通常需要对推程轮廓各点处的压力角进行校核,检查 $\alpha_{max} \leq [\alpha]$ 是否满足。常用的方法是作凸轮理论轮廓曲线上若干点的法线和从动杆的速度方向线,此两条线的夹角就是压力角,比较出其中的最大值作为最大压力角 α_{max}。若校核不满足,通常可采取加大基圆半径的方法使 α_{max} 减小。

三、基圆半径的确定

如图 5-17 所示,当凸轮与从动杆在任意点 A 接触时,设计从动杆的速度为 v,凸轮 A 点的速度为 u,由速度多边形可得:

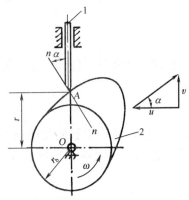

$$v = u\tan\alpha = r\omega\tan\alpha$$

$$r = \frac{v}{\omega\tan\alpha}$$

$$r_b = r - s = \frac{v}{\omega\tan\alpha} - s$$

凸轮的基圆半径,主要受以下三个条件的限制:

(1)凸轮的基圆半径应大于凸轮轴的半径。

(2)最大压力角 $\alpha_{max} \leq$ 许用压力角 $[\alpha]$。

(3)凸轮实际轮廓的最小曲率半径 $\rho > 0$。

设计时,可根据某一限制条件确定其最小基圆半径,然后用其他两个条件校核。当凸轮轴的半径 r 已知时,常

图 5-17 凸轮机构基圆半径的确定

可按下列经验公式选取:

$$r_b \geq 1.8r + r_t + (6 \sim 10)\,\mathrm{mm}$$

式中:r——安装凸轮的轴孔半径,mm;

　　　r_t——滚子半径,mm。

第六节　凸轮的结构及安装

机器中各个工作机构的运动在时间上必须按工艺要求相互配合,因此凸轮机构之间及凸轮

机构与其他工作机构之间的相对位置可以调节。

根据凸轮的使用与工作条件,凸轮的结构有整体式和可调式。

一、整体式凸轮

整体式凸轮结构简单,安装时直接调节凸轮在轴上的位置,然后紧固,这种结构一般应用于不需要经常装拆凸轮的场合。图 5－18 是利用紧定螺钉直接将凸轮固定在轴上,当旋松螺钉后,就可以改变凸轮在轴上的位置,待调整到需要的位置后再重新把螺钉拧紧。这种固定方式简单,但拧紧力有限,且易损坏轴的表面,只适用于载荷不大的场合。

图 5－19 是采用紧定螺钉通过鞍形键将凸轮固定在轴上,需要调节时可旋松螺钉,凸轮连同鞍形键即可在轴上转动,从而改变凸轮在轴上的安装位置来达到工艺要求。

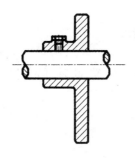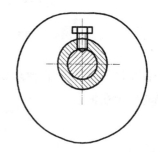

图 5－18　用紧定螺钉直接将凸轮　　　　图 5－19　用紧定螺钉通过鞍形键将
　　　　　　固定在轴上　　　　　　　　　　　　　　凸轮固定在轴上

图 5－20 是采用螺钉夹紧凸轮的结构,凸轮轮毂上开有沟槽,旋紧螺钉使凸轮紧固在轴上,需要调节时旋松螺钉即可,这种方式的安装调节比较方便,但增大了凸轮轮毂部分的径向尺寸。

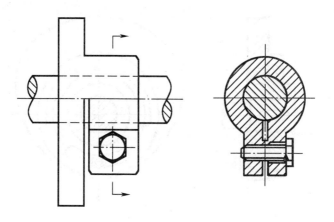

图 5－20　采用螺钉夹紧凸轮的结构

图 5－21 所示为切向锁紧装置,锁紧零件 1 和零件 2 均安置于凸轮 3 孔内,当旋紧螺钉 4 时,两零件靠近并分别依靠它们下端的弧面将凸轮 3 与轴 5 固结在一起,需要调节时可旋松螺

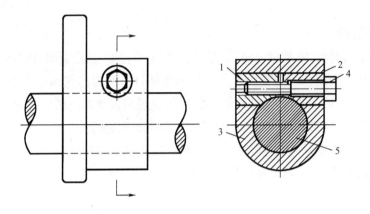

钉4,使零件1和零件2分开,才可改变凸轮3在轴5上的位置,这种方式调整方便,联接也较可靠,但构造复杂一些。

图5-21 切向锁紧装置

某些机器经校车调整后,已不再要求变更凸轮在轴上的位置,此时可先用紧定螺钉定位,然后用定位销将凸轮固定在轴上。

二、可调式凸轮

可调式凸轮结构复杂,但是对自动机械中和工作机构之间的调整及凸轮的拆卸都较方便,故这种结构在生产中应用较为广泛。

图5-22所示为凸轮与轮毂分开制造的结构,在凸轮端面上有三条圆弧槽,通过三个螺栓与轮毂联接,而轮毂与轴固结。需要调整时,只要松开螺栓,即可变更凸轮在轴上的相对位置。

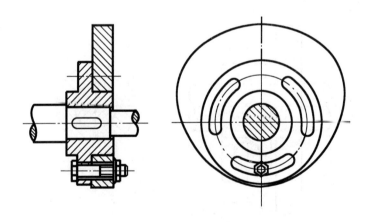

图5-22 凸轮与轮毂分开制造的结构

图5-23所示为分离式凸轮的另一种结构,凸轮由两片1与2组成,调整它们之间的相对角度,可以变更从动件停歇时间的长短。

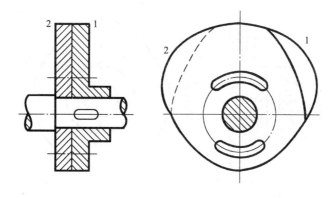

图 5 - 23　分离式凸轮的结构

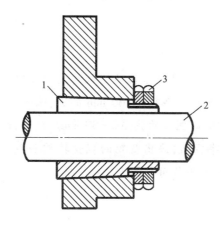

5 - 24　利用圆锥紧定套的可调式凸轮结构

图 5 - 24 所示为利用圆锥紧定套的可调式凸轮结构,圆锥套 1 套于轴 2 上,其外缘具有与凸轮内孔同样的锥度,一端车有螺纹。拧紧螺母 3,即可将凸轮、锥套与轴固结在一起,需要调整时,可旋松螺母 3,进而变更凸轮在轴上的相对位置。

图 5 - 25 和图 5 - 26 所示也是可调式凸轮结构。

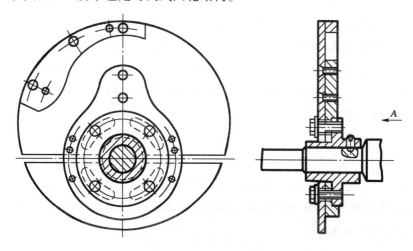

图 5 - 25　可调式凸轮结构

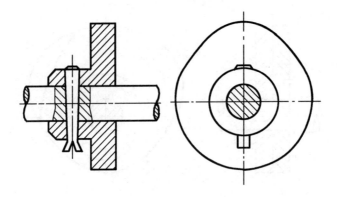

图 5-26　可调式凸轮结构

👆 习题

右图所示为一滚子正置移动从动杆盘状凸轮机构,凸轮逆时针转动。已知凸轮轮廓线是一个半径 $r = 60$ mm 的圆,滚子半径 $r_t = 16$ mm,凸轮转动中心距圆心的偏距 $e = 30$ mm。试画出该凸轮的基圆,求出基圆半径 r_b,画出凸轮的理论轮廓曲线,图示位置的压力角 α,凸轮的推程角 δ 和从动杆的推程 h。

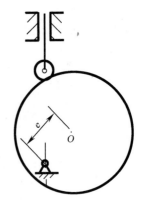

滚子正置移动从动杆
盘状凸轮机构

👆 拓展任务

请按下列要求用图解法完成凸轮轮廓曲线的设计。

要求:用 A4 纸绘制,保留作图痕迹。

(1) 一尖顶正置直动从动杆盘状凸轮机构,已知凸轮以等角速度 ω 顺时针转动,凸轮基圆半径 $r_0 = 30$mm,从动杆升程 $h = 30$mm,推程角 $\delta_1 = 1800$,远休止角 $\delta_2 = 600$,回程角 $\delta_3 = 900$,近休止角 $\delta_4 = 300$,从动杆在推程作等加速等减速运动,回程作简谐运动。

(2) 一尖顶偏置直动从动杆盘状凸轮机构,已知凸轮以等角速度 ω 顺时针转动,凸轮基圆半径 $r_0 = 40$mm,从动杆升程 $h = 30$mm,凸轮轴心偏于从动杆导轨中心线的右侧,偏距 $e = 10$mm,推程角 $\delta_1 = 1800$,远休止角 $\delta_2 = 600$,回程角 $\delta_3 = 900$,近休止角 $\delta_4 = 300$,从动杆在推程作等加速等减速运动,回程作简谐运动。

(3) 一滚子摆动从动杆盘状凸轮,已知凸轮转动中心 O 与从动杆摆动中心 A 之中心距 $OA = 150$mm,摆杆长度 $AB = 80$mm,滚子半径 $r_t = 10$mm,从动杆的摆角 $\varphi = 300$,其起始位置与 OA 线的夹角 $\varphi_0 = 150$,凸轮顺时针方向等角速转动,从动杆的运动规律为推程角 $\delta_1 = 1800$,远休止角 $\delta_2 = 600$,回程角 $\delta_3 = 900$,近休止角 $\delta_4 = 300$,从动杆在推程作等速运动,回程作等加速等减速运动。

第六章　其他常用机构

在生产中,有时要将主动件的连续转动转换为从动件的步进式间歇运动,能实现这种转换的机构有棘轮机构、槽轮机构和不完全齿轮机构。在生产中,有时还要将主动件的转动转换为从动件的移动,能实现这种转换的机构中包含有螺旋机构。

第一节　棘轮机构

一、棘轮机构的工作原理

如图6-1所示,棘轮机构主要由棘轮1,棘爪2和机架组成,棘轮通常有单向棘齿,棘爪2用转动副铰接于摇杆3上,摇杆与棘轮轴用转动副联接。当摇杆逆时针方向摆动时,棘爪在棘轮齿顶上滑过,棘轮不动;当摇杆顺时针方向摆动时,棘爪撑动棘轮转过一定角度,随着摇杆的

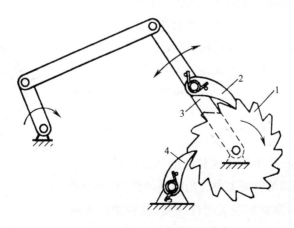

图6-1　棘轮机构

往复摆动,棘轮作单方向的步进式间歇运动。图6-1中的棘爪4为防退棘爪,用于防止棘轮反转并起定位作用。

二、棘轮机构的类型、特点及应用

1. 棘齿式棘轮机构

(1)单动棘齿式棘轮机构:如图6-1所示,单动棘齿式棘轮机构的特点是摇杆向一个方向摆动时,棘轮沿同方向转过一个角度,而摇杆反向摆动时,棘轮静止不动。这种棘轮机构用于提花织机多臂开口花筒传动中。

(2)双动式棘轮机构:如图6-2所示,双动式棘轮机构的特点是摇杆往复摆动都能撑动棘轮沿单一方向转过一个角度。

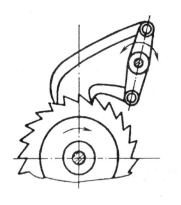

图6-2 双动式棘轮机构

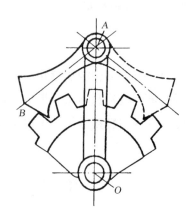

图6-3 可变向棘轮机构(一)

(3)可变向棘轮机构:这种棘轮不用上述两种棘轮所用的锯齿形齿,而采用矩形齿,如图6-3所示。其特点是:当棘爪在实线位置时,主动件使棘轮沿逆时针方向间歇运动;当棘爪翻转到虚线位置时,主动件使棘轮沿顺时针方向间歇运动。图6-4所示为另一种可变向棘轮机构,当棘爪1在图示位置时,棘轮2将沿逆时针方向作间歇运动,若提起棘爪并转动棘爪180°后,则可使棘轮实现顺时针方向的间歇运动。这种棘轮机构用于牛头刨床中。

2. 摩擦式棘轮机构

在棘齿式棘轮机构中,棘轮每次转过的角度在调整好后是不变的,其大小是相邻两齿所夹中心角的整倍数,棘轮的转角是有级性改变的。如果要实现无级性改变,就要使用无棘齿的棘轮机构,如图6-5所示。这种棘轮机构通过棘爪1与

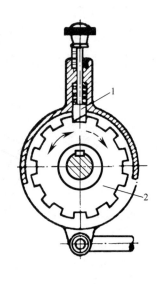

图6-4 可变向棘轮机构(二)

棘轮2之间的摩擦力来传动。

3. 内啮合棘轮机构

图6-6所示为内啮合棘轮机构,用于自行车后轮轴上,可实现超越运动,所以也叫超越式棘轮机构。当用脚蹬踏板时,经链轮1和链条2带动内圈具有棘齿的链轮3作顺时针方向转动,再通过棘爪4的作用,使后轮轴5顺时针转动,达到驱动自行车前进的目的。当自行车前进时,如果不蹬踏板,后轮轴5会在惯性的作用下超越链轮转动,让棘爪在棘轮齿背上滑过去。若反向蹬踏板,棘爪在棘轮齿背上滑过去,车轮轴不转动,避免车轮反向转动。

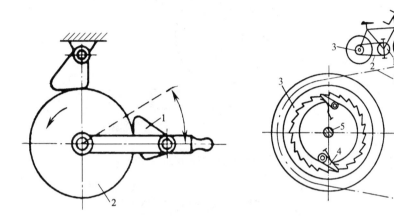

图6-5 摩擦式棘轮机构 图6-6 超越式棘轮机构

棘轮机构的特点是结构简单,转角调节方便,但所传的力不大,传动的平稳性差,适用于低速、转角不大的场合。

三、棘轮转角的调节方法

1. 改变摇杆的摆角

如图6-7所示,通过改变滑块 B 在曲柄槽中的位置来达到改变曲柄长度的目的,曲柄长度改变了,就改变了摇杆的摆角,进而改变了棘轮的转角。

2. 用罩壳改变棘爪每次推过的齿数

如图6-8所示,在棘轮外面罩一个罩壳(罩壳不随棘轮转动)。摇杆的摆角不变,改变罩壳的位置,可使棘爪行程的一部分在罩壳上滑过而不与棘齿接触,从而改变棘轮转角的大小。罩壳的位置可根据需要进行调节。

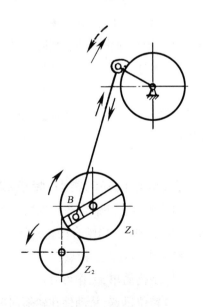

图6-7 改变棘爪摆角

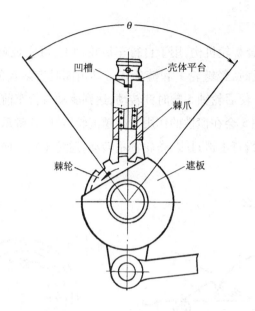

图6-8 用罩壳改变棘轮转角的大小

第二节 槽轮机构

一、槽轮机构的工作原理

槽轮机构是由带圆销的拨盘1、具有径向槽的槽轮2和机架组成。如图6-9所示。

当拨盘1上的圆销A未进入槽轮的径向槽时,槽轮的内凹锁住弧 *efg* 被拨盘的外凸锁住弧 *abc* 卡住,槽轮静止不动。当圆销A开始进入槽轮的径向槽时,内外锁住弧在图6-9所示的相对位置,此时已不起锁住作用,圆销A驱使槽轮向相反方向转动。当圆销A开始脱出槽轮的径向槽时,槽轮的另一内凹锁住弧又被拨盘的外凸锁住弧卡住,使槽轮又静止不动,直到圆销A再进入槽轮的另一径向槽时,又重复以上循环。这样就将拨盘的连续转动变为槽轮的步进式间歇转动。

二、槽轮机构的类型、特点和应用

槽轮机构有外啮合槽轮机构和内啮合槽轮机构。外啮合槽轮机构如图6-9所示,拨盘与槽轮的转向相反;内啮合槽轮机构如图6-10所示,拨盘与槽轮的转向相同。

槽轮机构有以下特点:

(1)结构简单,工作可靠。

(2)转位迅速,从动件在较短时间内能转过较大的角度。

(3)槽轮的转位时间与槽轮的静止时间之比为定值。

(4)转角不能调节。

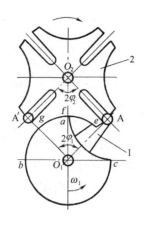

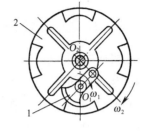

图 6 – 9　槽轮机构　　　　　图 6 – 10　内啮合槽轮机构

槽轮应用广泛,图 6 – 11 所示为六角车床的刀架转位机构,为自动换刀采用了槽轮机构。与槽轮固联的刀架上装有六种刀具,槽轮上开有六道径向槽,拨盘上装用一个圆销 A。每当拨盘 1 转一周,圆销 A 进入槽轮一次,驱使槽轮 2 转过 60°角,刀架也随着转过 60°角,从而达到换另一种刀的目的。

图 6 – 12 所示为电影放映机,要求影片作间歇运动,采用了槽轮机构。

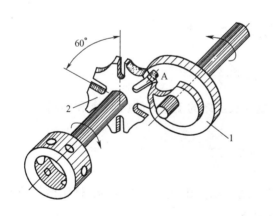

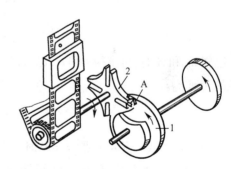

图 6 – 11　六角车床的刀架转位机构　　　　图 6 – 12　放映机

三、槽轮槽数 Z 和主动件拨盘圆销数 K 的确定

1. 槽轮槽数 Z 的选择

图 6 – 9 所示的槽轮机构,为了避免槽轮在开始转动和停止转动时发生冲击,应使圆销在进入槽轮槽的瞬时和出槽轮槽的瞬时,圆销的速度方向沿着槽轮径向槽的中心线方向,因此必须使 $O_1A \perp O_2A$,$O_1A' \perp O_2A'$。由此可得出圆销从进槽到出槽,拨盘所转过的角度 $2\phi_1$ 与槽轮相应转过的角度 $2\phi_2$ 的关系为:

$$2\phi_1 + 2\phi_2 = \pi \qquad\qquad (6-1)$$

设槽轮的槽数为 Z,则:

$$2\phi_2 = \frac{2\pi}{Z} \tag{6-2}$$

由式(6-1)和式(6-2)可得:

$$2\phi_1 = \pi - 2\phi_2 = \pi - \frac{2\pi}{Z} \tag{6-3}$$

在单圆销的槽轮机构中,拨盘转动一周称为一个运动循环。在一个运动循环内,槽轮的运动时间 $t(\text{s})$ 与拨盘的运动时间 $T(\text{s})$ 之比,称为运动系数 τ。槽轮的静止时间 $t'(\text{s})$ 与拨盘的运动时间 T 之比,称为静止系数 τ'。由于拨盘作等速转动,时间与转角成正比,所以运动系数可用转角之比来表示。

$$\tau = \frac{t}{T} = \frac{2\phi_1}{2\pi} = \frac{\pi - \frac{2\pi}{Z}}{2\pi} = \frac{1}{2} - \frac{1}{Z} = \frac{Z-2}{2Z} \tag{6-4}$$

$$\tau' = \frac{t'}{T} = 1 - \tau = 1 - \frac{Z-2}{2Z} = \frac{Z+2}{2Z} \tag{6-5}$$

设拨盘转速为 $n_0(\text{r/min})$,得:

$$T = \frac{60}{n_0}$$

代入上式,得:

$$t = \frac{Z-2}{2Z}T = \frac{Z-2}{Z} \cdot \frac{30}{n_0}$$

$$t' = \frac{Z+2}{2Z}T = \frac{Z+2}{Z} \cdot \frac{30}{n_0}$$

已知 n_0 和 Z 时,可求得 t 和 t',也可以根据最长工序的工艺时间(即 t')和不同槽数 Z 来求拨盘的转速 n_0。

$$n = \frac{Z+2}{Z} \cdot \frac{30}{t'}$$

因为运动系数 τ 应大于零($\tau = 0$ 时,槽轮始终不动),由式(6-4)可知,槽轮槽数必须等于或大于3。由于 $Z \geq 3$,由式(6-4)可知,$\tau < 0.5$。

2. 圆销数 K 的选择

如要得到 $\tau > 0.5$ 的外啮合槽轮机构,可在拨盘上安装数个圆销。设均匀分布的圆销数为 K,则槽轮在一个循环中的运动时间为只有一个圆销时的 K 倍,即:

$$\tau = \frac{K(Z-2)}{2Z}$$

由于运动系数 τ 应当小于1,由上式可得:

$$K < \frac{2Z}{Z-2}$$

由上式可知:当 $Z = 3$ 时,圆销数 K 可为1、2、3、4、5。当 $Z = 4$ 或5时,圆销数 K 可为1、2、3。当 $Z \geq 6$ 时,圆销数 K 可为1、2。

第三节　螺旋机构

一、螺旋机构的类型、特点和应用

1.螺旋机构的类型和应用

螺旋机构按用途可分为调整螺旋、起重螺旋和传动螺旋。

(1)调整螺旋:调整螺旋用来调整并固定零件或工件的位置。如机床卡盘或夹具内作为微调机构的螺旋。

(2)起重螺旋:起重螺旋用来举重或克服其他比较大的阻力。如螺旋千斤顶的螺旋。

(3)传动螺旋:传动螺旋用来传递运动及功率。如机床进给机构用的螺旋。

螺旋机构按螺纹的牙形可分为矩形螺纹、梯形螺纹、锯齿形螺纹。

2.螺旋机构的特点

(1)螺旋机构是通过螺杆转动使螺母移动,螺母移动量可以很小,故常用于微调机构。

(2)螺旋机构可以得到很大的减速比,当在主动件上施加一个不大的力矩,就可以在从动件上获得很大的推力,故适用于起重器和压力机。

(3)选用合适的螺旋升角,可使螺旋机构具有自锁性,如螺旋千斤顶。

二、螺旋机构的运动计算和几何参数

1.螺旋机构的运动计算

(1)简单螺旋机构:图6-13所示为简单螺旋机构。当螺杆1转过ϕ(rad)时,螺母2将沿螺杆的轴向移动一段距离S(mm),其值为:

$$S = l\frac{\phi}{2\pi}$$

式中:l——螺旋的导程,mm。

又设螺杆的转速为n(r/min),则螺母的速度v(mm/s)为:

$$v = \frac{nl}{60}$$

(2)差动螺旋机构:图6-14所示为差动螺旋机构,螺杆1的A段螺旋在固定的螺母中转动,而B段螺旋在不能转动但能移动的螺母2中转动。设A段螺旋的导程为l_A,B段螺旋的导程为l_B,两段螺旋螺纹的旋向相同(同为左旋或同为右旋),可求出螺杆1转过ϕ(rad)时,螺母2将沿螺杆的轴向移动一段距离S(mm),其值为:

$$S = (l_A - l_B)\frac{\phi}{2\pi}$$

由上式可知,当l_A和l_B相差很小时,位移S可以很小,这种螺旋机构称为差动螺旋机构,常用于测微计、分度机构和调节机构中。图6-14所示为调节镗刀进刀量的差动螺旋。

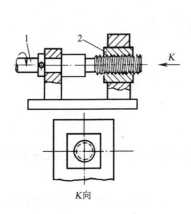

图 6 - 13　螺旋机构

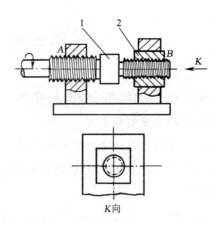

图 6 - 14　差动螺旋机构

（3）复式螺旋机构：图 6 - 14 所示的两段螺旋的旋向相反，则螺母 2 的位移为：

$$S = (l_A + l_B) \frac{\phi}{2\pi}$$

图 6 - 14 所示为两段螺旋旋向相反的螺旋机构，用于车辆联接。它可使两个车钩很快地靠近或离开。

2. 螺旋的升角、导程和头数

螺旋的升角是螺旋线的切线与端面的夹角。对于要求自锁的螺旋机构和起微调作用的螺旋机构，就选较小的螺旋升角。

$$\tan\alpha = \frac{Zt}{\pi d_2}$$

$$S = Zt$$

式中：α——螺旋升角；

　　Z——螺旋线数；

　　t——螺距；

　　d_2——螺纹中径；

　　S——导程。

螺旋的导程是同一条螺旋线上相邻两螺纹牙同侧点之间的轴向距离。导程大有利于螺纹牙的强度。

螺旋的头数是一个螺杆上的螺纹线数。传动精度要求高时，不宜用多头螺纹。

螺旋机构在纺织设备中应用较多，图 6 - 15 所示为片梭织机中的制梭机构，步进电动机 1 转动，带动丝杆 2 转动、螺母 3 移动，传动斜面机构及滑块机构运动，调整制梭板的间隙，从而调节制梭力和时间。

在分条整经机等纺织设备上都应用了螺旋机构。

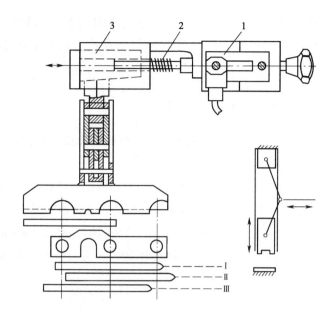

图 6 – 15　片梭织机中的制梭机构

第四节　不完全齿轮机构

一、不完全齿轮机构的工作原理

图 6 – 16 所示为不完全齿轮机构,其中主动轮 1 上只有一部分圆周上有轮齿,当主动轮连续转动时,从动轮 2 作时转时停的间歇运动。

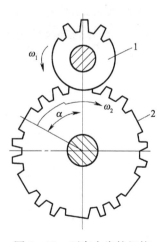

图 6 – 16　不完全齿轮机构

二、不完全齿轮机构的特点

不完全齿轮机构的特点是结构简单,加工方便,改变主动轮和从动轮的齿数将直接影响从动轮在一个运动循环内的停歇时间,所以这种机构的间歇运动特性比其他间歇运动机构灵活。但从动轮的运动在开始和终了时有剧烈的冲击,所以这种间歇运动机构用于低速、轻载的场合。

☞ 习题

1. 某棘轮机构,棘轮齿数为 36 齿,棘爪装在曲柄摇杆机构的摇杆上,曲柄转一转,摇杆摆动角度为 35°,问曲柄转一转,棘轮转几个齿?

2. 在一台自动车床上,装有一个四槽外槽轮机构,若已知槽轮停歇时,完成工艺动作所需的时间为 30 s,求圆销数为 1 时,圆销的转速及槽轮转位所需的时间。

3. 外圆磨床砂轮架横向进给机构,砂轮架即螺母,螺杆(丝杠)螺距 $t = 3$ mm,螺杆为单线螺杆,求螺杆转一转,砂轮架移动的距离。砂轮转 90°,砂轮架移动的距离。

☞ 拓展任务

蜗轮蜗杆间歇式卷曲机构是一种织造过程中卷曲量可变的机械式卷曲结构,其结构如右图所示,这种结构常用于 GA747 型等织机,卷曲机构的动力来自于筘座运动,当筘座从后方向前方摆动时,通过连杆传动给推杆 1,经过棘爪 2 推动变换棘轮 3 转过 m 个齿,再通过单线蜗杆 4、蜗轮 5 带动卷曲辊回转,卷取一定长度的织物,安装在传动轴 9 一端的制动轮 8 起到握持传动轴的作用,防止传动过程中由于惯性而引起的传动轴过冲现象,保证卷曲量准确、恒定。

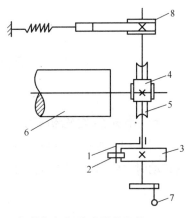

蜗轮蜗杆间歇式卷曲机构

请到学校实训中心,现场查看该卷曲机构,分析棘轮机构在该机构中所起的作用,同时考虑如何改变棘轮每次转过的角度从而改变纬密。

第七章　带传动和链传动

本章知识点

1. 掌握带传动的工作原理、特点，了解同步齿形带传动。

2. 了解链传动工作原理、特点。

第一节　带传动

带传动一般是有主动轮、从动轮、紧套在两轮上的传动带及机架组成。当原动机驱动带轮 1 转动时，通过带轮与传动带 3 的摩擦或啮合作用，使从动轮 2 一起转动，从而实现运动和动力的传递。如图 7 - 1 所示。

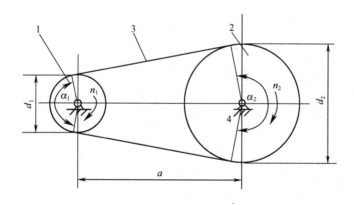

图 7 - 1　带传动

带传动的优点为：结构简单，易于制造，成本低；可以实现大的中心距传动；传动平稳，噪声低；有缓冲吸振性；过载打滑，有保护作用。

带传动的缺点为：不能保证准确的传动比；传递的功率小；寿命低；效率低（一般为 0.94 ~ 0.97）。

一般情况下，带传动的功率 $P \leqslant 100$ kW，带速 $v = 5 ~ 30$ m/s，平均传动比 $i \leqslant 5$，效率为 0.94 ~ 0.97。高速带传动的带速 $v = 60 ~ 100$ m/s，平均传动比 $i \leqslant 7$。同步齿形带传动的功率 $P \leqslant 200$ kW，带速 $v = 40 ~ 50$ m/s，平均传动比 $i \leqslant 10$，效率为 0.98 ~ 0.99。

一、带传动的类型

1. 平皮带

平皮带简称平带。普通织物带的线速度 $v \leqslant 30$ m/s，新材料织物带，如涤纶纤维带、芳纶纤维带和丝织带，用在轻载高速场合下，线速度可达 100 m/s，传动比 $i \leqslant 5$，如图 $7-2$(a) 所示。

2. V 形带

V 形带简称 V 带，应用广泛，传递功率 $P \leqslant 50$ kW，线速度为 $5 \sim 25$ m/s，传动比 $i \leqslant 7$，如图 $7-2$(b) 所示。

3. 多楔带

多楔带相当于多根 V 形带的组合，能传递更大的功率（农业机械），如图 $7-3$ 所示。

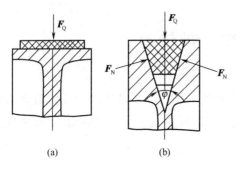

(a)　　　　　　(b)

图 7-2　平带和 V 带

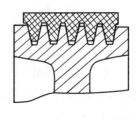

图 7-3　多楔带

4. 圆形带

圆形带适用于传递低速、小功率的场合。如图 $7-4$ 所示。

5. 同步齿形带

同步齿形带的平均传动比准确、可靠。如图 $7-5$ 所示。

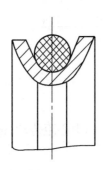

图 7-4　圆形带

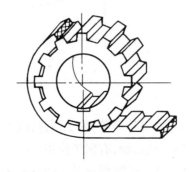

图 7-5　同步齿形带

同步齿形带传动综合了带传动和链传动的特点。同步齿形带的强力层为多股绕制的钢丝绳或玻璃纤维绳，基体为氯丁橡胶或聚氨酯橡胶，带内环表面成齿形，如图 $7-6$ 所示。工作时，带内环表面上的凸齿与带轮外缘上的齿槽相啮合而进行传动,如图7-7所示。带的强力层承载后变形小,其周节保持不变,故带与带轮间没有相对滑动,保证了同步传动。

同步齿形带传动的优点是:无相对滑动,带长不变,传动比稳定;带薄而轻,强力层强度高,适用于高速传动;带的柔性好,可用直径较小的带轮,结构紧凑,能获得较大的传动比;传动效率高;初拉力较小。

主要缺点是制造、安装精度要求较高,成本高。

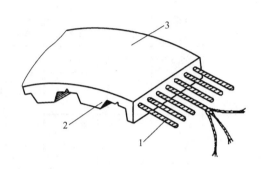

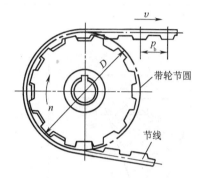

图7-6 同步齿形带的结构

1—强力层 2—带齿 3—带背

图7-7 同步齿形带传动

同步齿形带传动主要用于要求传动比准确的中、小功率传动中,如计算机、录音机、磨床和纺织机械等,其传动比为 $i = \dfrac{n_1}{n_2} = \dfrac{Z_2}{Z_1}$。

二、V带的结构和标准

V带也叫三角带,标准V带都制成无接头的环形带,其横截面结构如图7-8所示。V带有伸张层、强力层、压缩层和包布层组成。强力层的结构形式有帘布结构和线绳结构两种。

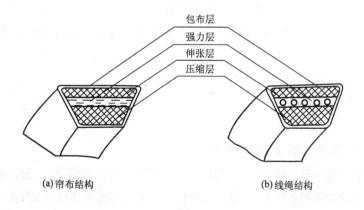

(a)帘布结构   (b)线绳结构

图7-8 V带的结构

普通 V 带的尺寸已标准化,按截面尺寸由小到大的顺序分为 Y、Z、A、B、C、D、E 七种型号。在同样条件下,截面尺寸大则传递的功率就大。

V 带在带轮上产生弯曲,外层受拉变长,内层受压变短,两层之间存在一个长度不变的中性层,中性层长度称为带的节线长度或基准长度 L_d,与基准长度相切的带轮直径称基准直径 D。

V 带的截面尺寸如下表所示。

V 带的截面尺寸(GB 11544—89) 单位:mm

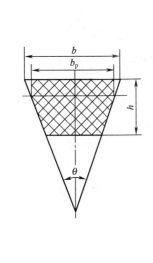

带　　型		节宽 b_p	基本尺寸		
普通 V 带	窄 V 带		顶宽 b	带高 h	楔角 θ
Y		5.3	6	4	
Z（旧国际 O 型）	SPZ	8.5	10	6 / 8	
A	SPA	11.0	13	8 / 10	
B	SPB	14.0	17	11 / 14	40°
C	SPC	19.0	22	14 / 18	
D		27.0	32	19	
E		32.0	38	25	

V 带的标记由带型、基准长度和标准号组成。例如,A 型普通 V 带,基准长度为 1400 mm,其标记为:A—1400 GB 11544—89。

带的标记通常压印在带的外表面上,以便选用时识别。

三、V 带轮的结构

带轮材料常采用铸铁、钢、铝合金或工程塑料等。当带速 $v \leqslant 25$ m/s 时,采用 HT150;当 $v = 25 \sim 30$ m/s 时,采用 HT200;当 $v \geqslant 25 \sim 45$ m/s 时,采用球铁、铸钢或锻钢;小功率传动时,可采用铸铝或塑料等材料。

带轮的结构由轮缘、轮辐、轮毂三部分组成。

V 带轮的结构及型式如图 7 - 9 所示。

四、带传动考虑摩擦时的平衡条件

为保证带传动正常工作,传动带必须以一定的张紧力套在带轮上。当传动带静止时,带两边承受相等的拉力,称为初拉力 F_0,如图 7 - 10(a)所示。当传动带传动时,由于带和带轮接触面间摩擦力的作用,带两边的拉力不再相等,如图 7 - 10(b)所示。绕入主动轮的一边被拉紧,

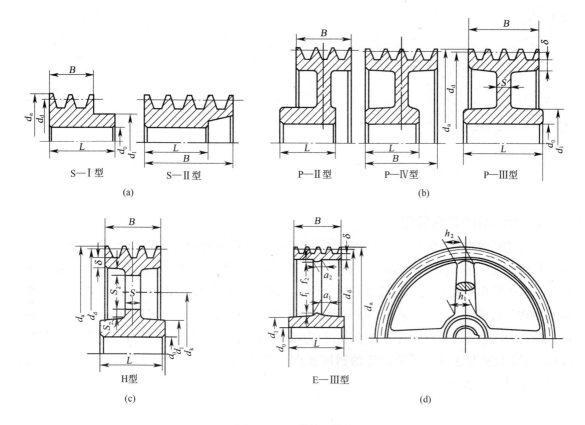

图 7 – 9　V 带轮的结构

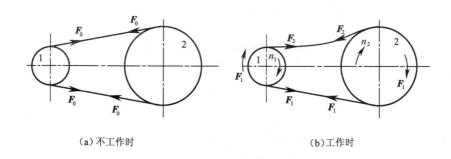

（a）不工作时　　　　　　　（b）工作时

图 7 – 10　带传动的工作原理图

拉力由 F_0 增大到 F_1，称为紧边；绕入从动轮的一边被放松，拉力由 F_0 减小为 F_2，称为松边。设环形带的总长度不变，则紧边拉力的增加量 $F_1 - F_0$ 应等于松边拉力的减少量 $F_0 - F_2$，即：

$$F_0 = \frac{F_1 + F_2}{2} \tag{7 – 1}$$

带两边的拉力之差 F 称为带传动的有效拉力。实际上 F 是带与带轮之间摩擦力的总和，在最大静摩擦力范围内，带传动的有效拉力 F 与总摩擦力相等，F 同时也是带传动所传递的圆

周力,即:

$$F = F_1 - F_2 \qquad (7-2)$$

带传动所传递的功率为:

$$P = \frac{Fv}{1000} \qquad (7-3)$$

式中:P——传递功率,kW;

F——有效圆周力,N;

v——带的速度,m/s。

五、带传动的传动特性

传动带是弹性体,受到拉力后会产生弹性伸长,伸长量随拉力大小的变化而改变。带由紧边绕过主动轮进入松边时,带内拉力由 F_1 减小为 F_2,其弹性伸长量也由 δ_1 减小为 δ_2。这说明带在绕经带轮的过程中,相对于轮面向后收缩了 $\Delta\delta(\Delta\delta = \delta_1 - \delta_2)$,带与带轮轮面间出现局部相对滑动,导致带的速度逐渐小于主动轮的圆周速度,如图 7-11 所示。同样,当带由松边绕过从动轮进入紧边时,拉力增加,带逐渐被拉长,沿轮面产生向前的弹性滑动,使带的速度逐渐大于从动轮的圆周速度。这种由于带的弹性变形而产生的带与带轮间的滑动称为弹性滑动。

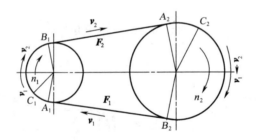

图 7-11　带传动的弹性滑动

弹性滑动和打滑是两个截然不同的概念。打滑是指过载引起的全面滑动,是必须避免的。而弹性滑动是由拉力差引起的,只要传递圆周力,就必然会发生弹性滑动。所以,弹性滑动是不可避免的。

带的弹性滑动使从动轮的圆周速度 v_2 低于主动轮的圆周速度 v_1,其速度的降低率用滑动率 ε 表示,即:

$$\varepsilon = \frac{v_1 - v_2}{v_2} = \frac{\pi d_1 n_1 - \pi d_2 n_2}{\pi d_1 n_1} \qquad (7-4)$$

式中:n_1, n_2——主动轮、从动轮的转速,r/min;

d_1, d_2——主动轮、从动轮的直径(对 V 带传动则为带轮的基准直径),mm。

由上式得带传动的传动比为:

$$i = \frac{n_1}{n_2} = \frac{d_2}{d_1(1 - \varepsilon)} \qquad (7-5)$$

从动轮的转速为:

$$n_2 = \frac{n_1 d_1(1 - \varepsilon)}{d_2} \qquad (7-6)$$

因带传动的滑动率 $\varepsilon = 0.01 \sim 0.02$,其值很小,所以在一般传动计算中可不予考虑。

六、V 带传动的张紧与维护

1. 张紧装置

带传动工作一段时间后就会由于塑性变形而松弛,使初拉力减小,传动能力下降,这时必须要重新张紧。

(1)调整中心距方式:

①定期张紧:定期调整中心距以恢复张紧力,如图 7 – 12 所示。

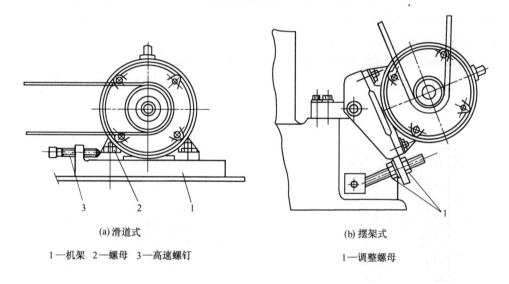

(a)滑道式　　　　　　　　　　(b)摆架式

1—机架　2—螺母　3—高速螺钉　　　　1—调整螺母

图 7 – 12　带的定期张紧装置

②自动张紧:将装有带轮的电动机安装在浮动的摆架上,利用电动机的自重张紧传动带,通过载荷的大小自动调节张紧力,如图 7 – 13 所示。

(2)张紧轮张紧:若带传动的中心距不可调整时,可采用张紧轮张紧。

①调位式内张紧轮装置,如图 7 – 14(a)所示。

②摆锤式内张紧轮装置,如图 7 – 14(b)所示。

张紧轮一般设置在松边的内侧且靠近大轮处。若设置在外侧时,则应使其靠近小轮,这样可以增加小带轮的包角,提高带

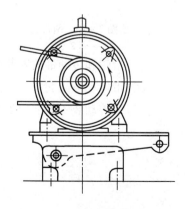

图 7 – 13　带的自动张紧装置

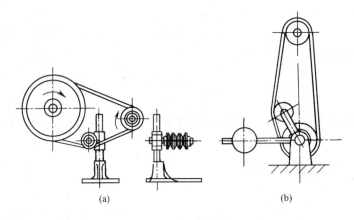

图 7 - 14　张紧轮装置

的疲劳强度。

2. 带传动的安装和维护

（1）带的型号和带轮的型号必须一致。

（2）带的长度必须一致。

（3）两轴线平行，带轮的轮槽方向必须一致，如图 7 - 15 所示。

（4）应定期检查 V 带的张紧程度，如图 7 - 16 所示。如有一根松弛或损坏则应全部更换新带。

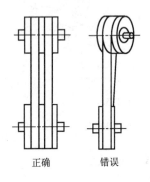

正确　　　错误

图 7 - 15　两带轮的相对位置

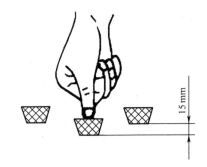

图 7 - 16　检查 V 带的张紧程度

（5）带轮和传动带的安装必须符合规范。

（6）带传动不需润滑，避免带与酸、碱、油污接触，工作温度不应超过 60℃。

（7）带传动装置外面应加安全保护罩。

第二节　链传动简介

链传动是一种具有中间挠性件（链条）的啮合传动，它同时具有刚、柔特点，是一种应用十分广泛的机械传动形式。如图 7 - 17 所示,链传动由主动链轮 1、从动链轮 2 和中间挠性件(链条)3 组成,通过链条的链节与链轮相啮合传递运动和动力。

与带传动相比,链传动能得到准确的平均传动比,张紧力小,故对轴的压力小。链传动可在高温、油污、潮湿等恶劣环境下工作,但其传动平稳性差,工作时有噪声,一般多用于中心距较大的两平行轴之间的低速传动。

链传动适用的一般范围为:传递功率 $P \leq 100$ kW,中心距 $a \leq 5 \sim 6$ m,传动比 $i \leq 8$,链速 $v \leq 15$ m/s,传动效率为 $0.95 \sim 0.98$。

链传动广泛应用于矿山机械、冶金机械、运输机械、机床传动及轻工机械中。

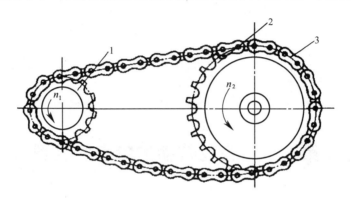

图 7 - 17　链传动

按用途的不同,链条可分为传动链、起重链和曳引链。用于传递动力的传动链又有齿形链和滚子链两种。齿形链运转较平稳,噪声小,又称无声链,适用于高速、运动精度较高的传动中,链速可达 40 m/s,但缺点是制造成本高、重量大。

我国目前使用的滚子链的标准为 GB 1243.1—83,分为 A、B 两个系列,常用的是 A 系列。国际上链节距均采用英制单位,我国标准中规定链节距的单位采用公制(按转换关系把英制换算成公制)。对应的链节距有不同的链号,用链号乘以 $\dfrac{25.4}{16}$ mm 所得的数值即为链节距 $p(\text{mm})$。

滚子链的标记方法为:链号—排数×链节数　标准代号。

例如 A 系列滚子链,节距为 19.05 mm,双排,链节数为 100,其标记方法为:12A—2×100 GB 1243.1—83。

🖝 习题

1. 带传动的主要类型有哪些? 各有何特点?

2. 带传动的弹性滑动和打滑是怎样产生的? 对传动有何影响?

3. 有一带传动,已知主动轮转速为 1460 r/min,直径为 125 mm,要求从动轮转速为 600 r/min,已知滑动率为 0.02,试确定从动轮的直径。

4. 链传动和带传动相比有何特点?

第八章　齿轮传动

本章知识点

1. 掌握齿轮传动的类型、特点。
2. 掌握齿轮传动的计算方法。
3. 掌握齿轮传动正确啮合条件。
4. 了解齿轮传动受力分析。

第一节　齿轮传动的特点和类型

齿轮传动的适用范围很广,可用来传递任意两轴之间的运动和动力。是现代机械中应用最广的一种机械传动。

一、传动特点

和其他机械传动相比,齿轮传动的主要优点是:

(1)工作可靠,传动平稳,使用寿命长;

(2)瞬时传动比为常数;

(3)传递动力大,传动效率高;

(4)结构紧凑;

(5)功率和速度适用范围广等。

主要缺点是:

(1)齿轮制造需专用机床和设备,成本较高;

(2)精度低时,振动和噪声较大;

(3)不适用于轴间距离大的传动等。

二、基本类型

齿轮传动的分类见表 8 - 1。其中按轴的布置方式和齿线相对于齿轮母线方向划分的常用齿轮传动类型见图 8 - 1。

表 8-1　齿轮传动的类型

项 目	齿轮传动类型
按轴的布置方式分	平行轴齿轮传动,相交轴齿轮传动,交错轴齿轮传动
按齿线相对于齿轮母线方向分	直齿,斜齿,人字齿,曲线齿
按齿轮传动工作条件分	闭式传动,开式传动,半开式传动
按齿槽曲线分	渐开线齿,摆线齿,圆弧齿

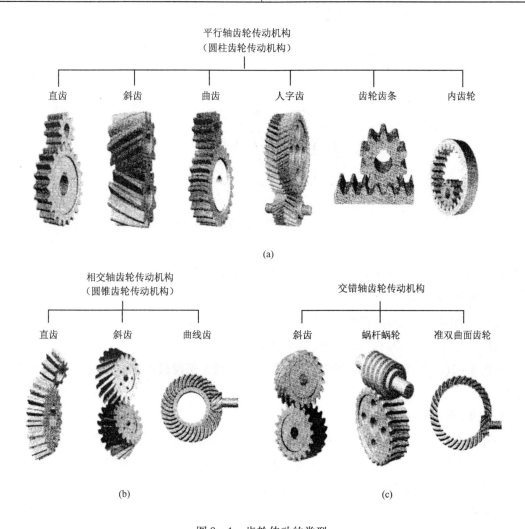

图 8-1　齿轮传动的类型

第二节　齿轮传动的几何计算

一、齿轮各部分的名称和符号

图 8-2 所示为直齿圆柱齿轮的一部分,图 8-2(a)所示为外齿轮,图 8-2(b)所示为内齿轮,图 8-2(c)所示为齿条。

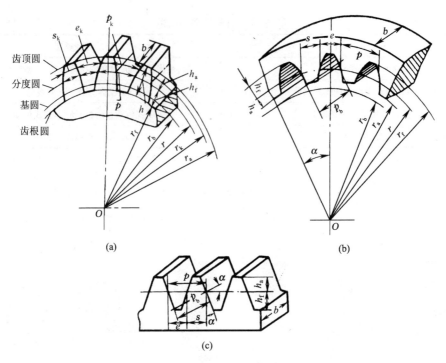

图 8 - 2　齿轮各部分的名称和符号

1. 齿数

在齿轮圆周上均匀分布的轮齿总数称为齿数,用 Z 表示。

2. 齿顶圆、齿根圆

相邻两齿间的空间称为齿槽,过所有齿槽底部的圆称为齿根圆,其半径用 r_f 表示。

过所有轮齿顶部的圆称为齿顶圆,其半径用 r_a 表示。

由图 8 - 2(a)和图 8 - 2(b)可知,外齿轮的齿顶圆大于齿根圆,而内齿轮的齿顶圆小于齿根圆。

3. 齿厚、齿槽宽、齿距

在任意半径为 r_k 的圆周上,一个轮齿两侧齿廓间的弧长称为该圆上的齿厚,用 s_k 表示。

在任意半径为 r_k 的圆周上,相邻两齿间的弧长称为该圆上的齿槽宽,用 e_k 表示。

相邻两齿同侧齿廓间的弧长称为该圆上的齿距,用 p_k 表示。并且 $p_k = s_k + e_k$。

由齿距定义可知:

$$p_k \cdot Z = \pi d_k$$

则
$$d_k = Z p_k / \pi = Z m_k$$

式中,$m_k = p_k / \pi$,m_k 称为该圆上的模数。

4. 分度圆

为使设计制造方便,人为地规定一个圆,使该圆上的模数为标准值,并使压力角也为标准值,该圆称为分度圆。分度圆直径用 d 表示,分度圆上的参数均不加下标,如分度圆上的模数为 m,压力角为 α 等。国家标准规定,标准压力角为 $20°$,标准模数系列如表 8 - 2 所示。

表 8 – 2　标准模数(摘自 GB 1357—87)

第一系列	0.1	0.12	0.15	0.2	0.25	0.3	0.4	0.5	0.6	0.8	1
	1.25	1.5	2	2.5	3	4	5	6	8	10	12
	16	20	25	32	40	50	—	—	—	—	—
第二系列	0.35	0.7	0.9	1.75	2.25	2.75	(3.25)	3.5	(3.75)	4.5	5.5
	(6.5)	7	9	(11)	14	18	22	28	(30)	36	45

5. 齿顶高、齿根高、全齿高

分度圆与齿顶圆之间的径向距离称为齿顶高,用 h_a 表示。

分度圆与齿根圆之间的径向距离称为齿根高,用 h_f 表示。

齿顶圆与齿根圆之间的径向距离称为全齿高,用 h 表示。且 $h = h_a + h_f$。

当齿轮上各圆半径趋于无穷大时,齿轮演变成齿条,如图 8 - 2(c)所示。齿轮的齿廓曲线变成直线,同时齿顶圆、齿根圆、分度圆也变成相应的齿顶线、齿根线、分度线。齿条上同侧齿廓相互平行,所以齿廓各处齿距都相等,但只有在分度线上,齿厚与齿槽宽才相等,即 $s = e = m\pi/2$。齿条齿廓上各点的压力角都相等,均为标准值20°。

分度圆上齿厚等于齿槽宽的齿轮称为标准齿轮。

二、标准直齿圆柱齿轮的基本参数及几何尺寸计算

1. 五个基本参数

$Z, m, \alpha, h_a{}^*, c^*, B$。

其中 $h_a{}^*$ 称为齿顶高系数,c^* 称为顶隙系数,B 为齿轮宽度。国家标准规定的标准值为 $ha^* = 1, c^* = 0.25$。

2. 几何尺寸计算

几何尺寸的计算公式用上述六个基本参数表示,计算公式见表 8 - 3。

表 8 - 3　标准直齿圆柱齿轮的几何尺寸计算公式

序　号	名　称	符　号	计　算　公　式
1	齿顶高	h_a	$h_a = h_a{}^* m = m$
2	齿根高	h_f	$h_f = (h_a{}^* + c^*)m = 1.25m$
3	齿全高	h	$h = h_a + h_f = (2h_a{}^* + c^*)m = 2.25m$
4	顶　隙	c	$c = c^* m = 0.25m$
5	分度圆直径	d	$d = mZ$
6	基圆直径	d_b	$d_b = d\cos\alpha$
7	齿顶圆直径	d_a	$d_a = d \pm 2h_a = m(Z \pm 2h_a{}^*)$
8	齿根圆直径	d_f	$d_f = d \mp 2h_f = m(Z \mp 2h_a{}^* \mp 2c^*)$
9	齿　距	p	$p = \pi m$
10	齿　厚	s	$s = \dfrac{p}{2} = \dfrac{\pi m}{2}$

序　号	名　　称	符　号	计　算　公　式
11	齿槽宽	e	$e = \dfrac{p}{2} = \dfrac{\pi m}{2}$
12	标准中心距	a	$a = \dfrac{1}{2}(d_2 \pm d_1) = \dfrac{1}{2}m(Z_2 \pm Z_1)$

注　表中正负号处,上面符号用于外齿轮,下面符号用于内齿轮。

第三节　齿轮传动

一、渐开线直齿圆柱齿轮的正确啮合条件

一对渐开线齿轮能保证定传动比传动,但并不说明任意两个渐开线齿轮都能正确啮合传动,要正确啮合,必须满足一定的条件,即正确啮合条件。

如图 8 − 3 所示,设相邻两齿同侧齿廓与啮合线 N_1N_2(同时为啮合点的法线)的交点分别为 K_1 和 K_2,线段 K_1K_2 的长度称为齿轮的法向齿距。显然,要使两轮正确啮合,它们的法向齿距必须相等。由渐开线的性质可知,法向齿距等于齿轮基圆上的齿距,因此要使两轮正确啮合,必须满足 $p_{b1} = p_{b2}$,而 $p_b = \pi m \cos\alpha$,故可得:

$$\pi m_1 \cos\alpha_1 = \pi m_2 \cos\alpha_2$$

由于渐开线齿轮的模数 m 和压力角 α 均为标准值,所以两轮的正确啮合条件为:

$$m_1 = m_2 = m$$

$$\alpha_1 = \alpha_2 = \alpha$$

即两轮的模数和压力角分别相等。

二、渐开线齿轮传动的重合度

齿轮传动是依靠两轮的轮齿依次啮合而实现的。如图 8 − 4 所示,齿轮 1 是主动轮,齿轮 2 是从动轮,齿轮的啮合是从主动轮的齿顶开始的,因此初始啮合点是从动轮齿顶与啮合线的交点 B_2 点,一直啮合到主动轮的齿顶与啮合线的交点 B_1 点为止,由此可见,B_1B_2 是实际啮合线长度。显然,随着齿顶圆的增大,B_1B_2 线可以加长,但不会超过 N_1 和 N_2 点,N_1、N_2 两点称为啮合极限点,N_1N_2 为理论啮合线长度。当 B_1B_2 恰好等于 p_b 时,即前一对齿在 B_1 点即将脱离,后一对齿刚好在 B_2 点接触时,齿轮能保证连续传动。但若齿轮 2 的齿顶圆直径稍小,它与啮合线的交点在 B_2,即 $B_1B_2 < p_b$。此时前一对齿即将分离,后一对齿尚未进入啮合,齿轮传动就会中断。如图 8 − 4 中虚线所示,前一对齿到达 B_1 点时,后一对齿已经啮合多时,此时 $B_1B_2 > p_b$。由此可见,齿轮连续传动的条件为:

$$\varepsilon = \frac{B_1B_2}{p_b} \geqslant 1$$

ε 称为重合度,它表明同时参与啮合轮齿的对数。ε 大,表明同时参与啮合轮齿的对数多,

每对齿的负荷小,负荷变动量也小,传动平稳。因此 ε 是衡量齿轮传动质量的指标之一。

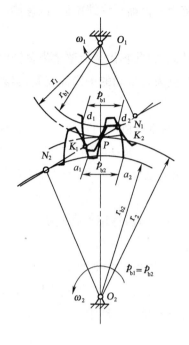

图 8 - 3　正确啮合的条件

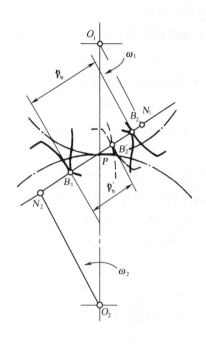

图 8 - 4　齿轮传动的重合度

第四节　斜齿轮传动

一、斜齿圆柱齿轮齿廓的形成及其啮合特点

由于圆柱齿轮是有一定宽度的,因此轮齿的齿廓沿轴线方向形成一曲面。直齿轮轮齿渐开线曲面的形成如图 8 -5(a)所示,平面 S 与基圆柱相切于母线 NN,当平面 S 沿基圆柱做纯滚动时,其上与母线平行的直线 KK 在空间所走的轨迹即为渐开线曲面,平面 S 称为发生面,形成的曲面即为直齿轮的齿廓曲面。

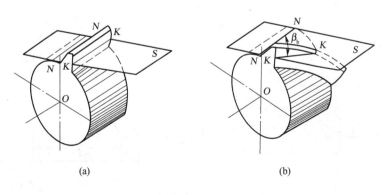

(a)　　　　　　　　(b)

图 8 - 5　渐开线曲面的形成

斜齿圆柱齿轮齿廓曲面的形成如图8-5(b)所示,当平面S沿基圆柱做纯滚动时,其上与母线NN成一倾斜角β_b的斜直线KK在空间所走过的轨迹为一个渐开线螺旋面,该螺旋面即为斜齿圆柱齿轮的齿廓曲面,β_b称为基圆柱上的螺旋角。

直齿圆柱齿轮啮合时,齿面的接触线均平行于齿轮轴线。因此轮齿是沿整个齿宽同时进入啮合、同时脱离啮合的,载荷沿齿宽突然加上及卸下。因此直齿轮传动的平稳性较差,容易产生冲击和噪声,不适用于高速和重载的传动中。

斜齿圆柱齿轮的齿廓在任何位置啮合时,其接触线都是与轴线倾斜的直线。一对轮齿从开始啮合起,斜齿轮齿廓接触线的长度由零逐渐增加至最大值,以后又逐渐缩短到零,脱离啮合,所以轮齿的啮合过程是一种逐渐的啮合过程。另外,由于轮齿是倾斜的,所以同时啮合的齿数较多。因此,斜齿圆柱齿轮传动有以下特点:

(1)齿廓误差对传动的影响较小,传动的冲击、振动和噪声较轻,适用于高速场合。

(2)传动能力较大,适用于重载。

(3)在传动时产生轴向分力Fa,它对轴和轴承支座的结构提出了特别的要求。

若采用人字齿轮,可以消除轴向分力的影响。人字齿轮的轮齿左右两侧完全对称,其两侧所产生的两个轴向力互相平衡。人字齿轮适用于传递大功率的重型机械中。

二、斜齿圆柱齿轮的主要参数和几何尺寸计算

斜齿轮的轮齿为螺旋形,在垂直于齿轮轴线的端面(下标以 t 表示)和垂直于齿廓螺旋面的法面(下标以 n 表示)上有不同的参数。斜齿轮的端面是标准的渐开线,但从斜齿轮的加工和受力角度看,斜齿轮的法面参数应为标准值。

1. 螺旋角

图8-6所示为斜齿轮分度圆柱面展开图,螺旋线展开成一直线,该直线与轴线的夹角为β,称为斜齿轮在分度圆柱上的螺旋角,简称斜齿轮的螺旋角。

$$\tan\beta = \frac{\pi d}{p_s}$$

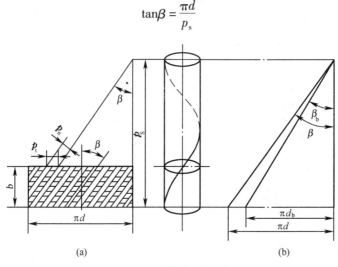

(a)   (b)

图8-6 斜齿轮的展开

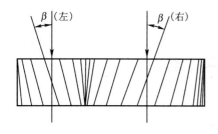

图 8-7 斜齿轮轮齿的旋向

式中,p_s 为螺旋线的导程,即螺旋线绕一周时沿齿轮轴方向前进的距离。

斜齿轮按其齿廓渐开螺旋面的旋向,可分为右旋和左旋两种,如图 8-7 所示。其旋向判别方法是:将斜齿轮以轴线铅垂放置,若螺旋线右侧高即为右旋,左侧高即为左旋。

2. 模数

如图 8-6 所示,p_t 为端面齿距,而 p_n 为法面齿距,

$$p_n = p_t \cos\beta$$

因为:

$$p = \pi m$$

所以:

$$\pi m_n = \pi m_t \cos\beta$$

$$m_n = m_t \cos\beta$$

3. 压力角

$$\tan\alpha_n = \tan\alpha_t \cos\beta$$

4. 齿顶高系数及顶隙系数

斜齿轮的齿顶高和齿根高不论从端面还是从法面来看都是相等的,即:

$$h_{an}^* m_n = h_{at}^* m_t \quad 及 \quad c_n^* m_n = c_t^* m_t$$

得:

$$h_{at}^* = h_{an}^* \cos\beta, c_t^* = c_n^* \cos\beta$$

5. 斜齿轮的几何尺寸计算

斜齿轮的啮合在端面上相当于一对直齿轮的啮合,因此将斜齿轮的端面参数代入直齿轮的计算公式,就可得到斜齿轮的相应尺寸,见表 8-4。

表 8-4 外啮合标准圆柱斜齿轮传动的几何尺寸计算公式

名 称	符 号	计 算 公 式
分度圆直径	d	$d = m_t Z = (m_n/\cos\beta)Z$
齿顶高	h_a	$h_a = m_n$
齿顶圆直径	d_a	$d_a = d + 2h_a$
齿根高	h_f	$h_f = 1.25 m_n$
齿根圆直径	d_f	$d_f = d - 2h_f$
齿全高	h	$h = h_a + h_f = 2.25 m_n$
标准中心距	a	$a = \dfrac{1}{2}(d_1 + d_2) = \dfrac{1}{2}m_t(Z_1 + Z_2) = \dfrac{m_n}{2\cos\beta}(Z_1 + Z_2)$

三、斜齿轮的正确啮合条件

要使一对平行轴斜齿轮能正确啮合,除满足直齿轮的正确啮合条件外,还需考虑两个斜齿轮螺旋角的匹配问题,故平行轴斜齿轮正确啮合的条件为:

$$m_{n1} = m_{n2} = m_n, \alpha_{n1} = \alpha_{n2} = \alpha, \beta_1 = \pm\beta_2$$

或

$$m_{t1} = m_{t2}, \alpha_{t1} = \alpha_{t2}, \beta_1 = \pm\beta_2$$

式中:正号用于内啮合,表示两轮的螺旋角大小相等、旋向相同;负号用于外啮合,表示两轮

的螺旋角大小相等、旋向相反。

第五节　直齿圆锥齿轮传动

一、概述

1. 功用

圆锥齿轮传动用来传递相交两轴的运动和动力。

2. 特点

如图 8-8(a)所示。圆锥齿轮的轮齿分布在圆锥体上,从大端到小端逐渐减小。一对圆锥齿轮的运动可以看成是两个锥顶共点的圆锥体相互做纯滚动,这两个锥顶共点的圆锥体就是节圆锥。此外,与圆柱齿轮相似,圆锥齿轮还有基圆锥、分度圆锥、齿顶圆锥和齿根圆锥。对于正确安装的标准圆锥齿轮传动,其节圆锥与分度圆锥应该重合。

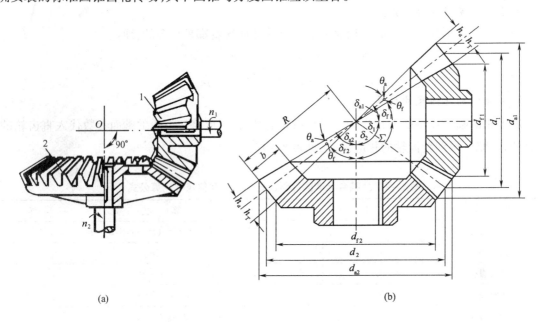

(a)　　　　　　　　　　　　(b)

图 8-8　直齿圆锥齿轮传动

3. 类型

圆锥齿轮的轮齿有直齿和曲齿两种类型。

4. 适用场合

直齿圆锥齿轮易于制造,适用于低速、轻载传动的场合;而曲齿圆锥齿轮传动平稳,承载能力强,常用于高速、重载传动的场合,但其设计和制造较为复杂。

二、直齿圆锥齿轮的正确啮合条件

直齿圆锥齿轮的正确啮合条件为两齿轮的大端模数必须相等,压力角也必须相等,即:

$$m_1 = m_2 = m$$

$$\alpha_1 = \alpha_2 = \alpha$$

三、直齿圆锥齿轮的几何尺寸计算

标准直齿圆锥齿轮各部分名称如图 8-8(b) 所示,几何尺寸计算公式见表 8-5。

表 8-5 直齿圆锥齿轮几何尺寸计算公式

名　称	符　号	计　算　公　式
分度圆锥角	δ	$\delta_1 = \mathrm{arccot}\dfrac{Z_2}{Z_1}, \delta_2 = 90° - \delta_1$
分度圆直径	d	$d_1 = mZ_1, d_2 = mZ_2$
齿顶高	h_a	$h_{a1} = h_{a2} = h_a^* m, h_a^* = 1$
齿根高	h_f	$h_{f1} = h_{f2} = (h_a^* + c^*)m, c^* = 0.2$
齿顶圆直径	d_a	$d_{a1} = d_1 + 2h_a\cos\delta_1, d_{a2} = d_2 + 2h_a\cos\delta_2$
齿根圆直径	d_f	$d_{f1} = d_1 - 2h_f\cos\delta_1, d_{f2} = d_2 - 2h_f\cos\delta_2$
锥　距	R	$R = \dfrac{1}{2}\sqrt{d_1^2 + d_2^2}$
齿　宽	b	$b \leqslant \dfrac{1}{3}R$
齿顶角	θ_a	不等顶隙收缩齿: $\theta_{a1} = \theta_{a2} = \arctan\dfrac{h_a}{R}$;等顶隙收缩齿: $\theta_{a1} = \theta_{f2}, \theta_{a2} = \theta_{f1}$
齿根角	θ_f	$\theta_{f1} = \theta_{f2} = \arctan\dfrac{h_f}{R}$
齿顶圆锥角	δ_a	$\delta_{a1} = \delta_1 + \theta_{a1}, \delta_{a2} = \delta_2 + \theta_{a2}$
齿根圆锥角	δ_f	$\delta_{f1} = \delta_1 - \theta_{f1}, \delta_{f2} = \delta_2 - \theta_{f2}$
当量齿数	Z_v	$Z_{v1} = \dfrac{Z_1}{\cos\delta_1}, Z_{v2} = \dfrac{Z_2}{\cos\delta_2}$

进行直齿圆锥齿轮的几何尺寸计算时,一般以大端参数为标准,这是由于大端尺寸计算和测量的相对误差较小。齿宽 b 的取值范围是 $(0.25 \sim 0.3)R$,R 为锥距。

第六节　蜗杆传动

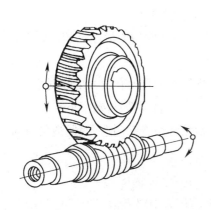

蜗杆传动主要由蜗杆和蜗轮组成,它们的轴线通常在空间交错成 90° 角,如图 8-9 所示。蜗杆传动用于传递空间两交错轴之间的运动和动力,广泛应用于各种机器和仪器设备中。常用的普通蜗杆是具有梯型螺纹的螺杆,其螺纹由左旋、右旋和单头、多头之分。常用的蜗轮是具有弧形轮缘的斜齿轮。一对相啮合的蜗杆传动,其蜗杆、蜗轮轮齿的旋向相同。

一、蜗杆传动的类型

按蜗杆的形状不同,蜗杆传动可分为圆柱面蜗杆传

图 8-9　蜗杆传动

动、圆弧面蜗杆传动和锥面蜗杆传动。如图 8 - 10 所示。

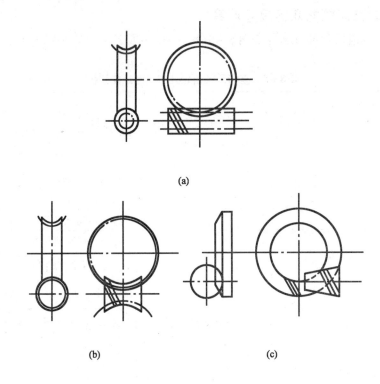

(a)

(b)   (c)

图 8 - 10   蜗杆传动的类型

按螺旋面形状的不同,螺旋面圆柱蜗杆又可分为阿基米德蜗杆(ZA 型)、渐开线蜗杆(ZI 型)等。其中阿基米德蜗杆由于加工方便,应用最为广泛。

二、蜗杆传动的特点

(1)蜗杆传动的最大特点是结构紧凑、传动比大。一般传动比 $i = 10 \sim 40$,最大可达 80。若只传递运动(如分度运动),其传动比可达 1000。

(2)传动平稳、噪声小。由于蜗杆上的齿是连续不断的螺旋齿,蜗轮轮齿和蜗杆是逐渐进入啮合并逐渐退出啮合的,同时啮合的齿数较多,所以传动平稳、噪声小。

(3)可制成具有自锁性的蜗杆。当蜗杆的螺旋线升角小于啮合面的当量摩擦角时,蜗杆传动具有自锁性,即蜗杆能驱动蜗轮,而蜗轮不能驱动蜗杆。

(4)蜗杆传动的主要缺点是效率较低。这是由于蜗轮和蜗杆在啮合处有较大的相对滑动,因而发热量大,效率较低。传动效率一般为 0.7 ~ 0.8,当蜗杆传动具有自锁性时,效率小于 0.5。

(5)蜗轮的造价较高。为减轻齿面的磨损及防止胶合,蜗轮常用青铜制造,因此造价较高。

三、蜗杆传动的主要参数

如图 8 - 11 所示,通过蜗杆轴线并垂直于蜗轮轴线的平面称为中间平面,即中间平面通过

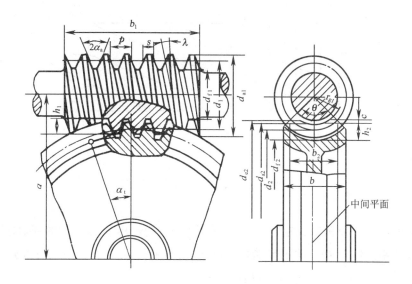

图 8-11　蜗杆传动主要参数

蜗杆的轴平面和蜗轮的端平面。在中间平面上,蜗轮与蜗杆的啮合相当于渐开线齿轮与齿条的啮合。因此,设计时,其参数和尺寸均在中间平面确定。

1. 传动比

蜗杆传动一般以蜗杆为主动件,蜗轮为从动件。其传动比 i 等于蜗杆与蜗轮的转速之比。蜗杆头数为 Z_1(一般为 1,2,3,4),蜗轮齿数为 Z_2。当蜗杆转动一周时,蜗轮转过 Z_1 个齿,即转过 Z_1/Z_2 周,所以蜗杆传动的传动比为:

$$i = \frac{n_1}{n_2} = \frac{Z_2}{Z_1}$$

式中:n_1、n_2 分别为蜗杆、蜗轮的转速。

2. 模数 m 和压力角 α

因为蜗轮与蜗杆的啮合相当于渐开线齿轮与齿条的啮合,所以蜗杆的轴向模数 m_{a1} 应等于蜗轮的端面模数 m_{t2},蜗杆的轴向压力角 α_{a1} 应等于蜗轮的端面压力角 α_{t2},并规定中间平面上的模数和压力角为标准值,即:

$$m_{a1} = m_{t2} = m$$

$$\alpha_{a1} = \alpha_{t2} = \alpha$$

(1)蜗杆螺旋升角 λ:如图 8-12 所示,将蜗杆分度圆柱展开,其螺旋线与端面的夹角即为蜗杆分度圆柱上的螺旋升角 λ,也称为蜗杆的导程角。由图 8-12 可得,蜗杆的导程为:

$$L = Z_1 p_{a1} = Z_1 \pi m$$

蜗杆分度圆柱上的螺旋升角 λ 与导程的关系为:

$$\tan\lambda = \frac{L}{\pi d_1} = \frac{Z_1 \pi m}{\pi d_1} = \frac{Z_1 m}{d_1}$$

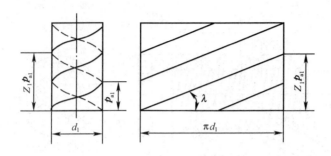

图 8 - 12　蜗杆分度圆柱展开图

蜗杆螺旋线也有左旋和右旋之分,一般情况下多为右旋。其左旋、右旋的判别方法同斜齿轮。

蜗杆传动(轴交角为 90°)的正确啮合条件为:蜗杆和蜗轮的模数和压力角分别相等,蜗杆螺旋升角 λ 与蜗轮的螺旋角 β 相等,且旋向相同。

通常蜗杆的螺旋升角 λ = 3.5° ~ 27°,升角小,传动效率低,但可实现自锁(λ = 3.5° ~ 4.5°),升角大,传动效率高,但蜗杆加工困难。

(2)蜗杆分度圆直径 d_1 和蜗杆直径系数 q:

由以上式子可知:

$$d_1 = \frac{Z_1}{\tan\lambda}m_1$$

蜗杆分度圆直径 d_1 不仅和模数 m 有关,而且还与 $Z_1/\tan\lambda$ 有关。加工蜗轮的滚刀直径、齿形和与之相配合的蜗杆直径相同。即使模数相同也会有很多直径不同的蜗杆,也就要有很多相应直径的滚刀,这样很不经济。因此,为减少滚刀数量,并使刀具标准化,国家标准规定,蜗杆的分度圆直径 d_1 为标准值。蜗杆分度圆直径 d_1 与模数 m 的比值称为蜗杆直径系数,用 q 表示。即:

$$q = \frac{d_1}{m}$$

式中:d_1、m 均为标准值,q 为导出值。

(3)蜗杆传动的中心距 a:

$$a = \frac{d_1 + d_2}{2} = \frac{m(q + Z_2)}{2}$$

第七节　齿轮传动的受力分析

一、直齿圆柱齿轮的受力分析

为计算轮齿的强度、设计轴和轴承,必须首先分析轮齿上的作用力。图 8 - 13 所示为一对

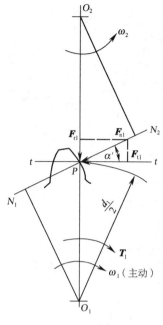

图 8-13　直齿圆柱齿轮
传动受力分析

标准直齿圆柱齿轮传动,齿廓在节点 P 接触,作用在主动轮上的转矩为 T_1,忽略接触处的摩擦力,则两轮在接触点处相互作用力的法向力 F_n 是沿着啮合线方向的,图示的法向力作用于主动轮上的力,可用 F_{n1} 表示。法向力在分度圆上可分解成两个互相垂直的分力。即圆周力 F_{t1} 及径向力 F_{r1}。根据力平衡条件可得出作用在主动轮上的力为:

圆周力:
$$F_{t1} = \frac{2T_1}{d_1} = -F_{t2}$$

径向力:
$$F_{r1} = F_{t1}\tan\alpha' = -F_{r2}$$

法向力:
$$F_{n1} = \frac{F_{t1}}{\cos\alpha'} = -F_{n2}$$

式中:T_1——作用在主动轮上的转矩,N·mm;

d_1——主动轮分度圆直径,mm;

α'——节圆上的压力角,对于标准齿轮有

$\alpha' = \alpha(\alpha = 20°)$。

主动轮上所受的圆周力是阻力,与转动方向相反;从动轮上所受的圆周力是驱动力,与转动方向相同。两个齿轮上的径向力方向分别指向各自的轮心。

二、斜齿圆柱齿轮的受力分析

图 8-14 所示为斜齿圆柱齿轮传动中主动轮上的受力分析图。图中 F_{n1} 作用在齿面的法面内,忽略摩擦力的影响,F_{n1} 可分解成 3 个互相垂直的分力,即圆周力 F_{t1}、径向力 F_{r1} 和轴向力 F_{a1},其值分别为:

圆周力:
$$F_{t1} = \frac{2T_1}{d_1} = -F_{t2}$$

径向力:
$$F_{r1} = F_{t1} \cdot \frac{\tan\alpha_n}{\cos\beta} = -F_{r2}$$

轴向力:
$$F_{a1} = F_{t1} \cdot \tan\beta = -F_{a2}$$

式中:T_1——主动轮传递的转矩,N·mm;

d_1——主动轮分度圆直径,mm;

β——分度圆上的螺旋角;

α_n——法面压力角。

作用于主动轮上的圆周力和径向力方向的判定方法与直齿圆柱齿轮相同,轴向力的方向可根据左右手法则判定,即右旋斜齿轮用右手法则判定,左旋斜齿轮用左手法则判定,弯曲的四指表示齿轮的转向,拇指的指向即为轴向力的方向。作用于从动轮上的力可根据作用与反作用原理来判定。

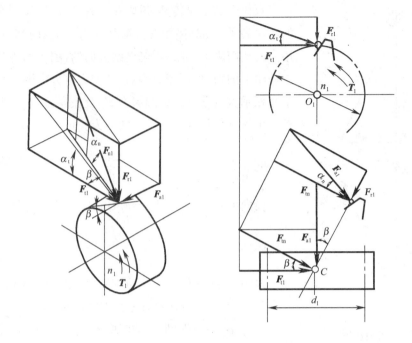

图 8 – 14　斜齿圆柱齿轮的受力分析

三、直齿圆锥齿轮的受力分析

图 8 – 15 所示为圆锥齿轮传动中主动轮上的受力情况。将主动轮上的法向力简化为集中载荷 F_n，且 F_n 作用在位于齿宽 b 中间位置的节点 P 上，即作用在分度圆锥的平均直径 d_{m1} 处。当齿轮上作用的转矩为 T_1 时，若忽略接触面上摩擦力的影响，法向力 F_n 可分解成 3 个互相垂直的分力，即圆周力 F_t、径向力 F_r 以及轴向力 F_a，计算公式分别为：

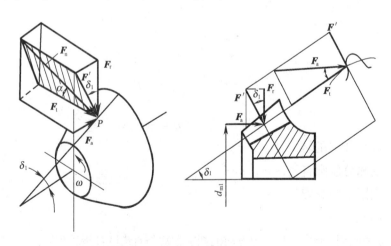

图 8 – 15　圆锥齿轮的受力分析

圆周力：
$$F_{t1} = 2T_1/d_{m1} = -F_{t2}$$

径向力：
$$F_{r1} = F' \cdot \cos\delta_1 = F_{t1}\tan\alpha \cdot \cos\delta_1 = -F_{a2}$$

轴向力：
$$F_{a1} = F' \cdot \sin\delta_1 = F_{t1}\tan\alpha \cdot \sin\delta_1 = -F_{r2}$$

d_{m1} 可根据几何尺寸关系由分度圆直径 d_1、锥距 R 和齿宽 b 来确定,即:

$$(R - 0.5b)/R = 0.5d_{m1}/0.5d_1$$

则:
$$d_{m1} = (R - 0.5b) \cdot d_1/R = (1 - 0.5\psi R) \cdot d_1$$

圆周力和径向力方向的确定方法与直齿轮相同,两齿轮的轴向力方向都是沿着各自的轴线方向并指向轮齿的大端。

四、蜗杆传动的受力分析

蜗杆传动的受力分析与斜齿圆柱齿轮相似。图 8 – 16 所示为一下置蜗杆传动,蜗杆为主动件,旋向为右旋,按图示方向转动。假定:

(1)蜗轮轮齿和蜗杆螺旋面之间的相互作用力集中于节点 C,并 按单齿对啮合考虑;

(2)暂不考虑啮合齿面间的摩擦力。

如图 8 – 16 所示,作用在蜗杆齿面上的法向力 $\boldsymbol{F}_n$ 可分解为 3 个互相垂直的分力:圆周力 $\boldsymbol{F}_{t1}$、径向力 $\boldsymbol{F}_{r1}$ 和轴向力 $\boldsymbol{F}_{a1}$。由于蜗杆与蜗轮轴交错成 90° 角,根据作用与反作用的原理,蜗杆的圆周力 $\boldsymbol{F}_{t1}$ 与蜗轮的轴向力 $\boldsymbol{F}_{a2}$,蜗杆的轴向力 $\boldsymbol{F}_{a1}$ 与蜗轮的圆周力 $\boldsymbol{F}_{t2}$,蜗杆的径向力 $\boldsymbol{F}_{r1}$ 与蜗轮的径向力 $\boldsymbol{F}_{r2}$ 分别存在着大小相等、方向相反的关系,即:

$$F_{t1} = \frac{2T_1}{d_1} = -F_{a2}$$

$$F_{a1} = -F_{t2}\left(F_{t2} = \frac{2T_2}{d_2}\right)$$

$$F_{r1} = -F_{r2}\left(F_{r2} = F_{t2} \cdot \tan\alpha\right)$$

$$T_2 = T_1 \cdot i \cdot \eta$$

式中:T_1,T_2——作用在蜗杆和蜗轮上的转矩,N·mm;

η——蜗杆传动的效率;

i——传动比;

d_1,d_2——蜗杆和蜗轮的分度圆直径,mm;

α——压力角,$\alpha = 20°$。

蜗杆蜗轮受力方向的判别方向与斜齿轮相同。当蜗杆为主动件时,圆周力 $\boldsymbol{F}_{t1}$ 与转向相反,径向力 $\boldsymbol{F}_{r1}$ 的方向由啮合点指向蜗杆中心,轴向力 $\boldsymbol{F}_{a1}$ 的方向决定于螺旋线的旋向和蜗杆的转向,按"主动轮左右手法则"来确定。作用于蜗轮上的力可根据作用与反作用原理确定。

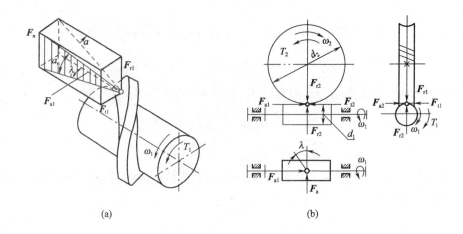

图 8-16　蜗杆传动的受力分析

第八节　功和功率

一、功的定义

作用在物体上的力所做的功,表明力在其作用点的运动路程中对物体作用的累积效应。它等于力 F 在位移方向的投影与位移的乘积。

二、功的计算

1. 常力在直线运动中的功

设物体在常力 F 作用下沿直线运动,力 F 与运动方向夹角为 α,物体的位移为 S,则力 F 所做的功为:

$$W = F\cos\alpha \cdot S$$

功是代数量。由上式知:当 $0 < \alpha < 90°$ 时,功为正;当 $90° < \alpha < 180°$ 时,功为负。

功的单位是焦耳(J)。

2. 变力在曲线运动中的功

在物体走过的路程上取微小位移 ds,在微位移 ds 上,力 F 的大小、方向可看作不变,F 在微位移 ds 中所做的功:

$$\delta W = F\cos\alpha \cdot ds$$

变力 F 在物体走过的路程内所做的功等于力 F 在微小位移中做的 δW 之和,即:

$$W = \int \delta W = \int F\cos\alpha \cdot ds$$

实际计算时,力的功常写成解析式:

$$F = F_x\boldsymbol{i} + F_y\boldsymbol{j} = \boldsymbol{F}_x + \boldsymbol{F}_y$$

$$\mathrm{d}s = \mathrm{d}x\boldsymbol{i} + \mathrm{d}y\boldsymbol{j} = \mathrm{d}\boldsymbol{x} + \mathrm{d}\boldsymbol{y}$$

$$\delta W = F\cos\alpha \cdot \mathrm{d}s = \boldsymbol{F}_x\mathrm{d}\boldsymbol{x} + \boldsymbol{F}_y\mathrm{d}\boldsymbol{y}$$

$$W = \int_{M_1}^{M_2} (\boldsymbol{F}_x\mathrm{d}\boldsymbol{x} + \boldsymbol{F}_y\mathrm{d}\boldsymbol{y})$$

3. 合力的功

在一段路程中,作用于物体上的合力的功等于各个分力功的代数和。R 为合力,F_1, F_2, $\cdots$, F_n 为各分力,则:

$$R = F_1 + F_2 + \cdots + F_n = \sum F$$

$$R_x = \sum F_x, R_y = \sum F_y$$

$$W = \int (R_x\mathrm{d}x + R_y\mathrm{d}y) = \int \sum F_x\mathrm{d}x + \int \sum F_y\mathrm{d}y$$

4. 常见力的功

(1) 重力的功:

如图 8 - 17 所示,一质点仅在重力 G 的作用下沿某一轨迹由 M_1 运动到 M_2。

$$F_x = 0, F_y = -G$$

$$W = \int F_x\mathrm{d}x + F_y\mathrm{d}y$$

$$= \int_{M_1}^{M_2} -G\mathrm{d}y = -G(y_2 - y_1) = \pm Gh$$

式中,h 表示质点的始点位置与终点位置的高度差。可见,重力做功仅决定于它的作用点的始末位置的高度差,与它的运动路径无关。

质点下降时,重力做正功,质点上升时,重力做负功。

(2) 弹性力的功:如图 8 - 18 所示,以弹簧为原长时,M 的位置为坐标原点,任一位置时,M 受力为 $F = -Kx$,K 为弹簧的刚性系数,由前面的计算公式可得:

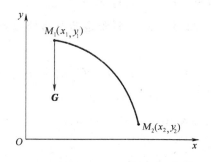

图 8 - 17　重力做功

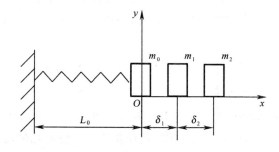

图 8 - 18　弹簧力做功

$$W = \int F_x \mathrm{d}x = \int_{\delta_1}^{\delta_2} -Kx\mathrm{d}x$$

$$= -\frac{1}{2}K(\delta_2^2 - \delta_1^2) = \frac{1}{2}K(\delta_1^2 - \delta_2^2)$$

上式表明,弹性力的功只和其作用点的始末位置有关,与路径无关。

(3)力矩或力偶所做的功:力矩或力偶作用在刚体上,使刚体产生转动,若角位移为 φ,则力偶 M 所做的功为:

$$W = M\varphi$$

三、功率

力在单位时间内所做的功,称为功率,即:

$$P = \frac{\mathrm{d}W}{\mathrm{d}t} = \frac{F\cos\alpha \mathrm{d}s}{\mathrm{d}t} = \frac{F_\tau \cdot \mathrm{d}s}{\mathrm{d}t} = F_\tau \cdot v$$

工程中用扭矩 T 表示驱动转轴起旋转作用的力偶矩,转矩的功率为:

$$P = \frac{T\mathrm{d}\varphi}{\mathrm{d}t} = T\omega$$

一般情况下,力矩(或力偶)的功率为:

$$P = \frac{M\mathrm{d}\varphi}{\mathrm{d}t} = M\omega$$

功率的单位是焦耳/秒(J/s),称为瓦特(W),工程中常以千瓦(kW)为单位。

在实际工程中,物体的转速 n (r/min),转矩 T (N·m)和功率 P (kW)的关系为:

$$T = 9550\frac{P}{n}$$

习题

1. 在技术改造中拟使用两个现成的标准直齿圆柱齿轮。已测得齿数 $Z_1 = 22$,$Z_2 = 98$,小齿轮齿顶圆直径 $d_{a1} = 240$ mm,大齿轮的齿全高 $h = 22.5$ mm,试判断这两个齿轮能否正确啮合。

2. 一对标准外啮合直齿圆柱齿轮,已知 $Z_1 = 19$,$Z_2 = 68$,$m = 2$ mm,$\alpha = 20°$,计算小齿轮的分度圆直径、齿顶圆直径、齿根圆直径、基圆直径、齿距、齿厚和齿槽宽。

3. 已知一对正常齿标准外啮合直齿圆柱齿轮传动的传动比 $i_{12} = 1.5$,中心距 $a = 100$ mm,$m = 2$ mm,$\alpha = 20°$,试计算这对齿轮的几何尺寸。

4. 如图1所示,试分析下列两种情况下,齿轮2所受的圆周力和径向力的方向。

(1)齿轮1为主动轮;

（2）齿轮 2 为主动轮。

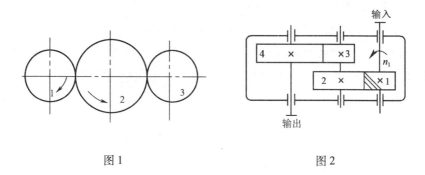

图 1　　　　　　　　　　　　图 2

5. 图 2 所示为二级圆柱齿轮减速器。

（1）已知主动轮 1 的螺旋角及转向，为使装有齿轮 2 和齿轮 3 的中间轴的轴向力较小，试确定齿轮 2，齿轮 3，齿轮 4 的轮齿螺旋角旋向和齿轮产生的轴向力方向。

（2）已知 $m_{n2} = 3$ mm，$Z_2 = 57$，$\beta_2 = 15°$，$m_{n3} = 4$ mm，$Z_3 = 20$，为使中间轴上两圆柱齿轮产生的轴向力互相抵消，β_3 应取为多少？

6. 如图 3 所示的传动简图中，采用斜齿圆锥齿轮传动，若想使中间轴上的轴向力尽可能小，试确定齿轮 3 的旋向。

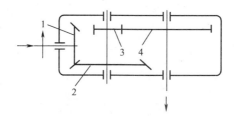

图 3

7. 试分析图 4 所示的蜗杆传动中，蜗杆、蜗轮的转动方向及所受各分力的方向。

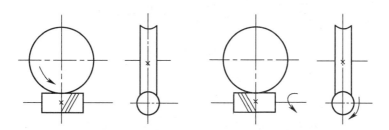

图 4

☞ **拓展任务**

　　并条机的作用是改善条子的内部结构,从而提高其长片段均匀度,同时降低重量不匀率,使条子中的纤维伸直平行,减少弯钩,使细度符合规定,使不同种类或不同品质的原料混合均匀,达到规定的混合比。并条机主要由喂入机构、牵伸机构、成条机构组成,图5为FA311型并条机传动系统图,请查阅资料,结合所学知识分析该传动系统图,分析三大机构的传动路线,并计算牵伸机构的牵伸比。

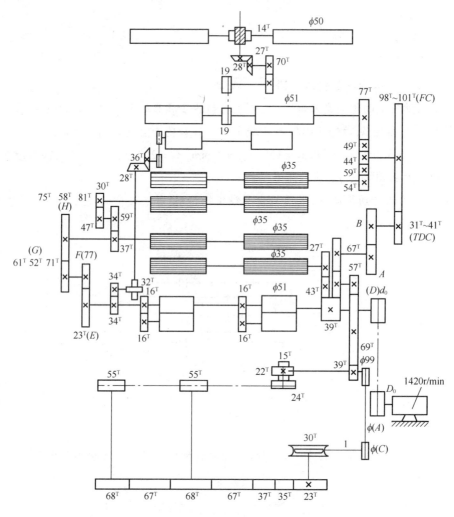

图5　FA311型并条机传动系统图

第九章　机械变速传动

第一节　机械无级变速传动的特点

在各种机械中,根据工艺要求需要改变传动的速度,一般有有级变速传动和无级变速传动两种形式。

有级变速传动的速度是一级一级地改变。常见的有:车床齿轮变速箱,能适应因加工不同的零件而改变主轴转速;汽车齿轮变速箱,能适应汽车行驶的要求而改变传动速度。它们都是利用齿轮的位置滑移,搭配成不同的齿轮对,从而获得规定的几档速度。如图 9 – 1 所示,该齿轮变速箱通过不同齿轮对的啮合,可有四档变速。一般说来,为了满足各种需要,速度的分级越多(越细)越好,但级数越多,变速器的结构也越复杂。而且有些工艺要求是分级传动不能满足的,例如纺织机械中的各种卷绕机构,为了使卷绕速度等于送出纱线的速度,则要求卷绕机构的转速必须随卷绕直径的改变作连续的相应变化。

图 9 – 2 所示为粗纱机上传动筒管变速的一对长锥轮(铁炮)。主动锥轮 1 的转速是恒定的,由于两锥轮的直径沿其轴向逐渐变化,因此当带叉(图中未示出)拨动带 3 沿锥轮轴向移动时,被动锥轮 2 就得到不同的转速,达到变速传动的目的。显然,这种变速传动的速度是连续地变化,在一定的变速范围内可获得任意转速,故称为无级变速传动,其装置称为无级变速器。

应用变速传动,在不少场合下能简化机构,提高生产能力和产品质量,操作方便,可在运转中调速,易于实现机械化、自动化,故变速传动在纺织生产中也得到广泛的应用。变速器有机械、液压、电力和电磁等多种型式。由于变速器具有制造成本低、结构简单和负荷特性好等特点,因而获得更为广泛的应用。变速器的缺点是承载能力较低,变速范围较小,主要传动件间大多依靠摩擦传动,故存在滑动,会影响传动的效率和传动比的稳定。

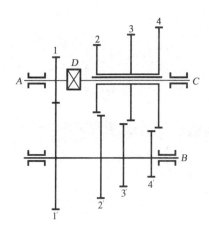

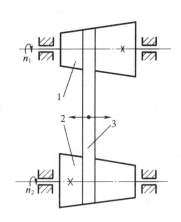

图 9 – 1 分级传动　　　　　　　　图 9 – 2 无级变速传动

第二节　有级变速器

当动力机转速 n 一定时,经有级变速器可以使输出轴得到 z 种转速 $n_1, n_2 \cdots n_{z-1}, n_z$, z 称为变速器的级数,输出轴的转速数列用得最多的是等比级数数列,设 n_z 为最高转速,n_1 为最低转速,则在此等比数列中,任意两相邻转速之比为一常数,称为公比,用符号 ϕ 表示,常用值为 $\phi = 1.06, 1.12, 1.26, 1.41, 1.58, 1.78, 2.00$。

调速范围 R 为:

$$R = \frac{n_{zmax}}{n_{zmin}} \tag{9 – 1}$$

常用调速范围为 4 ~ 6,有的可达 6 ~ 10。

变速级数通常取 2 或 3 的倍数,因为在齿轮变速器中,常用的滑移齿轮是双联或三联的。有级变速器的主要类型、工作原理及特点见下表。

有级变速器的主要类型、工作原理及特点

类　　型	简　　图	工作原理	特　　点
塔轮变速器	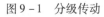	两个塔形带轮分别固定在轴Ⅰ、轴Ⅱ上,传动带可在带轮上移换三个不同的位置。通过移换带的位置,可使轴Ⅱ获得三种不同的转速	多采用平带传动,也可用 V 带传动(如台式小型钻床)。传动平稳,结构简单,但尺寸较大,变速不方便,应用较少

续表

类　型	简　图	工作原理	特　点
滑移齿轮变速器	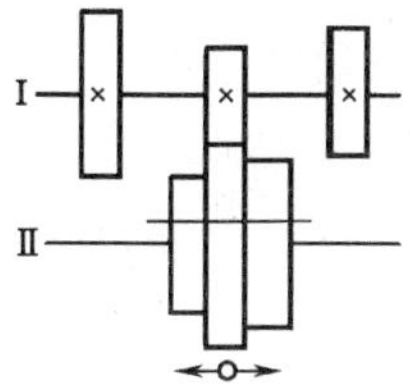	三个齿轮固连在轴Ⅰ上，一个三联齿轮由导向花键联接在轴Ⅱ上，并可移换左、中、右三个位置，使传动比不同的三对齿轮分别啮合，因而当轴Ⅰ转速不变时，轴Ⅱ可得到三种不同的转速	变速方便，结构紧凑，传动效率高，应用最广泛。缺点是只能采用直齿轮
离合器式齿轮变速器	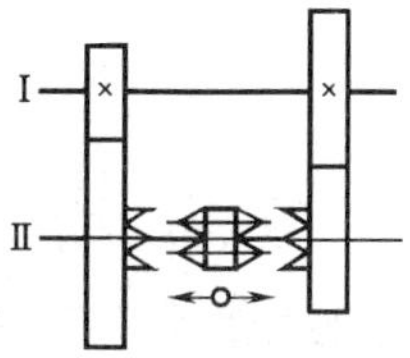	固定在轴Ⅰ上的两个齿轮与空套在轴Ⅱ上的两个齿轮保持经常啮合。轴Ⅱ上将有牙嵌式离合器，当其向左或向右移动分别与左右两侧齿轮啮合时，可使轴Ⅱ得到两种不同的转速	可以采用斜齿轮或人字齿轮，使传动平稳。若采用摩擦离合器，可在运转中变速。缺点是齿轮为常啮合，磨损较快，离合器所占空间较大
拉键式变速器	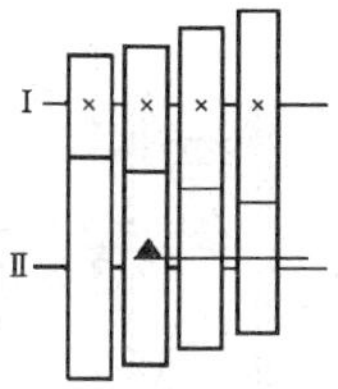	有四个齿轮固连在轴Ⅰ上，另四个齿轮空套在轴Ⅱ上，依靠轴Ⅱ上装的拉键沿轴向移动得到不同的位置时，可使相应的齿轮传递载荷，从而变换轴Ⅰ、轴Ⅱ间的传动比，使轴Ⅱ得到不同的转速	结构紧凑，但拉键的强度、刚度较低，不能传递较大的转矩

第三节　无级变速器

为了获得最合适的工作速度，传动系统通常应能在一定范围内任意调整其转速，这就需要使用无级变速器。实现无级变速的方法有机械的、电气的（如利用变频调速器）和液压的（液动机调速）。

机械无级变速器主要依靠摩擦轮（或摩擦盘、球、环等）传动原理，通过改变主动件和从动件的传动半径，使输出轴的转速无级地变化。靠摩擦传动的机械无级变速器的优点是：构造简单；过载时可利用摩擦传动元件间的打滑而避免损坏机器；运转平稳、无噪声，可用于较高转速的传动；易于平缓连续地变速；有些机械无级变速器可在较大变速范围内具有传递恒定功率的特性，可升速、降速。其缺点是：不能保证精确的传动比；承受过载和冲击能力差；传递大功率时结构尺寸过大，轴和轴承上的载荷较大。

机械无级变速器的种类很多，现仅介绍几种纺织机械中常用的机械无级变速器。

一、宽三角带无级变速器

1. 结构

宽三角带无级变速器是机械无级变速器中应用较广的一种，国内已有成批生产。如图

9 – 3 所示,它由一对主动锥轮 1、一对被动锥轮 2 和一条宽三角带 3 组成变速机构。变速是依靠调节两对锥轮的轴向位置,从而改变带与带轮的接触半径来达到。图 9 – 3 中所示主动轴、被动轴上的两对锥轮,都是单面可动,为避免三角带歪斜,被动轮与主动轮的可动锥盘应在相对的位置上安置。移动一个主动锥盘,改变带在槽内的位置,而被动轴上的一个锥盘通过弹簧压紧的方法自动调节。因弹簧压紧在被动轮上,故变速器具有恒扭矩特性。如果弹簧压紧在主动轮上,则变速器具有恒功率特性。也可把两对锥轮制成都是双面可动,通过杠杆式的调速控制机构使四个分离锥盘同时都作轴向移动,调速时带没有轴向位移,此种情况比较理想。

2. 传动比及调速范围

由图 9 – 4 可知,宽三角带无级变速器的传动比为:

$$i = \frac{n_1}{n_2} = \frac{r_{2x}}{r_{1x}} \tag{9 – 2}$$

式中:n_1,n_2 分别为输入轴和输出轴的转速;r_{1x},r_{2x} 分别为主动锥轮和被动锥轮的工作半径。

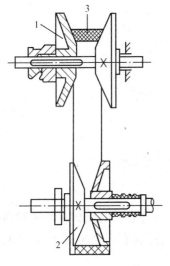

图 9 – 3　宽三角带无级变速器

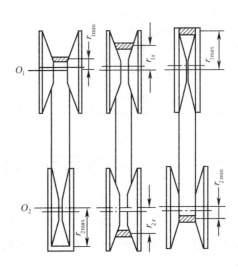

图 9 – 4　宽三角带无级变速器的调速

宽三角带无级变速器的调速范围 $R = 3 \sim 5$。

3. 特点与应用

r_{max} 与 r_{min} 是随着带在锥轮上的位置而改变的,其大小与三角带剖面的尺寸参数(如带的宽度 b、高度 h 和楔角等)密切相关。

为了增大调速范围,必须采取下列措施:加大胶带的宽度($b/h = 2 \sim 5$),减小楔角($\phi = 24° \sim 40°$),减小最小调速直径($D_{min}/h = 7 \sim 8$)以及为减小弯曲应力把带的上、下面做成带齿等。所以,宽三角带较标准三角带在同样的剖面高度下,宽度大,楔角小,纵向挠性好,横向刚度更好,强度、耐磨性都较高。宽三角带无级变速器结构简单,运转平稳,速度高,传递功率较大,在中、小功率范围内是机械无级变速器中应用最广的一种。但尺寸较大,滑差率较大,且带的寿命较短。

二、齿链式无级变速器

1. 结构

链条式无级变速器与宽三角带无级变速器基本相似,主要区别是链条式无级变速器用一种特殊的链条代替了宽三角带。链条式无级变速器按链条的结构和动力传递的方法不同可分为滚链式和齿链式两类。

图 9-5 所示为齿链式无级变速器。它在载荷变化时能保持转速的稳定,称为 PIV。国内已成批、系列生产。齿链式无级变速器由主动链轮 2、被动链轮 5 和滑片链 7 组成变速机构。由加压框架 1,压靴 4 和张链丝杆 11,螺母 12 组成加压装置;由调速连杆 3,调速螺母 8,丝杆 9 和调速手轮 10 组成调速控制机构。在链轮的锥面上,沿着锥轮的母线方向开有辐射形齿槽,槽深很小,每对链轮中一个锥轮的凸齿与对面锥轮的凹齿对准,为数众多的齿链滑片在运转中根据齿谷宽度自动调节嵌入片数,使齿链与链轮可以在任意直径上啮合,如图 9-5 所示,把主动轴 13 的运动和扭矩传给被动轴 6。转动手轮通过杠杆式调速控制机构的作用,使其中一对链轮沿轴向靠拢,另一对沿轴向分开,这样就改变了齿轮在两对链轮上的啮合半径,从而改变传动比,达到无级调速的目的。

2. 传动比及调速范围

因齿链式无级变速器的调速原理与宽三角带无级变速器相同,且两对链轮的尺寸亦完全相同,属对称调速型,传动比为 2.5,调速范围为 2.8~6。

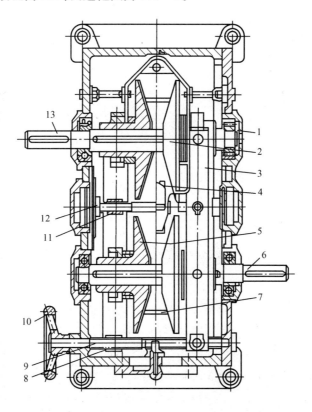

图 9-5 齿链式无级变速器

3. 特点与应用

齿链式无级变速器和摩擦式比较,具有调速正确、工作可靠、转速稳定、滑差率小($\varepsilon \leqslant 0.02$)、效率高($\eta = 0.84 \sim 0.90$)等优点,已广泛应用于纺织和化纤机械中。但制造较困难,齿链磨损较严重,链速有限制,且瞬时传动比不稳定,故不适宜高速传动。

☞ 习题

1. 变速器的类型有哪些?
2. 有级变速器有何特点?
3. 无级变速器有何特点?

☞ 拓展任务

机械变速运动纺织机械中常常出现,比如书中提到的粗纱机上传动筒管变速的长锥轮,就实现了一定范围内的无级变速。请到学校实训中心,查看实训设备并与实训中心设备管理人员沟通,了解还有哪些设备中用到了变速运动,是有级变速还是无级变速?

另外,并条机会根据工艺要求来改变牵伸比,这个属于有级变速还是无级变速? 如何实现牵伸比的改变?

第十章 轮系

在机械中,常采用一系列齿轮(可兼有带轮、链轮)将主动轴的运动与动力传递到从动轴,这种传动机构称为轮系。

第一节 轮系的特点和分类

一、定轴轮系

图 10-1 所示的轮系中,每个齿轮的几何轴线的位置都是固定不变的,这种所有齿轮的几何轴线的位置在运转过程中均固定不变的轮系,称为定轴轮系。

1. 平面定轴轮系

图 10-1 所示的轮系中,每个齿轮的几何轴线固定且相互平行,这种每个齿轮的运动平面互相平行的轮系,称为平面定轴轮系。

2. 空间定轴轮系

图 10-2 所示的轮系中,每个齿轮的几何轴线固定但不平行,这种每个齿轮的运动平面不

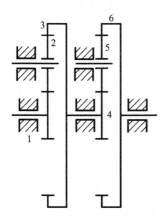

图 10-1 平面定轴轮系

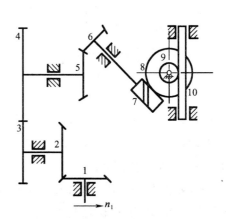

图 10-2 空间定轴轮系

互相平行的轮系,称为空间定轴轮系。

二、行星轮系

在图 10-3 所示的轮系中,齿轮 1、齿轮 3 及构件 H 绕固定的互相重合的几何轴线 O_1 转动,齿轮 2 的轴装在构件 H 上,因此齿轮 2 一方面绕自身轴线 O_2 转动(自转),同时又随构件 H 绕固定轴线 O_1 回转(公转),齿轮 2 称为行星轮,构件 H 称为行星架或系杆,与行星轮啮合且几何轴线固定的齿轮 1 和齿轮 3 称为中心轮或太阳轮。

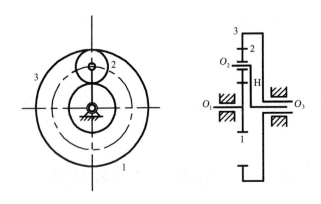

图 10-3 行星轮系

行星轮系的类型较多,为了便于分析结构,按如下方法进行分类。

1. 按自由度的数目分类

(1)简单行星轮系:在图 10-3 所示的行星轮系中,若将太阳轮 3(或 1)固定,则整个轮系的自由度为 $F = 3n - 2p_L - p_H = 3 \times 3 - 2 \times 3 - 1 \times 2 = 1$。这种自由度为 1 的行星轮系称为简单行星轮系。要机构的运动确定,只需要一个主动件。

(2)差动轮系:在图 10-3 所示的行星轮系中,中心轮 1 和 3 不固定,则整个轮系的自由度为 $F = 3n - 2p_L - p_H = 3 \times 4 - 2 \times 4 - 1 \times 2 = 2$。这种自由度为 2 的行星轮系称为差动轮系。要机构的运动确定,需要两个主动件。

2. 按中心轮的个数分类

中心轮(用字母 K 表示)有时用一个,有时用两个或三个。按照这个特点可将行星轮系分为三种类型。

(1)2K—H 型:如图 10-4(a)所示,行星轮系由两个中心轮(2K)和一个系杆(H)组成。图 10-4 所示为 2K—H 型行星轮系的几种不同形式,其中图 10-4(a)所示为单排形式,图 10-4(b)和图 10-4(c)所示为双排形式。

(2)3K 型:如图 10-5 所示,行星轮系是由三个中心轮(3K)和一个系杆组成,系杆 H 只起支撑行星轮使其与中心轮保持啮合的作用,不起传动作用,故在轮系的型号中不含"H"。

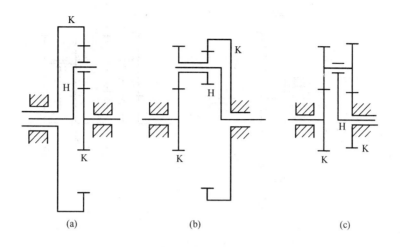

图 10 - 4　2K—H 型行星轮系

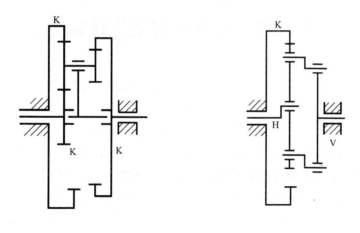

图 10 - 5　3K 型行星轮系　　　　图 10 - 6　K—H—V 型行星轮系

　　(3)K—H—V 型:如图 10 - 6 所示,行星轮系是由一个中心轮(K),一个系杆(H)和一个绕主轴线旋转的输出构件(V)组成的。

三、复合轮系

　　在工程中,把既含定轴轮系又含行星轮系,或者由多个行星轮系所组成的复杂轮系,称为复合轮系或混合轮系。如图 10 - 7 所示。

　　图 10 - 7(a)所示,中心轮 1 和 3,行星轮 2 以及系杆 H 组成的是一个自由度为 2 的差动轮系。左边齿轮 1′、5、4、4′、3′组成定轴轮系。定轴轮系把差动轮系中的中心轮 1 和 3 联系起来,使得整个轮系的自由度为 1。

　　图 10 - 7(b)所示的复合轮系是由两个行星轮系串联而成。

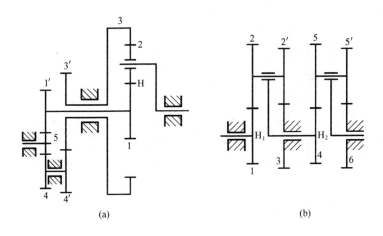

图 10 – 7　复合轮系

第二节　轮系的传动比计算

轮系的传动比指轮系中输入轴的角速度与输出轴的角速度之比。即：

$$i_{io} = \frac{\omega_i}{\omega_o} = \frac{n_i}{n_o} \qquad (10-1)$$

ω_i、ω_o 分别表示输入轴和输出轴的角速度；n_i、n_o 分别表示输入轴和输出轴的转速。

要确定轮系的传动比，包括计算轮系传动比的大小和确定轮系输入轴与输出轴转向之间的关系这两方面的问题。

一、平面定轴轮系的传动比计算

1. 传动比大小计算

图 10 – 1 所示的定轴轮系，设齿轮 1 为主动轮，齿轮 6 为最后的从动轮，该轮系的总传动比（简称传动比）为：

$$i_{16} = \frac{\omega_1}{\omega_6}$$

或

$$i_{16} = \frac{n_1}{n_6}$$

由图 10 – 1 可见，主动轮 1 到从动轮 6 之间的传动，是通过一对对齿轮依次啮合实现的，为此，先求出该轮系中每对啮合齿轮传动比的大小。

$$i_{12} \cdot i_{23} \cdot i_{45} \cdot i_{56} = \frac{\omega_1 \omega_2 \omega_4 \omega_5}{\omega_2 \omega_3 \omega_5 \omega_6}$$

$$i_{16} = \frac{\omega_1}{\omega_6} = i_{12}i_{23}i_{45}i_{56} = \frac{Z_2Z_3Z_5Z_6}{Z_1Z_2Z_4Z_5}$$

上式表明,定轴轮系的传动比等于组成该轮系的各对啮合齿轮传动比的连乘积,其大小等于各对啮合齿轮中所有从动轮齿数的连乘积与所有主动轮齿数的连乘积之比。即:

$$\text{定轴轮系的传动比} = \frac{\text{所有从动轮齿数的连乘积}}{\text{所有主动轮齿数的连乘积}} \tag{10-2}$$

如图 10-1 所示,齿轮 2 同时与齿轮 1 和齿轮 3 啮合,对于齿轮 1 来说,齿轮 2 是从动轮,对于齿轮 3 来说,齿轮 2 是主动轮。齿轮 2 的齿数在轮系传动比计算中可以约去,齿轮 2 的齿数不影响轮系传动比的大小,只影响轮系中从动轮的转向。这种齿轮称为惰轮。图 10-1 所示的轮系中,齿轮 5 也是惰轮。

2. 主轴轮、从动轮转向关系的确定

一对内啮合齿轮的转向相同,一对外啮合齿轮的转向相反。所以,每经过一对外啮合齿轮,就改变一次方向。故可用轮系中外啮合齿轮的对数来确定轮系中主动轮、从动轮的转向关系。

用 m 表示轮系中外啮合齿轮的对数,则可用 (-1^m) 来确定轮系传动比的正负号。若计算结果为正,说明主动轮、从动轮转向相同;若计算结果为负,则说明主动轮、从动轮转向相反。对于图 10-1 所示的轮系,$m=2$,所以其传动比为:

$$i_{16} = (-1)^m \frac{Z_3Z_6}{Z_1Z_4} = (-1)^2 \frac{Z_3Z_6}{Z_1Z_4} = \frac{Z_3Z_6}{Z_1Z_4}$$

说明从动轮 6 的转向与主动轮 1 的转向相同。

例1 图 10-8 所示为 1511m 型织机中卷取机构的轮系,各轮的齿数为 $Z_3 = 24$,$Z_4 = 89$,$Z_5 = 15$,$Z_6 = 96$,齿轮 1 和齿轮 2 为变换齿轮,根据纬密换不同齿数的齿轮。求轮系的传动比 i_{16}。

解:
$$i_{16} = \frac{n_1}{n_6} = -\frac{Z_2Z_4Z_6}{Z_1Z_3Z_5} = -\frac{Z_2 89 \times 96}{Z_1 24 \times 15} = -\frac{356}{15} \cdot \frac{Z_2}{Z_1}$$

传动比为负值,表示轮 1 和轮 6 转向相反。

二、空间定轴轮系的传动比计算

空间定轴轮系各轮的轴线不平行,空间定轴轮系传动比大小的计算与平面定轴轮系相同,轮系中主动轮、从动轮的转向确定方法不同于平面定轴轮系。由于各轮轴线不再平行,不能用 $(-1)^m$ 来确定主动轮、从动轮的转向。由于各轮轴线不平行,无所谓转向相同与相反,在这种情况下,采用在图上画箭头的方法确定从动轮的转向。

图 10-9 所示为一空间定轴轮系,主动轮 1(蜗杆)和从动轮 6(锥齿轮)的几何轴线不平行,它们分别在两个不同的平面内转动,转向无所谓相同或相反,其转向关系在图上用箭头表示。

例2 如图 10-10 所示,已知:$Z_1 = 60$,$Z_2 = 48$,$Z_3 = 80$,$Z_4 = 120$,$Z_5 = 60$,$Z_6 = 40$,蜗杆 $Z_7 = 2$(右旋),蜗轮 $Z_8 = 80$,齿轮 $Z_9 = 65$,模数等于 5 mm。主动轮 1 的转速为 $n_1 = 240$ r/min,

转向如图 10 - 10 所示。试求齿条 10 的移动速度 v_{10} 的大小和方向。

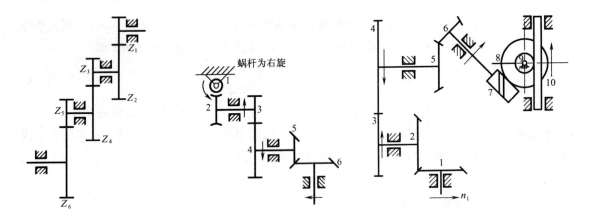

图 10 - 8　1511m 型织机中卷　　图 10 - 9　输入轴、输出　　图 10 - 10　空间定轴轮系
取机构的轮系　　　　　　　　轴不平行

解：
$$i_{18} = \frac{n_1}{n_8} = \frac{Z_2 Z_4 Z_6 Z_8}{Z_1 Z_3 Z_5 Z_7} = \frac{48 \times 120 \times 40 \times 80}{60 \times 80 \times 60 \times 2} = 32$$

$$v_{10} = \frac{\pi d_9 n_9}{60 \times 1000} = \frac{\pi 65 \times 5 n_8}{60 \times 1000} = \frac{\pi \times 65 \times 5 \times 240}{60 \times 1000 \times 32} = 0.12756\,(\text{m/s})$$

齿条 10 的移动方向用在图上画箭头的方法确定,如图 10 - 10 所示,为向上移动。

三、行星轮系的传动比计算

1. 行星轮系传动比的计算方法

行星轮系与定轴轮系的根本区别在于行星轮系中有一个转动着的系杆 H,使行星轮的运动不是绕固定轴线的简单转动,因此行星轮系的传动比计算不能直接用求解定轴轮系的传动比方法来计算。为了解决行星轮系的传动比问题,可以假设系杆 H 不动,将行星轮系转化为定轴轮系。

为此,假设给整个轮系附加一个公共的角速度($-\omega_H$),各构件的绝对运动改变了,但是,根据相对运动原理可知,各构件之间的相对运动关系并不改变,此时系杆的角速度变成了 $\omega_H + (-\omega_H) = 0$,即系杆可视为静止不动。于是,行星轮系就转化成了一个假想的定轴轮系,通常称这个假想的定轴轮系为原行星轮系的转化机构。

以图 10 - 11 所示的单排 2K—H 型行星轮系为例,当给整个轮系加上公共角

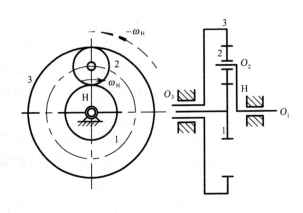

图 10 - 11　单排 2K—H 型行星轮系

速度($-\omega_H$)后,其各构件的角速度变化情况如下表所示。

行星轮系转化机构中各构件的角速度

构 件 代 号	原构件角速度	在转化机构中的角速度 (即相对于系杆的角速度)
1	ω_1	$\omega_1^H = \omega_1 - \omega_H$
2	ω_2	$\omega_2^H = \omega_2 - \omega_H$
3	ω_3	$\omega_3^H = \omega_3 - \omega_H$
H	ω_H	$\omega_H^H = \omega_H - \omega_H = 0$

表中 ω_1^H 、 ω_2^H 、 ω_3^H 分别表示在系杆 H 固定之后所得到的转化机构中齿轮 1、齿轮 2、齿轮 3 的角速度。由于系杆固定后,上述行星轮系就转化成如图 10 - 12 所示的定轴轮系,因此,该转化机构的传动比就可以按照定轴轮系传动比的计算方法来计算。

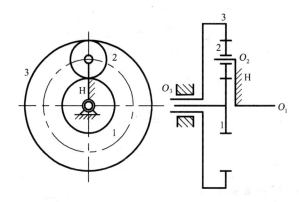

图 10 - 12　行星轮系的转化机构

由定轴轮系传动比的计算可得:

$$i_{13}^H = \frac{\omega_1^H}{\omega_3^H} = \frac{\omega_1 - \omega_H}{\omega_3 - \omega_H} = (-1)^1 \frac{Z_3}{Z_1} = -\frac{Z_3}{Z_1}$$

i_{13}^H 表示在转化机构中轮 1 主动,轮 3 从动时的传动比,齿数比前的" $-$ "号表示在转化机构中齿轮 1 和齿轮 3 的转向相反。

根据以上原理,可以写出行星轮系转化机构传动比计算的一般公式。设行星轮系中的任意两个齿轮分别为 1 和 n (包括 1、 n 中可能有一个是行星轮的情况),系杆为 H,则其转化机构的传动比 i_{1n}^H 可表示为:

$$i_{1n}^H = \frac{\omega_1^H}{\omega_n^H} = \frac{\omega_1 - \omega_H}{\omega_n - \omega_H} = (-1)^m \frac{Z_3 \cdots Z_n}{Z_1 \cdots Z_{n-1}} \qquad (10 - 3)$$

由上式可以看出,在各轮齿数均为已知的情况下,只要给出 ω_1 、 ω_n 、 ω_H 三个中任意两个参数,就可以求出第三个。从而可以方便地得到行星轮系三个基本构件中任两个构件之间的传动

比。在用式(10-3)计算行星轮系的传动比时,需要注意以下几点:

(1)i_{1n}^{H}是转化机构中轮1主动,轮n从动时的传动比,其大小和正负完全按定轴轮系来处理。在具体计算时,要特别注意转化机构传动比i_{1n}^{H}的正负号,当转化轮系中各轮几何轴线互相平行时,用$(-1)^m$来确定正负,否则用箭头法。

(2)ω_1、ω_n、ω_H是行星轮系中各基本构件的实际角速度,其值均为代数值,对于差动轮系,若已知两个构件的转速方向相反,则代入上式求解时,必须一个代正值,另一个代负值,第三个构件转速的转向,则根据计算结果的正负号来确定。对于行星轮系,由于其中一个中心轮是固定的,这时可直接由式(10-3)求出其余两个基本构件间的传动比。

2. 行星轮系的传动比计算举例

例3 图10-13所示为A512型细纱机成形凸轮行星减速机构,系杆的转动由车头传来,系杆上空套着行星齿轮2和3,行星轮2和行星轮3分别与中心轮1、4相啮合,1为固定中心轮,4与成形凸轮固连,将运动传给成形凸轮,已知$Z_1=60$,$Z_2=30$,$Z_3=29$,$Z_4=61$,现分析其传动比i_{H4}。

解:
$$i_{41}^{H}=\frac{n_4-n_H}{n_1-n_H}=\frac{n_4-n_H}{-n_H}=1-\frac{n_4}{n_H}=1-i_{4H}$$

$$=(-1)^2\frac{Z_3 Z_1}{Z_4 Z_2}=\frac{29\times60}{61\times30}=\frac{58}{61}$$

$$i_{4H}=1-i_{41}^{H}=1-\frac{58}{61}=\frac{3}{61}$$

$$i_{H4}=\frac{1}{i_{4H}}=\frac{61}{3}=20.3$$

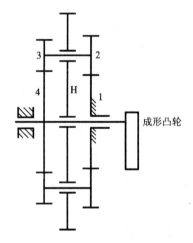

图10-13 细纱机成形凸轮行星减速器机构

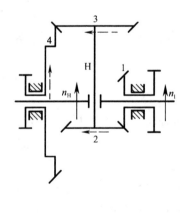

图10-14 粗纱机的差动轮系

计算结果为正值,说明系杆与轮4的转向相同。

例4 图10-14所示为某粗纱机的差动轮系,已知$Z_1=18$,$Z_2=30$,$Z_3=16$,$Z_4=48$,$n_H=350$ r/min,$n_1=170$ r/min,且与n_H同向。求n_4。

解：

$$i_{14}^{\mathrm{H}} = \frac{n_1 - n_{\mathrm{H}}}{n_4 - n_{\mathrm{H}}} = \frac{Z_2 Z_4}{Z_1 Z_3}$$

$$i_{14}^{\mathrm{H}} = \frac{170 - 350}{n_4 - 350} = \frac{30 \times 48}{18 \times 16} = 5$$

$$n_4 = 314(\mathrm{r/min})$$

式中齿数比前面的正负号不用$(-1)^m$确定，用画虚线箭头的方法来确定。因齿轮 4 的转速 n_4 为正值，齿轮 1 和系杆 H 的转速也用正值，故齿轮 4 的转向与齿轮 1 的转向相同。

四、复合轮系的传动比计算

在实际机械中，除了广泛应用单一的定轴轮系和单一的行星轮系外，还大量应用了由定轴轮系和行星轮系组合而成的复合轮系。

在计算复合轮系的传动比时，既不能将各个轮系作为定轴轮系来处理，也不能对整个轮系采用转化机构的办法。

计算复合轮系传动比的正确方法是：

(1)正确区分基本轮系：所谓基本轮系，指的是单一的定轴轮系或单一的行星轮系。在划分基本轮系时，首先找出各个单一的行星轮系。具体方法是先找出行星轮，即找出几何轴线不固定而是绕其他轴线转动的齿轮，当行星轮找到后，支撑行星轮的构件是系杆，然后找到与行星轮啮合的太阳轮，那么行星轮、系杆、太阳轮和机架组成一个行星轮系。找出所有的行星轮系后，剩余的齿轮就组成定轴轮系。

(2)分别列出各基本轮系传动比的方程式，即定轴轮系部分应当按定轴轮系的传动比计算方法列出方程式，行星轮系部分按行星轮系的传动比计算方法列出方程式。

(3)找出各基本轮系之间的联系。

(4)将各基本轮系的传动比方程式联立求解，即可求出复合轮系的传动比。

例 5　在图 10 - 15 所示的轮系中，已知各轮的齿数为：$Z_1 = 20$，$Z_2 = 40$，$Z_{2'} = 20$，$Z_3 = 30$，$Z_4 = 80$，试求传动比 $i_{1\mathrm{H}}$。

解：区分轮系：齿轮 1 和齿轮 2 组成定轴轮系，齿轮 2′、齿轮 3、齿轮 4 和系杆 H 组成行星轮系。

分别列出各基本轮系的传动比计算式。

对定轴轮系有：

$$i_{12} = \frac{n_1}{n_2} = -\frac{Z_2}{Z_1} = -\frac{40}{20} = -2$$

$$n_2 = -\frac{n_1}{2}$$

对行星轮系有：

$$i_{2'4}^{\mathrm{H}} = \frac{n_{2'} - n_{\mathrm{H}}}{n_4 - n_{\mathrm{H}}} = -\frac{Z_4}{Z_{2'}} = -\frac{80}{20} = -4$$

$$n_4 = 0$$

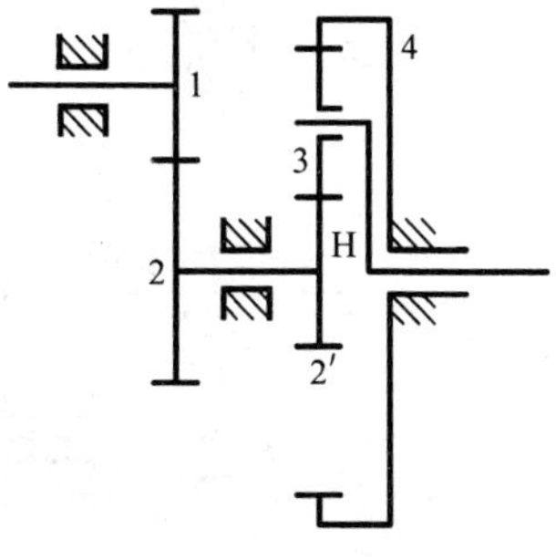

图 10 - 15　复合轮系

$$\frac{n_{2'} - n_H}{-n_H} = -4$$

定轴轮系和行星轮系的联系：

$$n_2 = n_{2'} = -\frac{n_1}{2}$$

则：

$$\frac{-\dfrac{n_1}{2} - n_H}{-n_H} = -4$$

$$i_{1H} = \frac{n_1}{n_H} = -10$$

负号表明齿轮 1 和系杆 H 的转向相反。

例 6　图 10 – 16 所示的轮系是 A456 型粗纱机中横动机构的轮系,已知各轮的齿数为: $Z_{3'} = 12, Z_3 = 12, Z_4 = 42, Z_5 = 43$,试求传动比 i_{52}。

解:

$$i_{54}^H = \frac{n_5 - n_H}{n_4 - n_H} = \frac{n_5 - n_H}{0 - n_H} = \frac{Z_3 \times Z_4}{Z_5 \times Z_{3'}} = \frac{12 \times 42}{43 \times 12} = \frac{42}{43}$$

$$1 - \frac{n_5}{n_H} = 1 - \frac{n_5}{n_2} = \frac{42}{43}$$

$$i_{52} = 1 - \frac{42}{43} = \frac{1}{43}$$

例 7　图 10 – 17 所示的轮系是印花机对花机构中的复合轮系,已知各轮的齿数为: $Z_8 = Z_{10} = 1, Z_7 = 73, Z_9 = 60, Z_1 = Z_2 = Z_3 = Z_4, n_{电} = n_{11} = 1400$ r/min, $n_3 = 150$ r/min,花筒周长 $L = 400$ mm。

$$i_{31}^H = \frac{n_3 - n_H}{n_1 - n_H} = -\frac{Z_1}{Z_3} = -1$$

$$n_H = \frac{n_1 + n_3}{2}$$

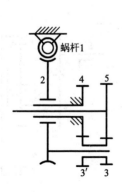

图 10 – 16　粗纱机横动机构的轮系

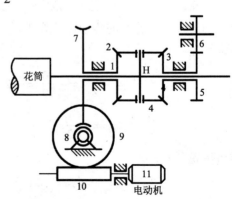

图 10 – 17　印花机对花机构的轮系

218

（1）不对花:电动机不启动,则:

$$n_1 = 0$$

$$n_H = \frac{n_3}{2} = \frac{150}{2} = 75(\text{r/min})$$

花筒线速度 v:

$$v = L \times n_H = 0.4 \times 75 = 30(\text{m/min})$$

（2）电动机 11 启动且使锥齿轮 1 与锥齿轮 3 同方向转动,蜗杆 10、蜗轮 9、蜗杆 8、蜗轮 7、锥齿轮 1 组成定轴轮系。

$$i_{1,11} = \frac{n_1}{n_{11}} = \frac{n_7}{n_{10}} = \frac{Z_8 Z_{10}}{Z_7 Z_9} = \frac{1 \times 1}{73 \times 60}$$

$$n_1 = \frac{1400}{73 \times 60} = 0.32(\text{r/min})$$

$$n_H = \frac{n_1 + n_3}{2} = \frac{0.32 + 150}{2} = 75.16(\text{r/min})$$

$$v_1 = L \times n_H = 0.4 \times 75.16 = 30.06(\text{m/min})$$

$$\Delta v = v_1 - v = 30.06 - 30 = 0.06(\text{m/min}) = 1(\text{mm/s})$$

（3）电动机 11 启动且使锥齿轮 1 与锥齿轮 3 反向转动。

$$n_H = \frac{n_3 - n_1}{2} = \frac{150 - 0.32}{2} = 74.84(\text{r/min})$$

$$v_2 = L \times n_H = 0.4 \times 74.84 = 29.4(\text{m/min})$$

$$\Delta v = v_2 - v = 29.4 - 30 = -0.06 \text{ m/min} = -1(\text{mm/s})$$

第三节　轮系在纺织机械中的应用

一、实现大传动比

一对齿轮的传动比一般不超过 5 ~ 7,在需要获得很大的传动比时,可以用定轴轮系的多级传动,也可以用行星轮系和复合轮系来实现。

例　如图 10 - 18 所示,蜗杆 1 和蜗杆 5 均为单头右旋蜗杆,其余各轮的齿数为: $Z_{1'} = 101$, $Z_2 = 99$, $Z_{2'} = Z_4$, $Z_{4'} = 100$, $Z_{5'} = 100$。求传动比 i_{1H}。

解:

$$i_{2'4}^H = \frac{n_{2'} - n_H}{n_4 - n_H} = -\frac{Z_4}{Z_{2'}} = -1$$

$$n_{2'} = n_2$$

$$n_1 = n_{1'}$$

$$i_{12} = \frac{n_1}{n_2} = \frac{Z_2}{Z_1} = 99$$

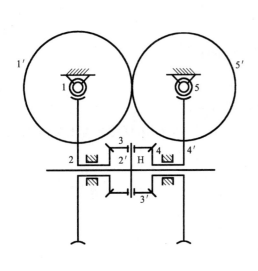

图 10 – 18　大传动比减速器

$$n_{2'} = \frac{n_1}{99} = \frac{n_{1'}}{99}$$

$$i_{14} = \frac{n_1}{n_4} = \frac{n_{1'}}{n_{4'}} = \frac{Z_{5'}Z_{4'}}{Z_1 Z_5} = \frac{100 \times 100}{101 \times 1}$$

$$n_4 = \frac{101 n_1}{10000}$$

$$\frac{\dfrac{n_1}{99} - n_H}{-\dfrac{101 n_1}{10000} - n_H} = -1$$

$$\frac{n_1}{99} - n_H = n_H + \frac{101 n_1}{10000}$$

$$i_{1H} = 1980000$$

二、实现换向传动

图 10 – 19 所示为印染机械上的三星轮换向机构,主动轮 1 通过惰轮 2 和 3 传动从动轮,此时两轮转向相反。惰轮 2 与 3 活套在三角架 5 的销轴上,而该三角架可绕 O_4 摆动,需换向时,扳动手柄使三角架逆时针方向转动,直至惰轮 3 直接与主动轮 1 啮合。此时,惰轮 2 已脱开,主动轮 1 通过惰轮 3 传动从动轮 4,故主动轮、从动轮的转向相同。

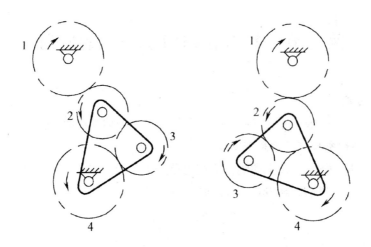

图 10 – 19　三星轮换向机构

三、实现分路传动

利用定轴轮系,可以通过主轴上的齿轮将运动分别传给多个工作部件,从而实现分路传动。

图 10-20 所示为 FA506 细纱机的传动机构,电动机的运动通过轮系分别传到细纱机两端的前罗拉、中罗拉和后罗拉。

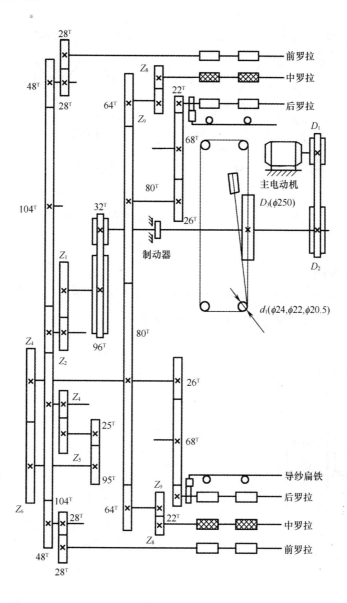

图 10-20　FA506 细纱机的传动机构

四、实现运动的合成或分解

图 10-21 所示为 TP500 型剑杆织机送纬剑传剑机构图,四连杆机构 *OKJO'* 传动行星轮系的系杆,六连杆机构 *OABCDEO'* 传动行星轮系的太阳轮 1,行星轮系将太阳轮 1 和系杆的运动合成为太阳轮 3 的运动输出,经圆锥齿轮传动 4、5、6、7 和传剑轮 M、传剑带 8 带动剑头进出梭口。

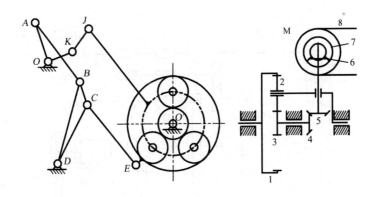

图 10－21　TP500 型剑杆织机送纬剑传剑机构

五、实现增速传动

图 10－22 所示为磁引纬织机绳轮的加速轮系，齿轮的齿数 $Z_1 = 138$，$Z_2 = 54$，$Z_{2'} = 50$，$Z_3 = 30$，$Z_4 = 138$，$Z_5 = 38$，绳轮与摇杆的速比为 25.937。

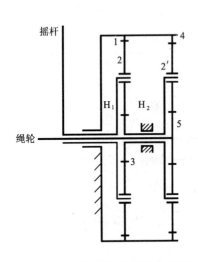

图 10－22　磁引纬织机绳轮加速轮系

$$i_{31}^{H_1} = \frac{n_3 - n_{H_1}}{n_1 - n_{H_1}} = -\frac{Z_1}{Z_3} = -\frac{138}{30}$$

$$1 + \frac{138}{30} = \frac{n_3}{n_{H_1}}$$

$$n_3 = \frac{168}{30} n_{H_1} = n_{H_2}$$

$$i_{54}^{H_2} = \frac{n_5 - n_{H_2}}{n_4 - n_{H_2}} = -\frac{Z_4}{Z_5} = -\frac{138}{38}$$

$$1 + \frac{138}{38} = \frac{n_5}{n_{H_2}} = \frac{176}{38} = \frac{n_{绳}}{168 n_{摇}} \frac{30}{}$$

$$\frac{n_{绳}}{n_{摇}} = \frac{176 \times 168}{38 \times 30} = 25.937$$

该轮系将摇杆的摆动增速扩大了 25.937 倍。

☞ 习题

1. 图 1 所示为电动卷扬机的传动简图。已知蜗杆 1 为单头右旋蜗杆，蜗轮 2 的齿数 $Z_2 = 42$，其余各轮齿数为：$Z_{2'} = 18$，$Z_3 = 78$，$Z_{3'} = 18$，$Z_4 = 55$，卷筒 5 与齿轮 4 固联，其直径 $D_5 = 400$ mm，电动机转速 $n_1 = 1500$ r/min，试求：

   (1) 转筒 5 的转速 n_5 的大小和重物的移动速度 v。

   (2) 提升重物时，电动机应该以什么方向旋转？

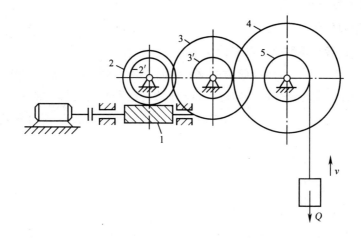

图1　电动卷扬机传动简图

2. 图2所示为机械式手表的传动机构,动力源(发条盘)经由轮系传动分针M、时针H、秒针S及操纵轮E,求M与H之间的传动比i_{MH},S与M之间的传动比i_{SM}。图中括号内为齿轮的齿数。

3. 图3所示为定轴轮系,其中轴承均未画出,已知$D_1 = 200$ mm,$D_2 = 180$ mm,$Z_{2'} = 37$,$Z_3 = 75$,$Z_4 = 120$,$Z_{4'} = 45$,$Z_5 = 137$,$Z_6 = 120$,$Z_7 = 70$,$Z_{5'} = 2$,$Z_8 = 17$,$Z_{8'} = 18$,$Z_9 = 80$,$n_1 = 1450$ r/min,轴O_7的转向如图所示,求:

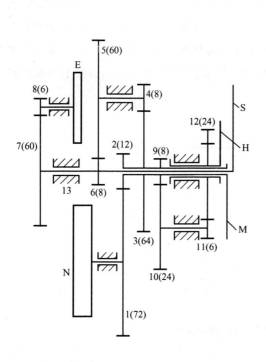

图2　机械式手表的传动机构

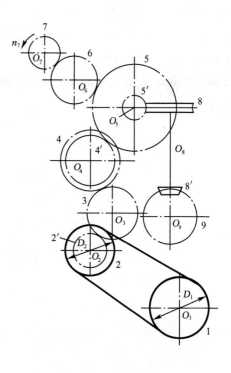

图3　定轴轮系

（1）在图上标出各轮的转向。

（2）计算轴 O_7 的转速。

（3）计算当轴 O_9 转一圈时，轴 O_7 转多少圈。

4. 图 4 所示差动轮系中，已知各轮齿数 $Z_1 = 15$，$Z_2 = 25$，$Z_3 = 20$，$Z_4 = 60$，$n_1 = 200$ r/min，$n_4 = 50$ r/min，试求两轮转向相同时，系杆 H 的转速和转向。

5. 图 5 所示轮系，已知各轮齿数 $Z_1 = 100$，$Z_2 = 101$，$Z_3 = 100$，试求 i_{H1}，（1）当 $Z_4 = 99$ 时，（2）当 $Z_4 = 100$ 时。

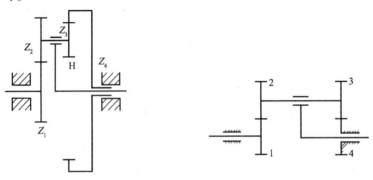

图 4   差动轮系   图 5   行星轮系

☞ 拓展任务

在宽幅织机上，由于受到整经机和浆纱机幅宽的限制，一般采用双轴并列式送经机构，为了使宽幅织机上的左右两个织轴或上下送经的两个织轴轴上的经纱张力保持一致，除要两个织轴的卷绕直径和卷绕密度一致外，还需要采用差速进行自动调节。图 6 为 PAT 系列喷气织机用的双织轴送经机构，请查阅资料分析其工作原理，周转轮系是如何控制和协调两个织轴的经纱放出量的。

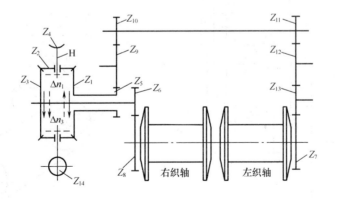

图 6   PAT 系列喷气织机双织轴送经机构

第十一章 联接

本章知识点

1. 了解联接的作用、分类。

2. 掌握螺纹联接的类型及特点。

3. 了解防松方法。

4. 了解键联接。

第一节 螺纹及螺纹联接

一、螺纹的类型

1. 按螺纹的牙型分

按螺纹的牙型分,主要有三角形螺纹、矩形螺纹、梯形螺纹、锯齿形螺纹等,如图 11－1 所示。其中三角形螺纹主要用于联接,其余则多用于传动。

2. 按螺旋线绕行方向分

按螺旋线绕行方向不同分,有右旋螺纹和左旋螺纹,一般多用右旋。如图 11－2 所示。

3. 按螺旋线的数目分

按螺旋线的数目分,有单线(单头)螺纹和多线螺纹。如图 11－3 所示。

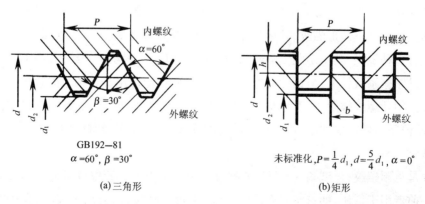

(a)三角形　　　　　　　　(b)矩形

图 11－1

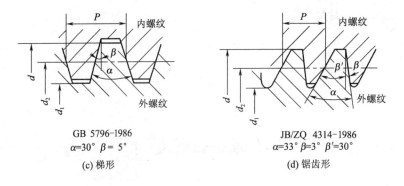

GB 5796-1986
$\alpha=30°$ $\beta=5°$

(c) 梯形

JB/ZQ 4314-1986
$\alpha=33°$ $\beta=3°$ $\beta'=30°$

(d) 锯齿形

图 11-1 螺纹的牙型

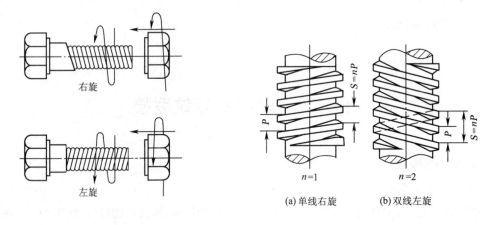

右旋

左旋

图 11-2 螺纹的旋向

$S=nP$

P

$n=1$

$S=nP$

P

$n=2$

(a) 单线右旋   (b) 双线左旋

图 11-3 螺纹的线数、螺距和导程

此外,螺纹还有外螺纹和内螺纹之分。

二、常用螺纹的特点和应用

1. 普通螺纹

普通螺纹即公制三角形螺纹,其牙型角 $\alpha=60°$,螺纹大径为公称直径,以 mm 为单位。同一公称直径有多种螺距,其中螺距大的称为粗牙螺纹,其余称为细牙螺纹,如图 11-4 所示。普通螺纹的当量摩擦系数较大,自锁性能好,螺纹强度高,广泛应用于各种紧固联接。一般螺纹多用粗牙螺纹。细牙螺纹螺距小、升角小、自锁性能好,但螺纹强度低、耐磨性较差、易脱落,常用于细小零件、薄壁零件或受冲击、振动和变载荷的联接,还可用于微调机构。

2. 管螺纹

管螺纹是英制螺纹,牙型角 $\alpha=55°$,公称直径为管子内径。管螺纹可分为圆柱管螺纹和圆锥管螺纹。前者用于低压,即有密封要求的煤气、水管等联接;后者用于高温、高压或密封要求较高的管联接。

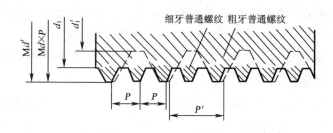

图 11 - 4　粗牙普通螺纹和细牙普通螺纹

3. 矩形螺纹

矩形螺纹的牙型为正方形,牙型角 $\alpha = 0°$。它的传动效率最高,但精加工较困难,螺纹强度低,且螺旋副磨损后的间隙难以补偿,会使精度降低。常用于传力或传导螺旋。

4. 梯形螺纹

梯形螺纹的牙型为等腰梯形,牙型角 $\alpha = 30°$。它的传动效率略低于矩形螺纹,但工艺性好、螺纹强度高、螺旋副的对中性好,可调整间隙。广泛应用于传力或传导螺旋,如机床的丝杠、螺旋举重器等。

5. 锯齿形螺纹

锯齿形螺纹工作面的牙型斜角为 3°,非工作面的牙型斜角为 30°。它综合了矩形螺纹传动效率高和梯形螺纹强度高的特点,但仅适用于单相受力的传力螺旋。

三、螺纹的主要参数

现以图 11 - 5 所示的圆柱普通螺纹为例说明螺纹的主要参数。

(1)大径 d:与外螺纹牙顶或内螺纹牙底相重合的假想圆柱体的直径,是螺纹的最大直径,也称为公称直径。

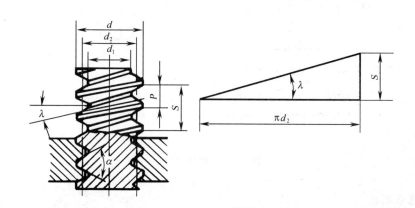

图 11 - 5　螺纹的主要几何参数

（2）小径 d_1：与外螺纹牙底或内螺纹牙顶相重合的假想圆柱体的直径，是螺纹的最小直径。

（3）中径 d_2：在螺纹的轴向剖面内，牙厚和牙槽宽相等处的假想圆柱体的直径。

（4）螺距 P：螺纹相邻两牙在中径线上对应两点间的轴向距离。

（5）线数 n：沿一条螺旋线形成的螺纹称为单线螺纹，沿两条或两条以上在轴向等距分布的螺旋线形成的螺纹，称为多线螺纹。

（6）导程 S：同一螺旋线上的相邻两牙在中径线上对应两点间的轴向距离。

（7）升角 λ：在中径 d_2 的圆柱面上，螺旋线的切线与垂直于螺旋线的平面间的夹角。由图 11-5 可得：

$$\tan\lambda = S/\pi d_2 = nP/\pi d_2$$

四、螺纹联接的基本类型

螺纹联接的基本类型主要有螺栓联接、双头螺柱联接、螺钉联接和紧定螺钉联接。

1. 螺栓联接

螺栓联接是将螺栓穿过被联接件上的光孔并用螺母拧紧。它分为普通螺栓联接和铰制孔螺栓联接。

图 11-6（a）所示为普通螺栓联接，其结构特点是螺栓杆与被联接件孔壁之间有间隙，无论联接传递的载荷是何种形式，螺栓都受到拉伸作用。这种联接结构简单，装拆方便，应用广泛。

图 11-6（b）所示为铰制孔螺栓联接，螺杆的光杆和被联接件的孔多采用基孔制过渡配合，工作时螺栓杆受剪切和挤压作用。它用于载荷大、冲击严重、要求良好对中的场合。

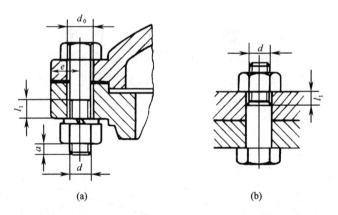

（a）　　　　　　　　　　　　（b）

静载荷：$l_1 \geqslant (0.3\sim0.5)d$；变载荷：$l_1 \geqslant 0.75d$；冲击或弯曲载荷：$l_1 \geqslant d$；
$e = d + (3\sim6)$ mm；$d_0 = 1.1d$；$a \approx (0.2\sim0.3)d$；铰制孔螺栓联接：$l_1 \approx d$

图 11-6　螺栓联接

2. 双头螺柱联接

图 11-7 所示为双头螺柱联接。这种联接用于被联接件之一较厚而不宜制成通孔，且需经常拆卸的场合。拆卸时，只需拧下螺母而不必从螺纹孔中拧出螺栓即可将被联接件分开。

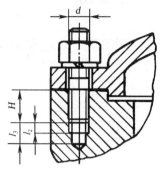

螺纹孔件为钢：$H \approx d$
铸铁：$H \approx (1.25 \sim 1.5)d$
铝合金：$H \approx (1.5 \sim 2.5)d$

图 11 - 7　双头螺柱联接

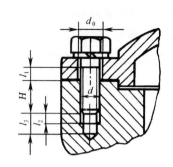

图 11 - 8　螺钉联接

3. 螺钉联接

图 11 - 8 所示为螺钉联接。这种联接不需使用螺母,适用于一个被联接件较厚,不便钻成通孔,且受力不大,不需经常拆卸的场合。

4. 紧定螺钉联接

如图 11 - 9 所示,将紧定螺钉旋入一零件的螺孔中,并用螺钉端部顶住或顶入另一个零件,可以固定两个零件的相对位置,并可传递不大的力或转矩。

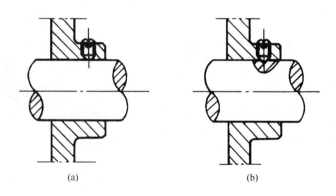

(a)　　　　　　　　　　　(b)

图 11 - 9　紧定螺钉联接

第二节　螺纹联接的预紧和防松

一、螺纹联接的预紧

一般螺纹联接在装配时都必须拧紧,以增强联接的可靠性、紧密性和防松能力。联接件在承受工作载荷之前就预加的作用力称为预紧力。预紧力过小,会使联接不可靠;预紧力过大,会使联接过载甚至被拉断。预紧力的大小应根据联接工作的需要而定。

1. 拧紧(扳手)转矩的确定

如图 11 - 10 所示,预紧时,扳手力矩 T 等于克服螺纹副的阻力矩 T_1 和螺母与被联接件支承面间的摩擦阻力矩 T_2 之和,即

$$T = T_1 + T_2 = KF_0 d$$

式中:F_0——预紧力,N;

　　d——螺纹公称直径,mm;

　　K——拧紧力矩系数,见表 11 - 1。

表 11 - 1　拧紧力矩系数 K

摩擦表面状态		精加工表面	一般加工表面	表面氧化	镀　　锌	干燥粗加工表面
K	有润滑	0.10	0.13 ~ 0.15	0.20	0.18	—
	无润滑	0.12	0.10 ~ 0.21	0.24	0.22	0.26 ~ 0.30

2. 预紧力的控制

在重要的螺栓联接中,预紧力的大小要严格控制。可用测力矩扳手(图 11 - 11)来旋紧螺母,所控制的力矩可在刻度上读出。此外,还可通过测量拧紧螺母后螺栓的伸长量等方法来控制预紧力。

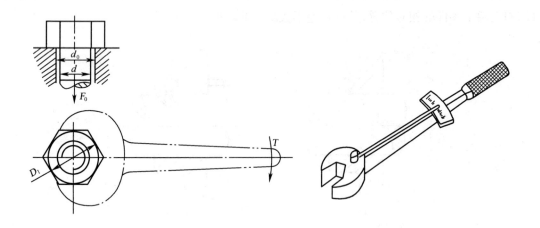

图 11 - 10　扳手力矩 T　　　　　　　　　图 11 - 11　测力矩扳手

二、螺纹联接的防松

联接中常用的单线普通螺纹和管螺纹都能满足自锁条件,在静载荷或冲击振动不大、温度变化不大时不会自行松脱。但在冲击、振动或变载荷的作用下,螺纹联接会产生自动松脱现象。因此要考虑防松问题。

螺纹联接防松的关键在于防止螺旋副的相对转动。防松的方法很多,按其工作原理可分为摩擦防松、机械防松、永久防松和化学防松。常用的防松方法如表 11 - 2 所示。

表 11 – 2　常用的防松方法

防松原理	防 松 装 置 或 方 法		
利用摩擦 　　使螺纹副中有不随联接载荷而变的压力，因而始终有摩擦力矩防止相对转动。压力可由螺纹副纵向或横向压紧而产生	对顶螺母 两螺母对顶拧紧，螺栓旋合段受拉而螺母受压，从而使螺纹副纵向压紧		弹簧垫圈 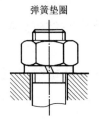 利用拧螺母时垫圈被压平后的弹性力，使螺纹副纵向压紧
利用摩擦 　　使螺纹副中有不随联接载荷而变的压力，因而始终有摩擦力矩防止相对转动。压力可由螺纹副纵向或横向压紧而产生	金属锁紧螺母 利用螺母末端椭圆口的弹性变形箍紧螺栓，横向压紧螺纹	尼龙圈锁紧螺母 利用螺母末端的尼龙圈箍紧螺栓，横向压紧螺纹	楔紧螺纹锁紧螺母 利用楔紧螺纹，使螺纹副纵横压紧
直接锁住 　　利用便于更换的金属元件约束螺纹副	开口销与槽形螺母 利用开口销使螺栓、螺母相互约束	止动垫片 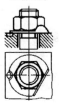 垫片约束螺母而自身又约束在被联接件上（此时螺栓应另有约束）	串联金属丝 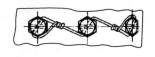 利用金属丝使一组螺钉头部相互约束，当有松动趋势时，金属丝更加拉紧
破坏螺纹副关系 　　把螺纹副转变为非运动副，从而排除相对转动的可能	焊住 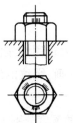	冲点 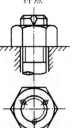	粘合 在螺纹副间涂金属黏接胶

第三节　螺纹联接的画法

螺纹的结构要素都已标准化,因此画图时用规定的线型来表示螺纹的大径、小径和终止线。

一、外螺纹的画法

(1)螺纹的大径用粗实线表示。

(2)螺纹的小径用细实线表示,在螺杆的导角或导圆内的部分也应画出;在投影为圆的视图上,表示小径的细实线只画 3/4 圈,导角圆省略不画。如图 11－12(a)所示。

(3)螺纹的终止界线(简称终止线)用粗实线表示。外螺纹画成剖视图时,终止线只画一小段粗实线到小径处,剖面线应画到粗实线。如图 11－12(b)所示。

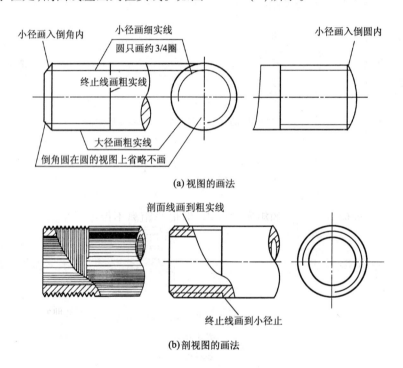

(a)视图的画法

(b)剖视图的画法

图 11－12　外螺纹的画法

二、内螺纹的画法

(1)当用剖视图表达内螺纹时,其小径用粗实线表示,大径用细实线表示;在投影为圆的视图上,表示大径的细实线圆只画约 3/4 圈,导角圆也省略不画,螺纹的终止线仍画粗实线,剖面线画到粗实线,如图 11－13(a)所示。

(2)绘制不穿通的螺纹孔时,应将钻孔深度与螺纹部分的深度分别画出,一般钻孔应比螺纹部分深约 4P(即 4 倍螺距),此距离称为钻孔的预留深度,具体尺寸也可从相关的标准中查出。钻孔

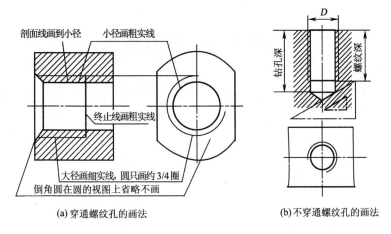

(a) 穿通螺纹孔的画法　　　　　　　　(b) 不穿通螺纹孔的画法

图 11 – 13　内螺纹的画法

底部的锥角应画成120°。如图 11 –13(b)所示。

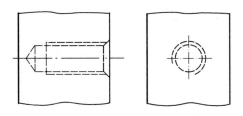

图 11 – 14　不可见螺纹的画法

（3）表示不可见的螺纹,所有的图线均画虚线,如图 11 – 14 所示。画图时,螺纹的大径、小径两条线的距离可近似等于两倍的粗实线画出,但最小距离不得小于 0. 7 mm。

三、内、外螺纹联接的画法

以剖视图表示内、外螺纹联接时,其旋合部分按外螺纹的画法表示,即大径画粗实线,小径画细实线,未旋合部分的内螺纹大径画细实线,小径画粗实线,剖面线画到粗实线,如图11–15所示。

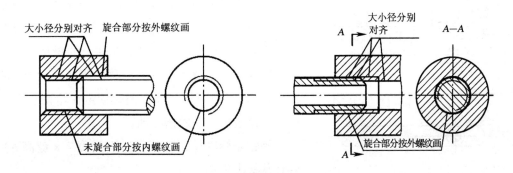

图 11 – 15　内、外螺纹联接的画法

第四节　键联接

键主要用于轴和带毂零件(如齿轮、蜗轮等),实现周向固定,以传递转矩的轴毂联接。

键是标准件,分为两大类:

(1)平键和半圆键,构成松联接;

(2)斜键,主要有楔键和切向键,构成紧联接。

本节主要介绍常用的平键和半圆键联接。

一、平键联接

如图 11－16 所示。键的两侧面是工作表面。工作时,靠键与键槽的互压传递转矩。平键联接结构简单、装拆方便、对中较好、应用广泛。

按用途的不同,平键可分为普通平键、导向平键和滑键等。

1. 普通平键

普通平键用于静联接。按其端部形状的不同,可分为圆头(A 型)、方头(B 型)、一端圆头一端方头(C 型)(如图 11－16 所示)。采用 A 型和 C 型键时,轴上键槽一般用指形铣刀铣出。采用 B 型键时,键槽用盘形铣刀铣出。A 型键应用最广,C 型键一般用于轴端。

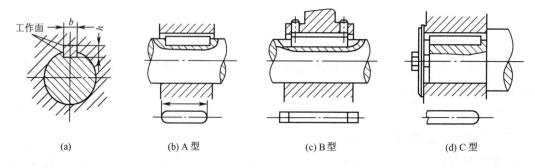

| (a) | (b) A 型 | (c) B 型 | (d) C 型 |

图 11－16　平键联接

2. 导向平键和滑键

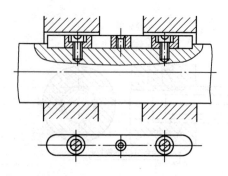

导向平键和滑键用于动联接。当轮毂需在轴上沿轴向移动时,可采用这种键联接。如图 11－17 所示,通常螺钉将导向平键固定在轴上的键槽中,轮毂可沿键移动。当被联接零件滑移的距离较大时,宜采用滑键,如图 11－18 所示。滑键固定在轮毂上并随轮毂一同沿着轴上的键槽移动。

平键是标准件,其剖面尺寸(键宽 b × 键高 h)按轴径从标准中选定。

图 11－17　导向平键联接

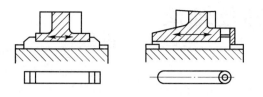

图 11 – 18 滑键联接

二、半圆键联接

如图 11 – 19 所示。半圆键也是以两侧面为工作表面,与平键一样具有良好的对中性。由于键在轴上的键槽中能绕槽底圆弧的曲率中心摆动,因此能自动适应轮毂键槽底面的倾斜。半圆键联接的优点是加工工艺性好、安装方便,缺点是轴上的键槽较深。半圆键主要用于轻载场合的联接。

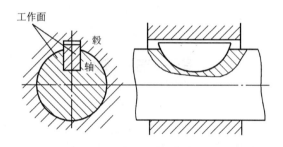

图 11 – 19 半圆键联接

☞ **习题**

1. 常用螺纹的种类有哪些? 各用于什么场合?

2. 螺纹的主要参数有哪些? 怎样计算?

3. 螺纹的导程和螺距有何区别? 螺纹的导程、螺距、线数有何关系?

4. 根据螺纹牙型不同,螺纹有哪几种? 各有何特点? 常用于联接和传动的螺纹有哪些?

5. 螺纹联接的基本形式有哪些? 各适用于何种场合? 各有何特点?

6. 螺纹联接防松的目的是什么? 常用的防松方法和装置有哪些?

☞ **拓展任务**

螺纹联接主要用来把两个不同的零件联接起来形成刚性固定。键联接主要实现轴和轴上的零件的联接。请到学校实训中心,选择某一实训设备进行查看研究,并与实训中心设备管理人员沟通,了解所选设备中还用到了哪些类型的螺纹联接? 哪些类型的键联接? 并选择一处螺纹联接绘制两个零件的装配关系图。

第十二章　轴及轴承

本章知识点

1. 了解轴的作用、分类。

2. 掌握轴的结构、轴上零件的固定方法。

3. 掌握轴承的作用、分类。

4. 了解滚动轴承的代号、特点。

5. 掌握轴承的润滑。

第一节　轴

一、轴的分类

根据轴的承载情况,可分为转轴、心轴和传动轴三类。其举例、受力简图和特点见表12－1。

表 12－1　轴的分类

转　轴	心　轴		传　动　轴
	轴转动	轴不转	
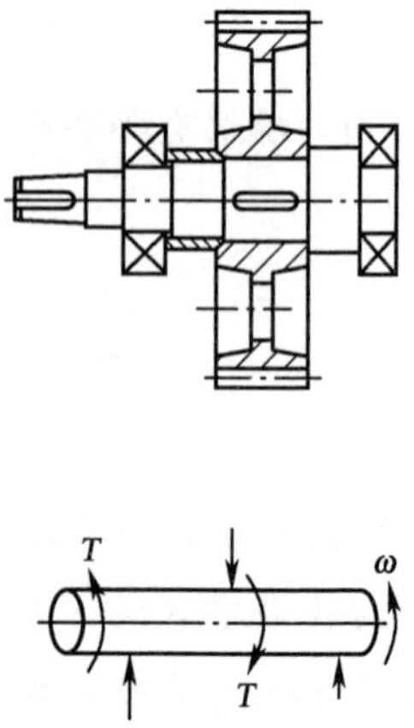	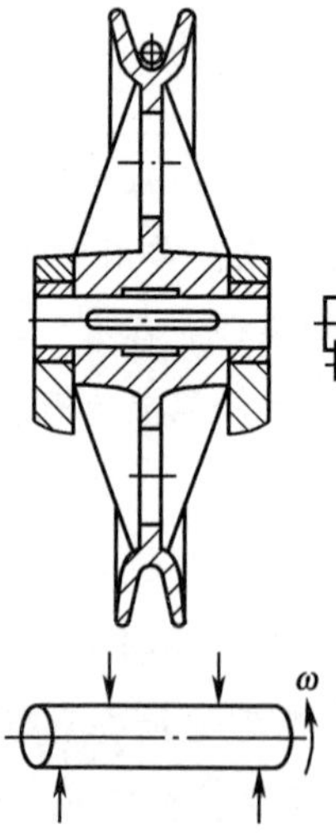	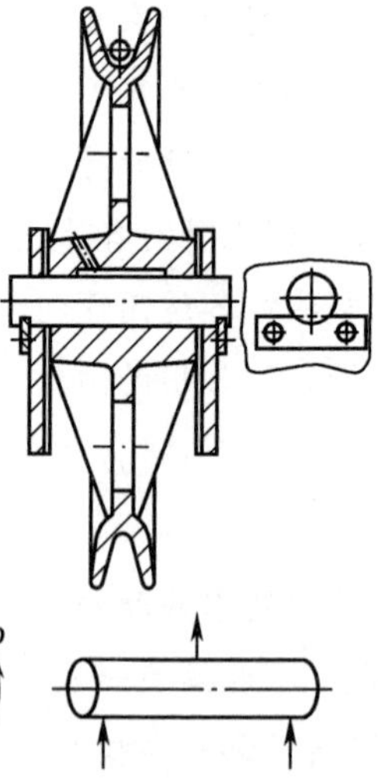	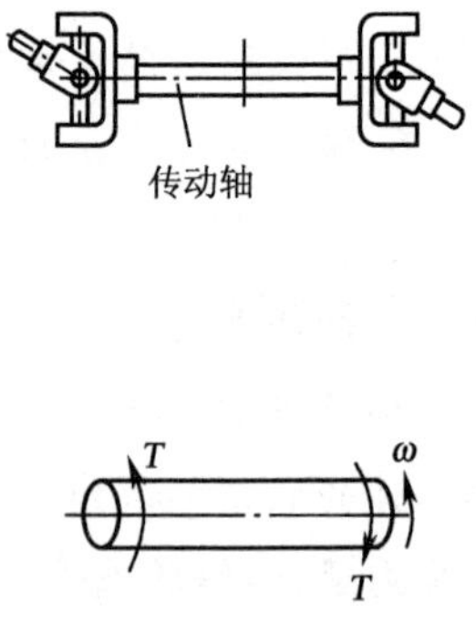
轴同时承受转矩和弯矩	轴只受弯矩,不受转矩。转动的心轴受变应力,不转的心轴受静应力		轴主要受转矩,不受弯矩或弯矩很小

此外,还有一种可以把回转运动灵活地传到任何位置的钢丝软轴,如图 12 – 1 所示。它适用于受连续振动的场合,具有缓和冲击的作用。

二、轴的结构

1. 轴的毛坯

尺寸较小的轴可以用圆钢车制,尺寸较大的轴则应用锻造的毛坯。铸造毛坯应用很少。

为了满足较小质量或结构需要,有一些机器的轴(如水轮机轴和航空发动机主轴等)常采用空心的截面。因为传递转矩主要靠轴的近外表面材料,所以空心轴比实心轴在材料的利用上较经济。当外直径 d 相同时,空心轴的内直径若取为 $d_0 = 0.625d$,则它的强度比实心轴削弱约 18%,而质量却可减少 39%。但空心轴的制造比较费工,所以必须从经济和技术指标进行全面分析,才能决定是否有利。有时为了节约贵重的合金钢或优质钢,或是为了解决大件锻造的困难,也可用焊接的毛坯。

2. 轴颈、轴头、轴身

轴主要由轴颈、轴头、轴身三部分组成,如图 12 – 2 所示。轴上被支承的部分叫轴颈,安装轮毂的部分叫轴头,连接轴颈和轴头的部分叫轴身。轴颈和轴头的直径应该按规范取圆整尺寸,特别是装滚动轴承的轴颈必须按轴承的内直径选取。

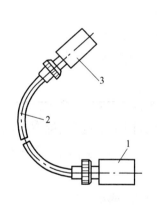

图 12 – 1　钢丝软轴

1—动力机　2—软轴　3—工作机

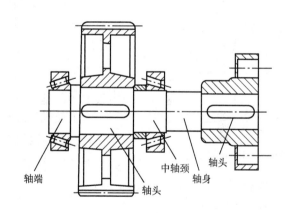

图 12 – 2　转轴的组成

从节省材料、减轻重量的观点来看,轴的各横截面最好是等强度的。但是从加工工艺观点来看,轴的形状却是愈简单愈好。简单的轴制造时省工,热处理不易变形,并有可能减少应力集中。当决定轴的外形时,在能保证装配精度的前提下,既要考虑节约材料,又要考虑便于加工和装配。因此,实际的轴多做成阶梯形(阶梯轴),只有一些简单的心轴和一些有特殊要求的转轴,才能做成具有同一名义直径的等直径轴。

3. 零件在轴上的固定

轴上的零件常以毂和轴联接在一起。轴和毂的固定可分为轴向固定和周向固定两类。

（1）轴上零件的轴向固定：轴上零件的轴向固定可采用轴肩（或轴环）、挡圈、圆螺母、套筒、圆锥形轴头等。如图 12 - 3 所示。轴肩的结构简单，可以承受较大的轴向力；螺钉锁紧挡圈，用紧定螺钉固定在轴上，在轴上零件的两侧各用一个挡圈时，可任意调整轴上零件的位置，装拆方

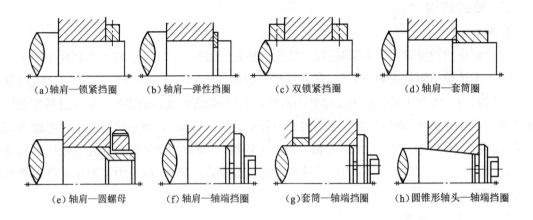

| (a)轴肩—锁紧挡圈 | (b)轴肩—弹性挡圈 | (c)双锁紧挡圈 | (d)轴肩—套筒圈 |
| (e)轴肩—圆螺母 | (f)轴肩—轴端挡圈 | (g)套筒—轴端挡圈 | (h)圆锥形轴头—轴端挡圈 |

图 12 - 3　轴上零件的轴向固定方法

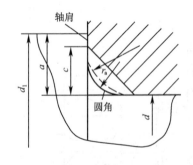

图 12 - 4　轴的圆角设计

便，但不能承受大的轴向力，且钉端坑会引起轴应力集中；当轴上零件的一边采用轴肩定位时，另一边可采用套筒定位，以便于装卸；如果要求套筒很长时，可不采用套筒而用螺母固定轴上零件，螺母也可用于轴端；轴端挡圈常用于轴端零件的固定；圆锥形轴头对中好，常用于转速较高的场合，也常用于轴端零件的固定。

为了使轴上零件与轴肩端面紧密贴合，应保证轴的圆角半径 r_a、轮毂孔的倒角高度 c（或圆角半径 r）、轴肩高度 a 之间有下列关系 $r_a < c < a$ 和 $r_a < r < a$。与滚动轴承相配的轴肩尺寸应符合国家标准规定，如图 12 - 4 所示。

（2）轴上零件的周向固定：轴上零件的周向固定可采用键、花键、成形、弹性环、销、过盈等联接，通常称轴毂联接。

第二节　滑动轴承

一、滑动轴承的特点、应用及分类

工作时轴承和轴颈的支承面间形成直接或间接滑动摩擦的轴承，称为滑动轴承。

滑动轴承包含的零件少，工作面间一般有润滑油膜且为面接触，所以它具有承载能力大、抗冲击、噪声低、工作平稳、回转精度高、高速性能好等独特的优点。缺点主要是启动时摩擦阻力大、维护比较复杂。

滑动轴承主要应用于以下几种情况：

（1）工作转速极高的轴承；

（2）要求轴的支承位置特别精确以及回转精度要求特别高的轴承；

（3）特重型的轴承；

（4）承受巨大的冲击和振动载荷的轴承；

（5）必须采用剖分结构的轴承；

（6）要求径向尺寸特别小以及特殊工作条件下的轴承。

滑动轴承本身的独特优点使其在某些场合占有重要的地位，在纺织机械、金属切削机床、汽轮机、铁路机车及车辆等方面得到广泛的应用。

根据所承受载荷的方向，滑动轴承可分为径向轴承（承受径向载荷）和推力轴承（承受轴向载荷）两大类。

根据轴系及轴承装拆的需要，滑动轴承可分为整体式轴承和剖分式轴承两类。

根据轴颈和轴瓦间的摩擦状态，滑动轴承可分为液体摩擦滑动轴承和非液体摩擦滑动轴承两类。根据工作时相对运动表面间油膜形成原理的不同，液体摩擦滑动轴承又分为液体动压润滑轴承和液体静压润滑轴承，简称动压轴承和静压轴承。

二、滑动轴承的结构

滑动轴承一般由轴承座、轴瓦、润滑装置和密封装置等部分组成。

1. 径向滑动轴承

（1）整体式滑动轴承：图 12－5 所示为整体式滑动轴承。轴承座用螺栓与机座联接，顶部装有润滑油杯，内孔中压入带有油沟的轴套。

这种轴承结构简单且成本低，但装拆这种轴承时轴或轴承必须作轴向移动，而且轴承磨损后径向间隙无法调整。因此这种轴承多用于间歇工作、低速轻载的简单机械中，其尺寸已标准化。

（2）剖分式滑动轴承：图 12－6 所示为剖分式滑动轴承。轴瓦和轴承座均为剖分式结构，在轴承盖与轴承座的剖分面上制有阶梯形定位止口，便于安装时对心。轴瓦直接支承轴颈，因

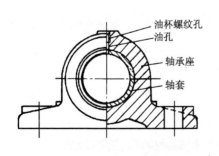

图 12－5　整体径向滑动轴承

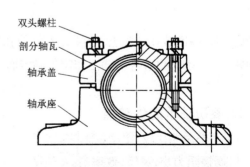

图 12－6　剖分式径向滑动轴承

而轴承盖应适度压紧轴瓦,以使轴瓦不能在轴承孔中转动。轴承盖上制有螺纹孔,以便安装油杯或油管。

剖分式滑动轴承克服了整体式轴承装卸不便的缺点,而且当轴瓦工作面磨损后,适当减薄剖分面间的垫片并进行刮瓦,就可以调整轴颈与轴瓦间的间隙。因此这种轴承得到了广泛应用并且已经标准化。

2. 推力滑动轴承

推力滑动轴承用于承受轴向载荷。常用的非液体摩擦推力轴承又称普通推力轴承,有立式和卧式两种。推力滑动轴承和径向轴承联合使用时可以承受复合载荷。

第三节 滚动轴承

一、滚动轴承的结构

如图 12 –7 所示,滚动轴承由外圈 1、内圈 2、滚动体 3 和保持架 4 等组成。在内、外圈上的凹槽形成滚动体圆周运动的滚道;保持架的作用是把滚动体均匀隔开,以避免它们相互摩擦和聚集到一块。滚动体是滚动轴承的主体,它的大小、数量和形状与轴承的承载能力密切相关。滚动体的形状如图 12 –8 所示。

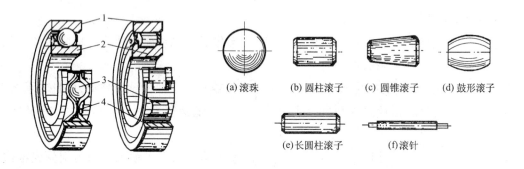

(a) 滚珠　(b) 圆柱滚子　(c) 圆锥滚子　(d) 鼓形滚子

(e)长圆柱滚子　(f)滚针

图 12 –7　滚动轴承基本结构　　　　图 12 –8　滚动体的形状

使用时,内圈装在轴颈上,外圈装入机架孔内(或轴承座孔内)。通常内圈随轴一起旋转,而外圈固定不动。也有外圈随工作零件旋转而内圈固定不动的情况。

二、滚动轴承的优缺点

与滑动轴承相比较,滚动轴承的优点有:

(1)摩擦阻力小,灵敏,效率高,发热量小,润滑简单,耗油量少,维护保养方便。

(2)轴承径向间隙小,并且可用预紧的方法调整间隙,以提高旋转精度。

(3)轴向尺寸小,某些滚动轴承可同时承受径向载荷与轴向载荷,故可使机器结构简化紧凑。

(4)滚动轴承是标准件,可由专门工厂大批生产供应,价格低。

滚动轴承的主要缺点有:抗冲击性能差,高速时噪声大,工作寿命较低。

三、滚动轴承的类型、特点和应用

滚动轴承的类型很多,常用的滚动轴承类型、特点及应用场合如表12-2所示。

表12-2　常用的滚动轴承类型、特点及应用

类型及代号	结构简图及标准号	负荷方向	特点及应用
调心球轴承1	GB/T 281—1994		主要承受径向载荷,能自动调心 适用于多支承传动轴、刚性较差的轴以及不能精确对中的支承处
调心滚子轴承	GB/T 288—1994		轴承外圈的内表面是球面,主要承受径向载荷及一定的双轴向载荷。但不能承受纯轴向载荷,角偏位为$0.5°\sim2°$ 常用在长轴或受载荷作用后有较大的弯曲变形及多支点的轴上
圆锥滚子轴承3	GB/T 297—1994		特点与角接触球轴承相似,但承载能力比它大,内外圈可分离,间隙容易调整、摩擦阻力较大、极限转速较低 常用于转速不太高、刚性好、轴向和径向载荷很大的轴上。如斜齿轮轴、蜗杆减速器轴、机床主轴等
推力球轴承5	GB/T 301—1995		只能承受单向的轴向载荷,极限转速很低 适用于转速较低,仅有轴向载荷的轴,如起重吊机、千斤顶、机床主轴等
深沟球轴承6	GB/T 276—1994		主要承受径向载荷,也能承受一些轴向载荷(双向),结构简单,摩擦系数小,极限转速高,但要求轴的刚度大,承受冲击能力差 常用于小功率电动机,齿轮变速箱等

续表

类型及代号	结构简图及标准号	负荷方向	特点及应用
角接触球轴承 7	70000O 型（α＝15°） 70000AO 型（α＝25°） 70000B 型（α＝40°） GB/T 292—1994		能承受径向及单向的轴向载荷，接触角 α 有 15°、25°和 40°三种，α 角愈大，承受轴向载荷的能力也愈大，极限转速高 用于转速较高、刚性较好，并同时承受径向和轴向载荷（通常成对使用）的轴，如机床主轴、蜗杆减速器等
圆柱滚子轴承 N	GB/T 283—1994		只能承受径向载荷，承载能力比同尺寸的轴承大，耐冲击能力也较大，内外两圈允许作少量的相对轴向移动 适用于刚性较大、对中良好的轴，常用于大功率电动机、人字齿轮减速器上

1. 滚动轴承的代号

由于滚动轴承的类型繁多，每一类又有不同尺寸和不同结构的许多规格，为了便于设计、制造和使用，国家标准规定了识别符号，即轴承代号，并把它标印在轴承的端面上。

对于常用的、结构上没有特殊要求的轴承，轴承代号由基本代号、前置代号和后置代号构成，如表 12 -3 所示。

表 12 -3　轴承代号的构成

前 置 代 号	基 本 代 号	后 置 代 号
字母 成套轴承的分部件	字母和数字 ×××　××　×× 类型代号　宽度系列代号 直径系列代号　内径代号	字母和数字 内部结构改变 密封、防尘与外部形状变化 保持架结构、材料改变及轴承材料改变 公差等级和游隙 其他

（1）基本代号：基本代号由类型代号、尺寸系列代号、内径代号组成，并按上述顺序由左向右依次排列。

①类型代号：滚动轴承的类型代号用数字或大写拉丁字母表示，见表 12 -4。

表 12 - 4　一般滚动轴承的类型代号

轴 承 类 型	代 号	原代号	轴 承 类 型	代 号	原代号
双列角接触球轴承	0	6	深沟球轴承	6	0
调心球轴承	1	1	角接触球轴承	7	6
调心滚子轴承和推力调心滚子轴承	2	3 和 9	推力圆柱滚子轴承	8	9
圆锥滚子轴承	3	—	圆柱滚子轴承	N	2
双列深沟球轴承	4	0	外球面球轴承	U	0
推力球轴承	5	8	四点接触球轴承	QJ	6

②尺寸系列代号:尺寸系列代号由轴承的宽度系列或高度系列代号(数字表示)与直径系列代号(数字表示)组合而成。宽(高)系列代号在前,直径系列代号在后,尺寸系列代号用于区别具有相同内径、不同外径和宽度的轴承。

③内径代号:内径代号用来表示轴承的内径尺寸。轴承内径在 20 ~ 495 mm 范围内时,代号乘以 5 即为内径尺寸(mm),内径小于 20 mm,大于或等于 500 mm 时,另有规定,具体可查滚动轴承手册。轴承内径代号如表 12 - 5 所示。

表 12 - 5　轴承内径代号

轴承公称内径(mm)		内 径 代 号	示 例
0.6 ~ 10(非整数)		直接用公称内径毫米数表示,在其与尺寸系列代号之间用"/"分开	深沟球轴承 618/2.5　$d = 2.5$ mm
1 ~ 9(整数)		直接用公称内径毫米数表示,对深沟球轴承及角接触球轴承 7、8、9 直径系列,内径与尺寸系列代号之间用"/"分开	深沟球轴承 62 5　618/5　$d = 5$ mm
10 ~ 17	10	00	深沟球轴承　62 00
	12	01	$d = 10$ mm
	15	02	
	17	03	
20 ~ 480(22、28、32 除外)		用公称内径除以 5 的商表示,商为一位数时,需在商的左边加"0",如 08	调心滚子轴承 232 08　$d = 40$ mm
大于和等于 500 以及 22、28、32		直接用公称内径毫米数表示,但在其与尺寸系列代号之间用"/"分开	调心滚子轴承 230/500　$d = 500$ mm 深沟球轴承 62/22　$d = 22$ mm

例:调心滚子轴承 23224　2—类型代号　32—尺寸系列代号　24—内径代号　$d = 120$ mm

④等级代号:国家标准规定,滚动轴承的公差等级为 0,6,6x,5,4,2 六级,分别用 /P0,/P6,/P6x,/P5,/P4,/P2 表示。它们分别相当于原标准代号的 G、E、Ex、D、C、B。其中"/P2"级精度

最高,依次下来,"/P0"级精度最低,属于普通级,"/P0"在代号中不标出。

(2)前置代号和后置代号:前置代号和后置代号是当轴承的结构形状、公差、技术要求等有改变时,在轴承的基本代号左、右添加的补充代号。如表12-6所示。

表12-6 前置代号和后置代号

前 置 代 号			基本代号	后置代号(组)							
代号	含 义	示 例		1	2	3	4	5	6	7	8
F	凸缘外圈的向心球轴承(仅适于 $d \leq 10$ mm)	F618/4		内部结构	密封与防尘套圈变型	保持架及其材料	轴承材料	公差等级	游隙	配置	其他
L	可分离轴承的可分离内圈或外圈	LNU 207									
R	不带可分离内圈或外圈的轴承	RNU 207									
WS	推力圆柱滚子轴承轴圈	WS81107									
GS	推力圆柱滚子轴承座圈	GS81107									
KOW—	无轴圈推力轴承	KOW—51108									
KIW—	无座圈推力轴承	KIW—51108									
K	滚子和保持架组件	K81107									

2. 滚动轴承的选用

滚动轴承是标准件,使用时可按具体工作条件选择合适的轴承。表12-2已列出了各类轴承的特点及应用场合,可作为选择轴承类型的参考。一般来说,选用滚动轴承应考虑以下几方面情况:

(1)轴承所承受载荷的大小、方向和性质:载荷较小而平稳时,宜用球轴承;载荷大、有冲击时,宜用滚子轴承。当轴上承受纯径向载荷时,可采用圆柱滚子轴承或深沟球轴承;当同时承受径向载荷和轴向载荷时,可采用圆锥滚子轴承或角接触球轴承;当承受纯轴向载荷时,可采用推力球轴承。

(2)轴承的转速:每一类型的滚动轴承都各有一定的极限转速,通常球轴承比滚子轴承有较高的极限转速,所以在高速时宜优先采用球轴承。

(3)调心性能的要求:如果轴有较大的弯曲变形或轴承座孔的同心度较低,则要求轴承的内、外圈在运转中能有一定的相对偏角,此时应采用调心球轴承。

(4)供应情况、经济性或其他特殊要求。

四、滚动轴承的组合

为保证滚动轴承工作正常,除了要合理选择轴承的类型和尺寸外,还必须正确、合理地进行轴承的组合设计,即正确解决轴承的轴向位置固定、轴承与其他零件的配合、轴承的调整与装卸等问题。

1. 轴承的轴向固定

(1)内圈固定:图12-9所示为轴承内圈轴向固定的常用方法。轴承内圈的一端常用轴肩定位固定,另一端则可采用轴用弹性挡圈[图12-9(a)]、轴端挡圈[图12-9(b)]、圆螺母和止动垫圈[图 12 - 9(c)]、开口圆锥紧定套、止动垫圈和圆螺母[图 12 - 9(d)]等定位形式。

为保证定位可靠,轴肩的圆角半径必须小于轴承的圆角半径。

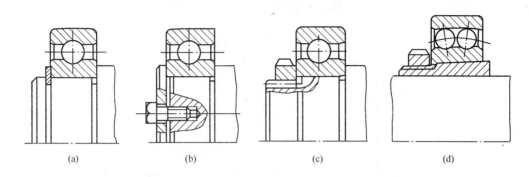

(a)　　　　(b)　　　　(c)　　　　(d)

图 12 - 9　内圈轴向固定的常用方法

(2)外圈固定:图 12 - 10 所示为轴承外圈轴向固定的常用方法。外圈在轴承孔中的轴向位置常用座孔的台肩[图 12 - 10(a)]、轴承盖[图 12 - 10(b)、(c)]、止动环[图 12 - 10(d)]、孔用弹性挡圈[图 12 - 10(e)]、螺纹环[图 12 - 10(g)]、套环肩环[图 12 - 10(i)]等结构固定。

轴向固定可以是单向固定,也可以是双向固定。

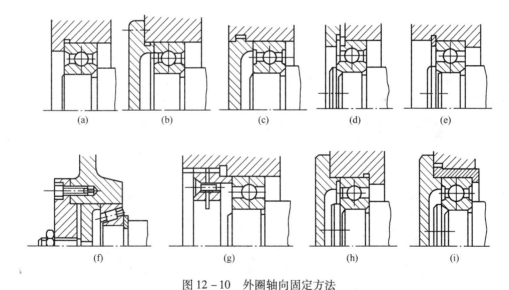

(a)　　(b)　　(c)　　(d)　　(e)

(f)　　　(g)　　　(h)　　　(i)

图 12 - 10　外圈轴向固定方法

2. 轴承组的轴向固定

滚动轴承组成的支承结构必须满足轴系轴向定位可靠、准确的要求,并要考虑轴在工作中有热伸长时,其伸长量能够得到补偿。常用轴承组轴向固定的方式有以下三种。

(1)两端单向固定式:图 12 - 11(a)所示为两端单向固定式支承结构,轴的两个支点中每个支点都能限制轴的单向移动,两个支点合起来就限制了轴的双向移动。这种支承形式结构简单,适用于工作温度变化不大的短轴(跨距 $L \leqslant 350$ mm)。考虑到轴受热后会

245

伸长,一般在轴承端盖与轴承外圈端面留有补偿间隙 $a = 0.2 \sim 0.4$ mm,也可由轴承游隙来补偿,如图 12 – 11(a)上半部所示。当采用角接触球轴承或圆锥滚子轴承时,轴的热伸长量只能由轴承的游隙补偿。间隙 a 和轴承游隙的大小可用垫片或图 12 – 11(b)中所示的调整螺钉等来调节。

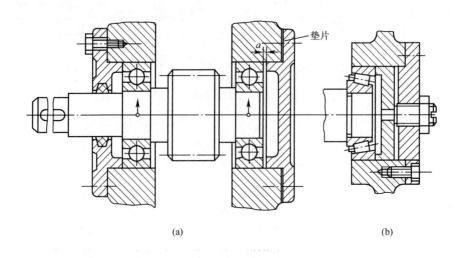

图 12 – 11   两端单向固定式支承

(2)一端双向固定、一端游动式:在图 12 – 12(a)所示的支承结构中,一个支点为双向固定(图中左端),另一个支点则可作轴向移动(图中右端),这种支承结构称为一端双向固定、一端游动式支承。选用深沟球轴承作为游动支承时,应在轴承外圈与端盖间留适当间隙;选用圆柱滚子轴承作为游动支承时[图 12 – 12(b)],依靠轴承本身具有内、外圈可分离的特性达到游动目的。这种固定方式适用于工作温度较高的长轴(跨距 $L > 350$ mm)。

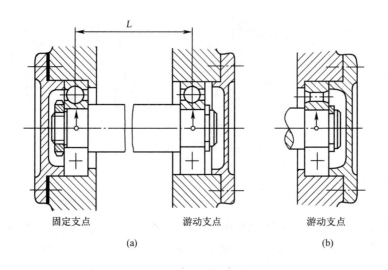

固定支点   游动支点   游动支点

(a)   (b)

图 12 – 12   一端双向固定、一端游动式支承

（3）两端游动式：如图 12 - 13 所示的人字齿轮传动中，小齿轮轴两端的支承均可沿轴向游动，即为两端游动，而大齿轮轴的支承结构采用了两端单向固定结构。由于人字齿轮的加工误差使得轴转动时发生左右窜动，而小齿轮轴采用两端游动的支承结构，满足了其运转中自由游动的需要，并可调节啮合位置。若小齿轮轴的轴向位置也固定，将会发生干涉以致卡死现象。

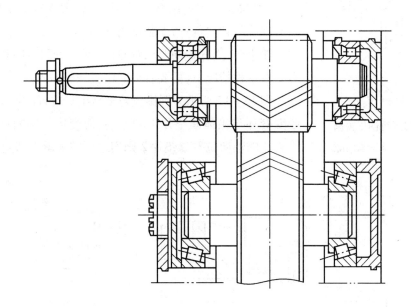

图 12 - 13　两端游动式支承

3. 轴承组合的调整

（1）轴承间隙的调整：为使轴正常工作，通常采取如下调整措施来保证滚动轴承应有的轴向间隙。

①调整垫片：如图 12 - 14 所示，通过增减端盖与箱体结合面间垫片的厚度进行调整。

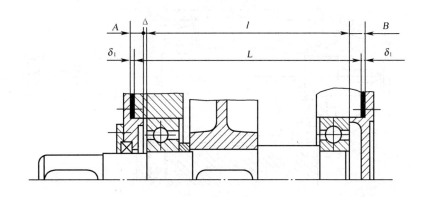

图 12 - 14　垫片调整轴承间隙

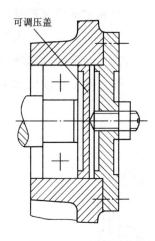

图 12 – 15 可调压盖调
整轴承间隙

②可调压盖:如图 12 – 15 所示,利用端盖上的螺钉控制轴承外圈可调压盖的位置来实现调整,调整后用螺母锁紧。可调压盖适用于各种不同的端盖形式。

③调整环:如图 12 – 16 所示,在端盖与轴承间设置不同厚度的调整环来进行调整。这种调整方式适用于嵌入式端盖。

(2)轴系位置的调整:在某些场合,要求轴上安装的零件必须有准确的轴向位置,如圆锥齿轮传动要求两圆锥齿轮的节锥顶点相重合,蜗杆传动要求蜗轮的中间平面要通过蜗杆的轴线等。在这种情况下,需要有轴向位置调整措施。

图 12 – 17 所示为圆锥齿轮轴承组和位置的调整方式,通过改变套环与箱体间垫片 1 的厚度,使套环作轴向移动,以调整锥齿轮的轴向位置。垫片 2 则用来调整轴承内部间隙。

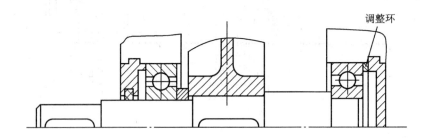

图 12 – 16 调整环调整轴向间隙

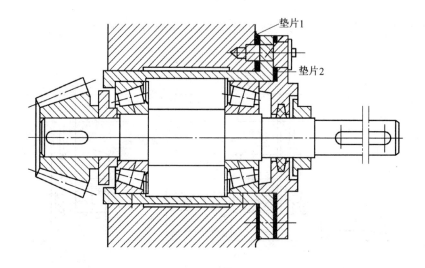

图 12 – 17 调整轴的位置和轴承

第四节　润滑和密封

根据滚动轴承的实际工作条件,选择合适的润滑方式并设计可靠的密封结构,是保证滚动轴承正常工作的重要条件,对滚动轴承的使用寿命有着重要的影响。

一、滚动轴承的润滑

滚动轴承润滑的主要目的是减少摩擦与磨损,同时起到冷却、吸振、防锈及降低噪声等作用。

滚动轴承常用的润滑剂有润滑油、润滑脂及固体润滑剂。润滑方式和润滑剂的选择,可根据表征滚动轴承转速大小的速度因素 $d \cdot n$ 值来确定。最常用的滚动轴承润滑剂为润滑脂。润滑脂适用于 $d \cdot n$ 值较小的场合,润滑脂的特点是不易流失、易于密封、油膜强度高、承载能力强、一次加脂后可以工作相当长的时间。装填润滑脂时,一般不超过轴承内空隙的 $1/3 \sim 1/2$,以免因润滑脂过多而引起轴承发热,影响轴承的正常工作。

润滑油适用于高速、高温条件下工作的轴承。润滑油的特点是摩擦系数小、润滑可靠,且具有冷却散热和清洗的作用,但油润滑对密封和供油的要求较高。

常用的油润滑方法有:

1. 油浴润滑

如图 12 – 18 所示,轴承局部浸入润滑油中,油面不得高于最低滚动体中心。油浴润滑简单易行,适用于中、低速轴承的润滑。

2. 飞溅润滑

飞溅润滑是一般闭式齿轮传动装置中轴承常用的润滑方式。利用转动的齿轮把润滑油甩到箱体四周的内壁面上,然后通过沟槽把油引到轴承中。

3. 喷油润滑

喷油润滑是利用油泵将润滑油增压,通过油管或油孔,经喷嘴将润滑油对准轴承内圈与滚动体间的位置喷射,从而润滑轴承。这种方法适用于转速高、载荷大、要求润滑可靠的轴承。

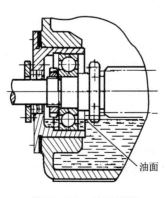

图 12 – 18　油浴润滑

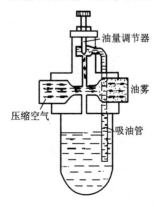

图 12 – 19　油雾发生器

4. 油雾润滑

油的雾化需采用专门的油雾发生器,如图 12 – 19 所示。油雾润滑有益于轴承冷却,供油量可以精确调节,适用于高速、高温轴承部件的润滑。使用时应注意避免油雾外逸而污染环境。

二、滚动轴承的密封

为了保持良好的润滑效果及工作环境,防止润滑油泄出,阻止灰尘、杂物及水分的侵入,必须设计可靠的滚动轴承的密封结构。滚动轴承密封装置的选择与润滑的种类、工作环境和温度、密封表面的圆周速度等因素有关。滚动轴承的密封分为接触式密封、非接触式密封和组合式密封等。常用密封装置的结构、特点及应用见表 12 – 7。

表 12 – 7　常用密封装置的结构、特点及应用

密封型式			简　图	特　点	应 用 范 围
非接触式	间隙式	缝隙式	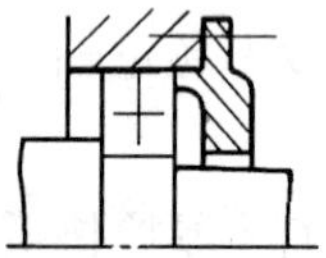	一般间隙为 0.1 ~ 0.3 mm,间隙越小,间隙宽度越长,密封效果越好	适用于环境比较干净的脂润滑
		油沟式	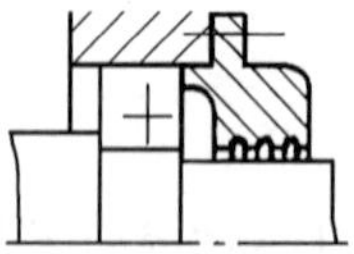	在端盖配合面上开 3 个以上宽 3 ~ 4 mm,深 4 ~ 5 mm 的沟槽,并在其中填充脂	适于脂润滑,速度不限
		W 形间隙	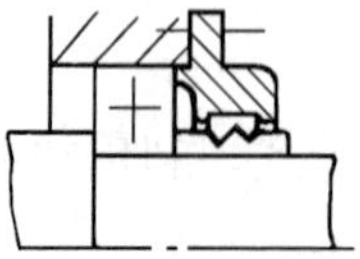	在轴或轴套上开有"W"形槽用来甩回渗漏的油,并在端盖上开回油孔(槽)	适于油润滑,速度不限
	迷宫式	轴向迷宫	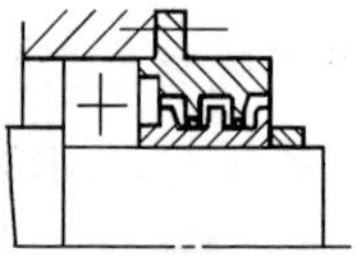	轴向迷宫曲路由轴套和端盖的轴向间隙组成。端盖剖分。曲路沿轴向展开,径向尺寸紧凑	适用于比较脏的工作环境,如金属切削机床的工作端
		径向迷宫	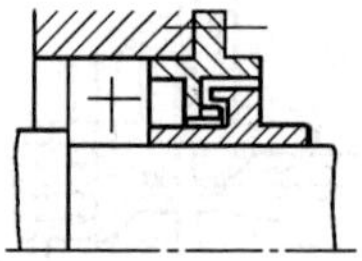	径向迷宫曲路由轴套和端盖的径向间隙组成。曲路沿径向展开,装拆方便	与轴向迷宫应用相同,但较轴向迷宫用得更广
		组合迷宫	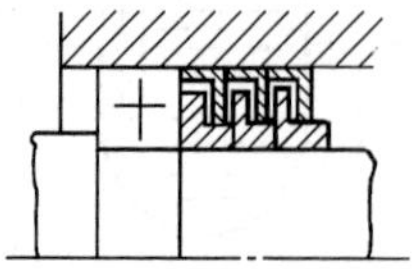	组合迷宫曲路由两组"Γ"形垫圈组成,占用空间小,成本低,组数越多密封效果越好	适用于成批生产的条件,可用于油或脂密封

密封型式		简　图	特　点	应用范围
非接触式	挡油盘	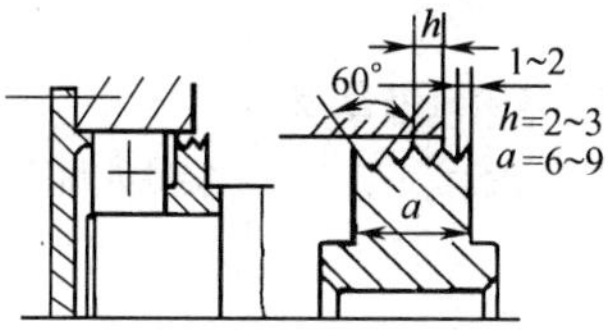	挡油盘随轴一起转动,转速越高密封效果越好	用于防止轴承中的油泄出,又可防止外部油流冲击或杂质侵入
	挡油环	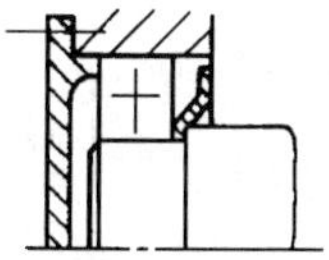	挡油环随轴一起转动。转速越高密封效果越好	用于脂密封,也可防止油侵入
接触式	毛毡密封 单毡圈	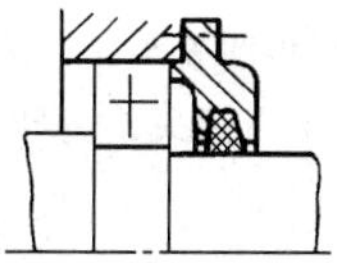	用羊毛毡填充槽中,使毡圈与轴表面经常摩擦,以实现密封	用于干净、干燥环境的脂密封,一般接触处的圆周速度不大于4~5 m/s;抛光轴可达7~8 m/s
	毛毡密封 双毡圈	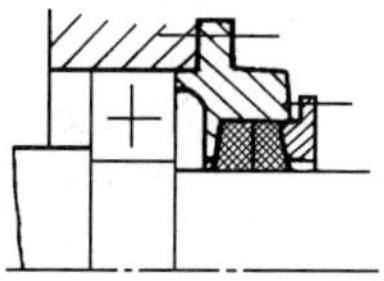	毛毡圈可间歇调紧,密封效果更好,而且拆换毛毡方便	同单毡圈密封的应用情况
	皮碗密封 密封唇向里	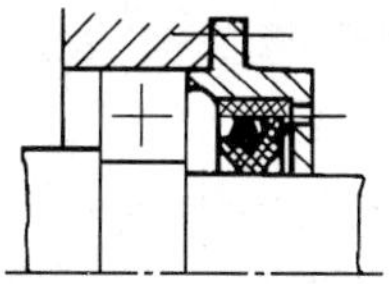	皮碗用弹簧圈把唇紧箍在轴上,密封唇朝向轴承,防止油泄出	用于油润滑密封,滑动速度不大于7 m/s,工作温度不大于100℃
	皮碗密封 密封唇向外	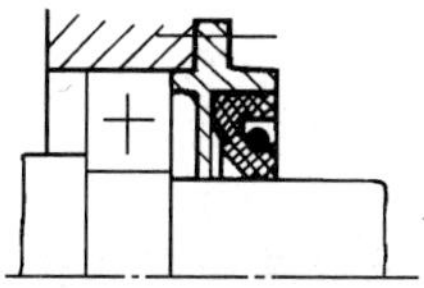	密封唇背向轴承,以防止外界灰尘、杂物侵入,也可防止油外泄	同密封唇向里的结构
	皮碗密封 双唇式	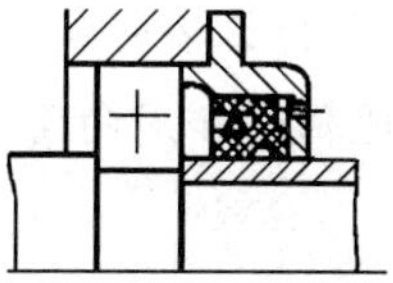	采用双唇皮碗,既可防止油外泄,又可防止灰尘、杂物侵入	同密封唇向里的结构

密封型式		简　图	特　点	应　用　范　围
组合式	迷宫毛毡组合		迷宫与毛毡密封组合,密封效果好	适用于油或脂润滑的密封,接触处圆周速度不大于 7 m/s
	挡油环皮碗组合		挡油环与皮碗密封组合	适用于油或脂润滑的密封,接触处圆周速度可大于 7 ~ 15 m/s
	甩油环、W 形间隙密封组合		甩油环与"W"形间隙密封组合,无摩擦阻力损失,密封效果可靠	适用于油、脂润滑的密封,不受圆周速度限制,圆周速度越大,效果越好

☞ 习题

1. 轴根据所受载荷不同分为哪几种?

2. 轴上零件的周向固定有哪些方法?

3. 轴上零件的轴向固定有哪些方法? 各有何特点?

4. 滚动轴承主要有哪些类型? 各有何特点?

5. 轴承组轴向固定有哪几种方式? 各适用于何种场合? 有何特点?

6. 轴承常用的密封装置有哪些? 各适用于什么场合?

7. 滑动轴承有哪几种类型? 各有什么特点?

☞ 拓展任务

轴分为转轴、心轴和传动轴三类,请到学校实训中心,选择某一实训设备进行查看研究,并与实训中心设备管理人员沟通,看看该设备传动中的轴都属于什么轴? 与之对应的是什么型号的轴承? 该轴采用何种组合支撑方式及润滑方式? 选用的是什么密封装置?

同时选择其中一个轴,分析轴上的各个零件是如何实现轴向和周向固定的? 并绘制该轴及轴上零件的装配图。

第十三章　联轴器和离合器

本章知识点

1. 了解联轴器的作用、类型。
2. 了解离合器的作用、类型。

联轴器和离合器主要用来联接不同机器（或部件）的两根轴,使它们一起回转并传递转矩。用联轴器联接的两根轴只有在机器停车时用拆卸的方法才能使它们分离。而用离合器联接的两根轴在机器运转中能方便地分离或结合。制动器主要是用来使机器上的某一根轴在机器停车（动力源切断）后能立即停止转动（制动）。

第一节　联轴器

按照结构特点,联轴器可分为刚性联轴器和弹性联轴器两大类。

一、刚性联轴器

刚性联轴器是通过若干刚性零件将两轴联接在一起的,它有多种多样的结构形式。图13－1所示为一种最常用的刚性联轴器,称为凸缘联轴器。凸缘联轴器主要由两个分别装在两轴端部的凸缘盘和联接它们的螺栓组成。为使被联接两轴的中心线对准,可在联轴器的一个凸缘盘上车出凸肩,并在另一个凸缘盘上制成相配合的凹槽。

图13－2所示的套筒联轴器也是一种常用的刚性联轴器。图13－3所示是万向联轴器的构造示意图。万向联轴器主要由两个叉形接头和一个十字体通过刚性铰链铰接而构成,故又称铰链联轴器。它广泛用于两轴中心线相交成较大角度（α可达45°）的联接。

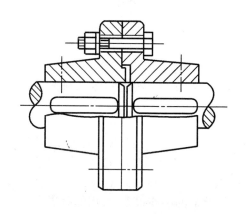

图13－1　凸缘联轴器

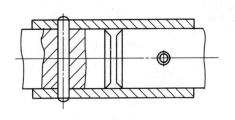

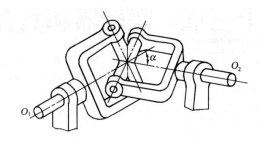

图 13-2 套筒联轴器　　　　　　图 13-3 万向联轴器

二、弹性联轴器

弹性联轴器包含有弹性零件的组成部分,因而在工作中具有较好的缓冲与吸振能力。

弹性圈柱销联轴器是机器中常用的一种弹性联轴器,如图 13-4 所示。它的主要零件是销 1,弹性橡胶圈 2 和两个法兰盘 3,每个柱销上装有好几个橡胶圈,插到法兰盘的销孔中,从而传递转矩。弹性圈柱销联轴器适用于正反转变化多、起动频繁的高速轴联接,如电动机、水泵等制动联接,可获得较好的缓冲和吸振效果。

尼龙柱销联轴器和上述弹性圈柱销联轴器相似,如图 13-5 所示,只是用具有一定弹性的尼龙柱销代替了橡胶圈和钢制柱销,其性能及用途与弹性圈柱销联轴器相同。由于结构简单,制作容易,维护方便,所以常用它来代替弹性圈柱销联轴器。

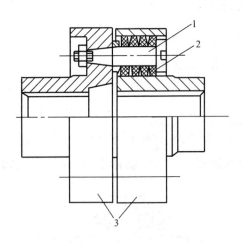

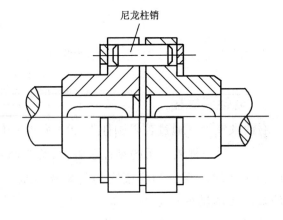

图 13-4 弹性圈柱销联轴器　　　　图 13-5 尼龙柱销联轴器

第二节　离合器

离合器的型式很多,常用的有嵌入式离合器和摩擦式离合器。嵌入式离合器依靠齿的嵌合来传递转矩,摩擦式离合器则依靠工作表面间的摩擦力来传递转矩。

离合器的操纵方式可以是机械的、电磁的、液压的等,此外还可以制成自动离合的结构。自动离合器不需要外力操纵即能根据一定的条件自动分离或接合。

一、嵌入式离合器

常用的嵌入式离合器有牙嵌离合器和齿轮离合器。

1. 牙嵌离合器

如图 13-6 所示,牙嵌离合器主要由两个端面带有牙齿的套筒所组成。其中,套筒 1(固定套)固定在主动轴上,而套筒 2(滑动套)则用导向键(或花键)与从动轴相联接,利用操纵机构使其沿轴向移动来实现离合器的接合和分离。

牙嵌离合器结构简单,两轴联接后无相对运动,但在接合时有冲击,只能在低速或停车状态下接合,否则容易将齿打坏。

2. 齿轮离合器

齿轮离合器由一个内齿套和一个外齿套所组成,如图 13-7 所示。齿轮离合器除具有牙嵌离合器的特点外,其传递转矩的能力更大。

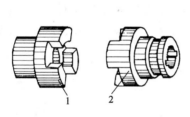

图 13-6 牙嵌离合器

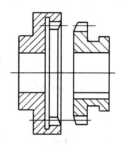

图 13-7 齿轮离合器

二、摩擦式离合器

根据结构形状的不同,摩擦式离合器可分为圆盘式、圆锥式和多片式等类型。圆盘式摩擦离合器和圆锥式摩擦离合器的结构简单,但传递转矩较小,故应用受到一定的限制。在机器中,特别是在金属切削机床中,广泛使用多片式摩擦离合器。

图 13-8 所示为一种常用的拨叉操纵多片式摩擦离合器的典型结构。外套 1 和内套 6 可用键联接于两个轴端,而内摩擦片 3 和外摩擦片 2 则以多槽分别与内套和外套相联。当操纵拨叉使滑环 5 向左移动时,角形杠杆 4 摆动,使内、外摩擦片相互压紧,两轴就接合在一起,借各摩擦片之间的摩擦力来传递转矩。当滑环 5 向右移动复位后,两组摩擦片松开,两轴即可分离。

当摩擦离合器的操纵力为电磁力时,即成为电磁摩擦离合器。图 13-9 所示为一种多片式电磁摩擦离合器的结构原理图,当电流由接头 5 进入线圈 6 时,可产生磁通,吸引衔铁 2 将摩擦片 3、4 压紧,使外套 1 和内套 7 之间得以传递转矩。

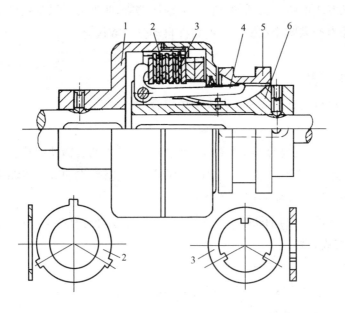

图 13-8 多片式摩擦离合器

与嵌入式离合器相比较,摩擦式离合器的优点是:在运转轴发生过载时,离合器摩擦表面之间发生打滑,因而能保护其他零件免于损坏。摩擦式离合器的主要缺点是:摩擦表面之间存在相对滑动,以致发热较多,磨损较大。

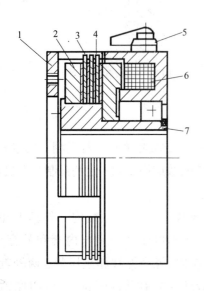

图 13-9 电磁摩擦离合器

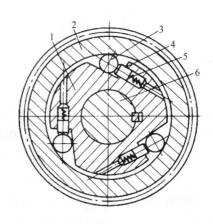

图 13-10 单向超越离合器

三、超越离合器

图 13-10 所示为单向超越离合器。星轮 1 通过键与轴 6 联接,外环 2 通常做成一个齿轮,

空套在星轮上。在星轮的三个缺口内,各装有一个滚柱3,每个滚柱又被弹簧5、顶杆4推向外环和星轮的缺口所形成的楔缝中。当外环(齿轮)2以慢速逆时针回转时,滚柱3在摩擦力的作用下被楔紧在外环与星轮之间,因此外环便带动星轮使轴6也以慢速逆时针回转。星轮1在外环作慢速逆时针回转的同时,若轴6由另外一个快速电动机带动亦作逆时针方向回转,则星轮1将由轴6带动沿逆时针方向高速回转。由于星轮的转速高于外环的转速,滚柱从楔缝中松开,外环与星轮便自动失去联系,按各自的速度回转,互不干扰。在这种情况下,星轮的转速超越外环的转速而自由运转,所以这种离合器称为超越离合器。当快速电动机不带动轴6回转时,滚柱又在摩擦力的作用下,被楔紧在外环与星轮之间,外环与星轮又自动联系在一起,使轴6随同外环作慢速回转。

由于超越离合器有上述作用,所以它应用于纺织机械机床等传动装置中。

☞ 习题

1. 联轴器有哪些种类？说明其特点及应用。

2. 比较嵌入式离合器和摩擦式离合器的优缺点。

3. 单向超越离合器为什么能自动换接快速和慢速运动?

☞ 拓展任务

结合所学知识,请到学校实训中心,选择某一实训设备进行查看研究、查阅相关资料,并与实训中心设备管理人员沟通,了解所选设备中还用到了哪些联轴器和离合器,属于什么类型？在设备运行中是如何工作的? 并与其他同学一起讨论是否可以用其他类型的联轴器、离合器来替代。

第十四章　弹簧

本章知识点

1. 了解各种弹簧的作用、结构。
2. 掌握螺旋拉伸弹簧、螺旋压缩弹簧的参数。

一、概述

弹簧是一种弹性零件。由于它具有刚性小、弹性大、在载荷作用下容易产生弹性变形等特性,所以被广泛应用于各种机器、仪表及日常用品中。

弹簧的功用主要有:

(1)缓冲和吸振,如汽车的减振弹簧和各种缓冲器中的弹簧;

(2)储存及输出能量,如钟表的发条等;

(3)测量载荷,如测力器中的弹簧;

(4)控制运动,如内燃机中的阀门弹簧等。

弹簧的类型很多,表14-1列出了常用类型的弹簧及其特点和应用。在一般机械中最常用的是圆柱形螺旋弹簧,本章主要讨论圆柱形螺旋压缩和拉伸弹簧的结构形式。

表14-1　弹簧的类型和应用

名　　称	简　　　　图	特点及应用
圆柱形螺旋弹簧	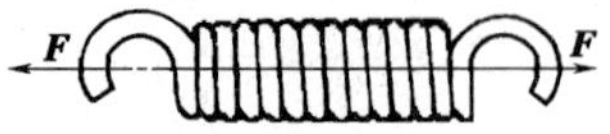 拉伸弹簧 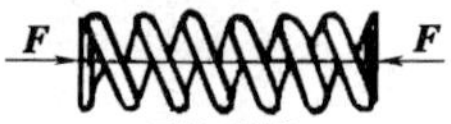 压缩弹簧	结构简单,制造方便;应用最广
圆柱形螺旋扭转弹簧	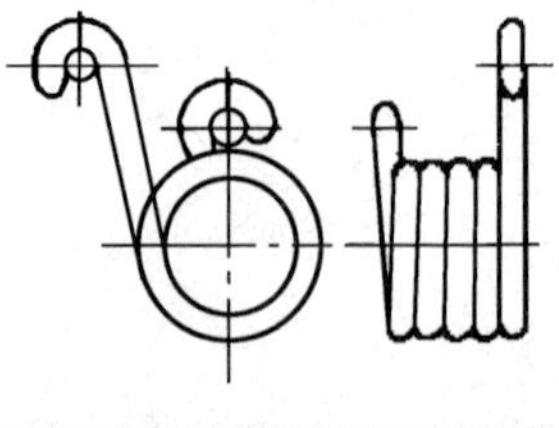	承受转矩;主要用于各种装置中的压紧和储能

续表

名　　称	简　　图	特点及应用
圆锥形螺旋弹簧	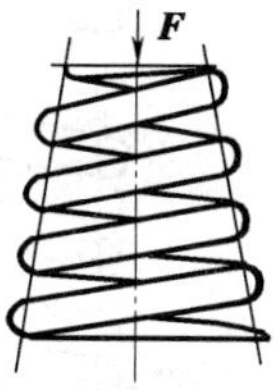	承受压力;结构紧凑,稳定性好,防振能力较强,多用于承受大载荷和减振的场合
碟形弹簧	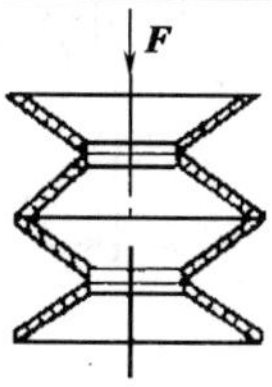	承受压力;缓冲及减振能力强,常用于重型机械的缓冲和减振装置
环形弹簧	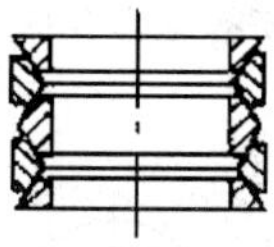	承受压力;是目前最强的压缩、缓冲弹簧,常用于重型设备,如机车车辆、锻压设备和起重机械中的缓冲装置
平面涡卷弹簧	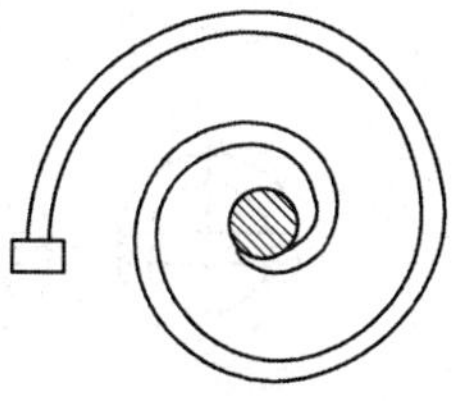	承受转矩;能储蓄较大的能量,常用作仪器、钟表中的储能弹簧
板弹簧	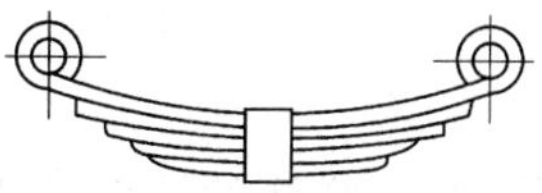	承受弯曲;这种弹簧变形大,吸振能力强,主要用于汽车、拖拉机等的悬挂装置

　　弹簧的材料主要是热轧和冷拉弹簧钢。弹簧丝的直径在 8～10 mm 时,弹簧用经过热处理的优质碳素弹簧钢丝(如 65Mn,60Si2Mn)经冷卷成型制造,然后经低温回火处理,以消除内应力。制造直径较大的强力弹簧时,常用热卷法,热卷后须经淬火、回火处理。

二、圆柱形螺旋弹簧的结构

　　图 14-1 所示为螺旋压缩弹簧和拉伸弹簧。压缩弹簧在自由状态下各圈间留有间隙 δ,经最大工作载荷的作用压缩后,各圈间还应有一定的余留间隙 δ_1。为使载荷沿弹簧轴线传递,弹簧的两端各有 3/4～5/4 圈与邻圈并紧,称为死圈。死圈端部须磨平,如图 14-2 所示。拉簧在自由状态下各圈应并紧,常用的端部结构如图 14-3 所示。

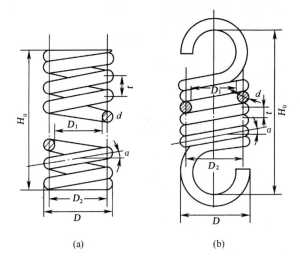

图 14 - 1　弹簧的基本几何参数

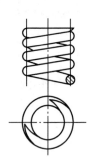

图 14 - 2　螺旋压簧的端部结构

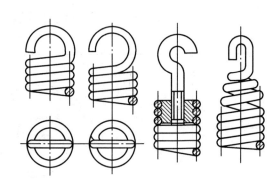

图 14 - 3　螺旋拉簧的端部结构

　　圆柱形螺旋弹簧的主要参数和几何尺寸有:弹簧丝的直径 d,弹簧圈的外径 D、内径 D_1 和中径 D_2,节距 t,螺旋升角 α,弹簧工作圈数 n 和弹簧自由高度 H_0 等。圆柱形螺旋弹簧各参数间的关系见表 14 - 2。

表 14 - 2　圆柱形螺旋弹簧各参数间的关系

参数名称	压　缩　弹　簧	拉　伸　弹　簧
外　径	$D = D_2 + d$	
内　径	$D_1 = D_2 - d$	
螺旋角	$\alpha = \arctan \dfrac{t}{\pi D_2}$	
节　距	$t = (0.28 - 0.5)D_2$	$t = d$

参数名称	压 缩 弹 簧	拉 伸 弹 簧
有效工作圈数	n	
死圈数	n_2	—
弹簧总圈数	$n_1 = n + n_2$	$n_1 = n$
弹簧自由高度	两端并紧、磨平 $H_0 = nt + (n_2 - 0.5)d$ 两端并紧、不磨平 $H_0 = nt + (n_2 + 1)d$	$H_0 = nd + $ 挂钩尺寸
簧丝展开长度	$L = \dfrac{\pi D_2 n_1}{\cos\alpha}$	$L = \pi D_2 n + $ 挂钩展开尺寸

☞ 习题

1. 弹簧的功用有哪些?

2. 弹簧的类型有哪些?

☞ 拓展任务

纺纱设备的工作流程主要是加压、牵伸,而细纱机的加压系统要满足工艺需求,必须具备如下条件:(1) 具有精密的上罗拉及上皮圈架(上销);(2) 具有稳定的加压负荷及持久恒定的加压作用;(3) 具有上罗拉摩擦力的传递功能;(4) 人机工程设计,易于操作。20 世纪末以来,环锭细纱机摇臂加压的类型由原来的圈簧加压发展到板簧加压、圈簧加压及气动加压三类,而气动加压又分为气动直接加压、集中气动加压。

试查阅资料,了解圈簧加压及板簧加压的工作原理,分析这两种弹簧加压的优劣。

参考文献

[1] 吴克坚,于晓红,钱瑞明. 机械设计[M]. 北京:高等教育出版社,2003.

[2] 沈世德. 机械原理[M]. 北京:机械工业出版社,2002.

[3] 曹清林,沈世德. 对称轨迹机构[M]. 北京:机械工业出版社,2002.

[4] 沈世德. 实用机构学[M]. 北京:中国纺织出版社,1997.

[5] 华大年. 机构分析与设计[M].北京:纺织工业出版社,1985.

[6] 颜鸿森. 机械装置的创造性设计[M]. 姚燕安,王玉新,郭可谦,译. 北京:机械工业出版社,2002.

[7] 曹惟庆,徐曾荫. 机构设计[M]. 北京:机械工业出版社,2000.

[8] 黄柏龄,谢剑萍. 国外新型整经机[M]. 北京:中国纺织出版社,1994.

[9] 萧汉滨. 祖克浆纱机原理及使用[M]. 北京:中国纺织出版社,1999.

[10] 浙江丝绸工学院. 丝绸机械设计原理[M]. 北京:纺织工业出版社,1982.

[11] 上海纺织工学院. 织机[M]. 上海:上海人民出版社,1975.

[12] 浙江丝绸工学院,苏州丝绸工学院. 丝织学[M]. 北京:纺织工业出版社,1982.

[13] 陈浦. 纺织工艺学[M]. 上海:上海交通大学出版社,1987.

[14] 蔡永东. 新型机织设备与工艺[M]. 上海:东华大学出版社,2003.

[15] 辉殿臣. 服装机械原理[M]. 北京:纺织工业出版社,1989.

[16] 上海纺织工学院. 工程力学[M]. 北京:人民教育出版社,1979.

[17] 胡仰馨. 理论力学[M]. 北京:高等教育出版社,1990.

[18] 顾晓勤. 工程力学.[M] 北京:机械工业出版社,2003.

[19] 陈彩萍. 工程制图[M]. 北京:高等教育出版社,2003.

[20] 周鹏翔,刘振魁. 工程制图[M].北京:高等教育出版社,2000.

[21] 陈立德. 机械设计基础[M]. 北京:高等教育出版社,2000.

[22] 孙宝宏. 机械设计基础[M]. 北京:化学工业出版社,2002.